U0244295

■ 黄秀娟 等 / 编著

国家公园概论
Introduction to National Parks

中国财经出版传媒集团

经济科学出版社
Economic Science Press

·北京·

图书在版编目（CIP）数据

国家公园概论／黄秀娟等编著． －－北京：经济科
学出版社，2024.5
ISBN 978 - 7 - 5218 - 5910 - 2

Ⅰ. ①国…　Ⅱ. ①黄…　Ⅲ. ①国家公园 - 研究　Ⅳ.
①S759. 91

中国国家版本馆 CIP 数据核字（2024）第 101085 号

责任编辑：杜　鹏　武献杰　常家凤
责任校对：刘　昕
责任印制：邱　天

国家公园概论
GUOJIA GONGYUAN GAILUN

黄秀娟　等/编著

经济科学出版社出版、发行　新华书店经销
社址：北京市海淀区阜成路甲 28 号　邮编：100142
编辑部电话：010-88191441　发行部电话：010-88191522
网址：www. esp. com. cn
电子邮箱：esp_bj@ 163. com
天猫网店：经济科学出版社旗舰店
网址：http://jjkxcbs. tmall. com
固安华明印业有限公司印装
710 ×1000　16 开　17. 75 印张　290 000 字
2024 年 5 月第 1 版　2024 年 5 月第 1 次印刷
ISBN 978 - 7 - 5218 - 5910 - 2　定价：49.00 元
（图书出现印装问题，本社负责调换。电话：010 - 88191545）
（版权所有　侵权必究　打击盗版　举报热线：010 - 88191661
QQ：2242791300　营销中心电话：010 - 88191537
电子邮箱：dbts@ esp. com. cn）

前　言

自 1872 年美国建立世界上第一个国家公园——黄石国家公园以来，世界各国逐渐认识到，建立国家公园和自然保护地是人类利用自然、保护自然和改善自然的有效方法，是处理人与自然和环境关系、实现可持续利用自然资源的理想途径。一个半世纪以来，国家公园建设在世界各国快速发展。

伴随着国家公园在世界范围内的建设实践，国家公园的理论研究日益受到学界重视。19 世纪末到 21 世纪初的一百多年发展历史中取得了丰富学术成果，尤其是出现了一批经典的学术著作。如 The Yellowstone National Park：Historical and Descriptive（1895）、Our National Parks（1901）、National Parks of the West（1980）、Our National Parks（1991）等。1920 年，国际期刊 National Parks 问世，更加快了国家公园理论和实践知识的传播。然而，这些研究的对象主要集中于以美国为代表的西方发达国家的国家公园，研究者主要集中于西方发达国家。

国内学者较早关注国家公园的研究成果是专著《国家公园》（王维正等，2000）的出版。该著作详细介绍了加拿大、美国及部分亚洲、欧洲、非洲国家的国家公园发展情况。2006 年云南省建立了我国首个国家公园——云南香格里拉普达措国家公园。但直到 2013 年，党的十八届三中全会才提出建立国家公园体制。2015 年，发展改革委联合财政、国土、农业、林业、旅游等 13 个部门发布《关于印发建立国家公园体制试点方案的通知》，我国的国家公园建设正式拉开序幕。国内学者对我国国家公园的建设与发展给予高度关注，有关国家公园的专著出版如雨后春笋，如《美国国家公园管理体制》（李如生，2004）、《加拿大国家公园规划与管理》（王连勇，2003）、《香格里拉的眼睛：普达措国家公园规划和建设》（叶文等，2008）、《中加国家公园自然游憩资源管理比较研究》（黄向，2008）、《国家公园管理案例研究》（刘静佳等，2019）、《国家公园体制比较研究》（国家林业局和中南林业科技大学，2015）等，这些研究为传播国家公园知识发挥了重要作用。

相比于国家公园专著的出版，国家公园教材的出版相对滞后。在此背景下，为大学生编写一本全面、系统的国家公园知识的教材极为必要。《国家公园概论》立足于本科生生态保护教育、美学教育、自然教育，以及陶冶学生情操的专业基础课、文科通识课。因此，本教材强调知识的系统性、通识性和基础性。教材理论与实践有机融合、历史与现实有机融合，突出知识的传承性和时代感。每章课后的知识拓展使专业知识得到延伸，体现了教材的高阶性。教材不仅可以作为旅游管理专业、森林游憩专业、文化管理专业等的必修课或选修课教材，也适合于高等院校、职业院校、科研机构、自学考试的人员，对于业界工作者也具有较强的实用性和参考价值。

福建农林大学、福建师范大学、浙江农林大学、南京林业大学、福建商学院五所高校参与了此教材的编写。其中，福建师范大学宋立中教授参与拟定了教材的框架；福建商学院俞霞教授编写了第一章、第四章；福建农林大学黄秀娟教授编写了第二章、第五章、第八章和第九章，并负责对全书进行校对和审核；福建农林大学赖启福教授编写了第三章、第十章；浙江农林大学蔡碧凡副教授编写了第七章。南京林业大学丁振民副教授编写了第六章；福建农林大学研究生张敬唯、姜楠和本科生兰玉凤、宋明煌，浙江农业大学研究生连恩团、李雯潇、张明明、皇甫瑞熙参与了资料收集、整理。教材的出版得到经济科学出版社的支持，并获得福建农林大学教材出版基金和旅游管理专业一流学科建设基金的资助，在此对所有参与编写和支持教材出版的专家、学者和单位表示感谢！

本教材的编写参考了大量的文献，包括专著、期刊论文、学位论文及网上资料，在此对文献的提供者表示感谢，所参阅的主要文献也都列于书中，如有遗漏，敬请谅解。另外，由于编者水平有限，不足之处敬请批评指正。

编者
2024 年 2 月

目　录

第一章

国家公园概述

学习目的

　　了解国家公园概念的演变历史，掌握世界主要国家和地区对国家公园的定义，熟悉主要国家遴选国家公园的标准，熟悉并掌握国家公园的主要功能定位。

主要内容

- 国家公园的概念
- 国家公园的设立标准
- 国家公园的功能定位

第一节　国家公园概念

一、相关的国家公园定义

19 世纪，美国黄石国家公园的建立成为西方社会对自然荒野重新认知的标志。国家公园的概念可以追溯到 1832 年，基于美国西部大开发对生态环境带来的严重破坏，美国画家乔治·卡特林提出希望通过国家公园来实现对自然景观及资源的保护，从而防止人类活动对自然环境的破坏。1916 年，美国颁布的《国家公园管理局组织法》明确界定了国家公园的使命，突出强调保护自然景观、野生动植物以及历史遗迹，为旅游者提供休闲与享受的机会，同时要求对这些场所不造成破坏，将其传承给后代。美国国家公园的发展在经历一个世纪的演变后形成了广义和狭义两种概念。从广义上而言，国家公园泛指国家公园体系。1970 年，美国颁布的《国家公园事业许可经营租约决议法案》提出，国家公园体系是指以建设公园、保护文化遗迹、提供观光和休憩服务为目标，由内政部长通过国家公园管理局管理的所有陆地和水域。整个体系涵盖了生态保护、文化遗迹保护以及游憩服务三大类型，其成员有国家公园、国家古迹地、国家保护区、国家历史地、国家历史公园、国家纪念物、国家游憩区、国家海岸等，涵盖 20 个分类（见表 1 - 1），根据保护对象的不同，成员的分类与命名也呈现出多样化特征。从狭义上而言，国家公园是指在较广阔的自然地域内蕴藏着丰富的自然资源，部分地区还拥有历史遗迹。在国家公园范围内，针对狩猎、采矿以及其他资源消耗性活动明令禁止，旨在保护其原始状态和环境质量。由这一定义可见，美国的国家公园要求拥有丰富的资源，并且国家公园管理更加侧重于对自然资源的保护以及对人类活动的限制。

表 1 - 1　　　　　　　　　美国国家公园体系分类

编号	分类名称（中文）	分类名称（英文）
1	国际历史地	international historic site

续表

编号	分类名称（中文）	分类名称（英文）
2	国家战场	national battlefields
3	国家战场公园	national battlefield parks
4	国家战争纪念地	national battlefield site
5	国家历史地	national historic sites
6	国家历史公园	national historical parks
7	国家湖滨	national lakeshores
8	国家纪念碑	national memorials
9	国家军事公园	national military parks
10	国家纪念地	national monuments
11	国家公园	national parks
12	国家景观大道	national parkways
13	国家保护区	national preserve
14	国家休闲地	national recreation areas
15	国家保留地	national reserve
16	国家河流	national rivers
17	国家风景路	national scenic trails
18	国家海滨	national seashores
19	国家野生与风景河流	national wild and scenic rivers
20	其他公园地	parks（other）

美国黄石国家公园创建之后，各国对于国家公园也展开了广泛的建设探索。由于各国的自然环境条件、政治经济发展、社会文化底蕴、人与自然关系的认知等实际情况各不相同，因此，各国都根据本国国情及当地特色对国家公园作出针对性定义（见表1-2）。

表1-2　　　　　　　　各国国家公园定义

编号	国家	具体定义
1	加拿大	国家公园是世世代代加拿大人休闲、教育、娱乐及欣赏的场所，应当悉心保护及利用，保持完好无损，以供后代享受
2	英国	国家公园是包含美丽乡村、野生动植物及文化遗产的自然保护地，居民在其中工作与生活，同时，国家公园欢迎游客，为游客提供体验、欣赏和了解国家公园的机会

续表

编号	国家	具体定义
3	澳大利亚	国家公园是地貌未被破坏、有大量本地物种存在的大型保护区。区域内的人类活动受到严格控制，农耕类的商业活动被严格禁止
4	德国	国家公园是依法界定的、大型的、未分割的、具有特殊性的保护区。区域内以自然保护功能为主，基本不受人为干扰或人为干扰的程度有限
5	新西兰	国家公园是由国家指定的自然区域，需要特别保护、管理及使用，以保持典型的单个或多个生态系统的完整性，并具备生态旅游、科学研究及环境教育功能

由上述定义可见，对于什么是国家公园，各个国家和地区都立足自身实际情况进行了界定，但定义方式或侧重点不尽相同。例如，加拿大强调国家公园的多重功能，并且阐明国家公园应该体现出代际公平；英国侧重国家公园的保护对象，并进一步提出了服务群体及整体性保护策略；澳大利亚更加强调国家公园的准入条件和对人类活动的限制要求。而在国家公园保护对象方面，英国国家公园将乡村景观纳入保护对象中，南非则致力于野生动物保护，澳大利亚更加侧重本土文化保护。尽管如此，各国普遍提出，国家公园是指自然风光优美、资源独特、地域典型、保护价值高，不受或基本不受人类活动干扰的自然区域。同时，国家公园承载多重功能，例如，维持自然生态系统平衡、保护生态环境及物种多样性，可以开展生态旅游、科学研究及环境教育等。

二、国家公园的统一定义

为了规范化推动世界范围内国家公园的建设与发展，1969 年，在印度新德里举行的世界保护联盟大会上，国际自然保护联盟（International Union for Conservation of Nature，IUCN）综合各国的探索和实践，首次明确定义了国家公园的三个基本特征：该地区必须不受人类开发，其生态系统具备教育功能；该地区被禁止开采行为；游客可以参观。1994 年，IUCN 将自然保护地分为 6 类，明确国家公园分属第 II 类，并进一步阐述了国家公园是"主要用于保护生态系统和实现游憩目的的陆地或海洋自然区域"。同时，IUCN 对于国家公园的管理目标也作出了相应界定——"保护生态系统完整性以供当代及其后代享用；禁止一切有自然保护地的开采及占用行为；在保护自然生态的同时融合文化"。2013 年，修订版《IUCN 自然保护地管理分类应用指南》作了更为准确的表述，"国家公园指的是大型自然区或近自然区，在保护物种多样性和生态系统完整性的同时，提供给民众文化精神享受，包含科学研究、生态教育、游憩参观等多种功能"。从界定中可以看出，国家公园具有生态保护的首要功能，同时能够提供公益性服务及世代传承性等核心理念。由此，IUCN 对国家公园的概念正式确立并得到广泛认同，各国在此基础上根据国情实际进行适当的调整。

三、中国国家公园定义

我国从 1982 年开始建立国家级风景名胜区，并于 2006 年在云南省建立了云南香格里拉普达措国家公园，这标志着我国国家公园从概念到实践的转变。我国 2008 年开始在云南开展国家公园试点，并对国家公园定义进行了初步的规范，表示国家公园是实现资源保护和利用的保护地类型，同时具备科教、游憩和社区发展的功能，主要由政府划定和管理。在此期间，由于国家公园概念尚未明确，诸多学者结合国情对国家公园概念作了适应性的探索，但只有少数学者直接尝试提出我国国家公园定义。其中，代表性定义有：云南省地方标准《国家公园基本条件》（DB53/T298—2009）中将国家公园定义为由政府划定和管理的保护区，以保护具有国家或国家重要意义的自然资源和人文资源及其景观为目的，兼有科研、教育、游憩和社区发展等功能，是实现资源有效保护和合理利用的特定区域。朱里莹（2018）则指出我国国家公园应该强调"保持自然状态"以及"永久性保护"的重要地位。唐芳林（2018）提出国家公园是指国家划定需要严格保护管理的、特殊的自然生态区域，主要是为了保护典型生态系统的完整性，兼具游憩科教功能。贾建中等（2015）提出，"中国国家公园"是"中国"的，具有中国的资源特色和制度特色；是"国家"的，具有国家代表性，即国家管理、全民享用，具有全民公益性；是"公园"，要在保护自然资源与环境的前提下实现公园的游憩功能。罗金华（2013）认为，我国国家公园概念中应突出生态系统典型性，同时表明国家公园的保护目的和可持续利用功能。大部分学者在研究我国国家公园的概念定义时，都强调了国家公园的资源保护功能和资源代表性，另有部分学者还指出国家公园概念中应强调游憩功能和文化保护等主张。2022 年,《国家公园法(草案)》(征求意见稿)中明确提出,国家公园是指由国家批准设立并主导管理,以保护具有国家代表性的自然生态系统、珍稀濒危物种、自然遗迹、自然景观为主要目的,依法划定的大面积特定陆域或者海域。

2012 年,党的十八大报告首次将生态文明建设纳入"五位一体"总体布局,作出"大力推进生态文明建设"重要部署。2013 年,党的十八届三中全会首次提出建立国家公园体制。2015 年,国家发展和改革委员会等 13 部委提出开展国家公园试点,我国国家公园进入了新一轮的试点工作高潮。2017 年,我国印发了《建立国家公园体制总体方案》,第一次完整提出我国国家公园的内涵,即"国家公园是由政府划定和管理的保护地,以保护具有国家或国际重要意义的自然资源和人文资源及其景观为目的,兼有科研、教育、游憩和社区发展等功能,是实现资源有效保护和合理利用的特定陆地或海洋区域"。随着国家公园体制试点工作的深入展开,2019 年,中共中央办公厅、国务院办公厅颁布的《关于建立以国家公园为主体的自然保护地体系的指导意见》(以下简称《指导意见》)对国家公园的界定进行了补充,明确了我国国家公园是以保护具有国家代表性的自然生态系统为主要目的,实现自然资源科学保护和合理利用的特定陆地或海洋区域,是我国自然生态系统中最重要、自然景观最独特、自然遗产最精华、生物多样性最富集的部分,保护范围大,生态过程完整,具有全球价值、国家象征,国民认同度高。《指导意见》同时明确定位了我国国家公园的基本功能,在保护优先的前提下,兼具科学研究、自然教育、生态体验、游憩展示等公共服务功能。同时,《指导意见》明确提出了国家公园"生态保护第一、国家代表性、全民公益性"的理念。"生态保护第一"反映了自然保护是国家公园的本质属性,明确了建立国家公园的目的是保护自然生态系统的原真性、完整性,突出自然生态系统的严格保护、整体保护、系统保护,把最应该保护的地方保护起来。国家公园坚持世代传承,给子孙后代留下珍贵的自然遗产。"国家代表性"不仅体现了国家公园设置的资源要求,而且体现了国家公园在自然保护地体系中的重要地位。国家公园具有极其重要的自然生态系统,同时拥有独特的自然景观和丰富的科学内涵,国民认同度高。国家公园以国家利益为主导,坚持国家所有,具有国家象征,代表国家形象,彰显中华文明。"全民公益性"是国家公园的基本属性之一,也是设立国家公园的重要目的。

国家公园坚持全民共享，在严格保护的前提下，开展自然环境教育，为公众提供亲近自然、体验自然、了解自然以及作为国民福利的游憩机会。鼓励社区共管、公众参与，调动全民积极性，激发自然保护意识，增强民族自豪感。

第二节　国家公园的设立标准

一、国家公园评价标准

世界上国家公园的评价和设立标准是随着历史发展而不断完善的。在IUCN制定的国家公园选择方法基础上，依照IUCN的原则条件，各国立足自身自然资源、法律法规、管理可行性及适宜性等方面提出评估的相关标准，保证国家公园的科学设立、有效管理及可持续发展。国情不同，各国对于标准设立的侧重点也不尽相同，但在自然资源重要性和自然生态景观保护等基本条件上是一致的。

（一）自然景观/自然遗迹

自然景观的优美是建立国家公园的先决条件。通常而言，国家公园是建立在自然景观独特的地区，强调自然景观的美学价值，具备国家代表性或世界意义，同时注重自然景观的多样化及其保存状况，一般是区域内典型性的风景名胜。例如，武夷山国家公园独特的单斜丹霞群山景观、节理与断裂景观构造控制的九曲溪深切曲流及独特的气象景观，赋予武夷山国家公园重要的自然美学价值。

（二）生态系统

自然生态系统的保护是建立国家公园的重要目标。国家公园具有生态保护的首要功能，强调自然保护区内生态系统原真性及完整性，或能体现国家自然生态系统的代表性或区域自然生态系统的独特性，保护生态系统不受或较少受到人类生产和生活等活动的影响。例如，海南热带雨林国家公园保存着中国大陆最完整、最具多样性的热带雨林，武夷山国家公园则是同纬度中部地区面积最大、原始森林生态系统最完整、最具代表性的国家公园。

(三) 生物多样性/重要栖息地

生物多样性同自然生态系统原真性是建立国家公园的重要目标。国家公园是重要动植物的栖息地，集中分布着珍稀、受威胁或濒危动植物物种，可以提供生物群落、遗传资源及本地物种的代表性例证。例如，东北虎豹国家公园是中国最大也是唯一的野生虎豹繁殖地；大熊猫国家公园保护着中国70%以上的野生大熊猫；武夷山国家公园生物多样性最富集，被誉为"东南植物宝库""蛇的王国""昆虫世界""鸟的天堂"。

(四) 面积/范围

土地面积是建立国家公园的重要因素。国家公园通常需要足够大，以确保资源得到长期保护，满足公众的需求。一些国家依照自身国土面积制定了国家公园面积标准。在美国，地广人稀、资源丰富的地域条件使得国家公园面积相对较大；而在英国、法国、日本，紧张的人地关系直接导致了国家公园面积较小。IUCN 在 1974 年规定国家公园面积不小于 1 000 公顷的范围，德国国家公园要求面积至少达到 10 000 公顷，瑞典国家公园面积至少为 1 000 公顷，日本国家公园要求面积超过 2 000 公顷。

(五) 文化景观

文化景观是建立国家公园的核心及灵魂。例如，武夷山国家公园积淀着宝贵的生态人文资源和文化遗产，是朱子故里、理学摇篮，拥有丰富的朱子文化遗产；建阳建盏文化、宋慈文化，光泽商周文化、明清文化，武夷山闽越文化、柳永文化、书院文化、红色文化等独特的多元文化交融，为充实现代文化、促进文化认同提供了强大推力。虽然各国在国家公园的遴选、评价和标准中均体现了对文化景观的要求，然而仅有加拿大和韩国等少部分国家对此作出明确规定。

(六) 土地所有权

在大多数国家或地区，国有化土地及自然资源是建立国家公园的基本条件。在一些国家，如英国、法国和日本，由于产权的复杂性，国家公园的土地部分归属私人，进而导致个人获得国家公园的开发权，造成国家公园的保护水平相对较低。而大多数国家会先通过购买、捐赠或其他方式将特定区域的私人土地转为国有土地后建立国家公园，或者通常在国有土地高度集中的地区建立国家公园。

（七）其他

一些国家依照本国的实际情况及国家公园建立的需要，还会提出相关标准要求。例如，美国提出国家公园由管理局直接管辖；俄罗斯提出国家对国家公园资源（如土地、水、矿产和动植物资源等）拥有所有权；加拿大和澳大利亚提出要关注公园内当地社区居民的利益及需求问题；德国提出建设国家公园生态系统网络；韩国提出国家公园选址的考虑因素等。

由上可见，建立国家公园主要从资源价值、适宜性及可行性三个方面进行权衡。具体实践中，由于各国和地区在发展理念、建设历史、管理体制和国情方面的不同，各国、各地区建立国家公园的标准也不尽相同。

二、代表性模式

由于不同国家和地区政府管理制度差异以及主要管理部门对国家公园管理的自由度不同，形成了不同的国家公园管理模式和标准，如表1-3所示。

表1-3　　　　　　　　　　不同国家国家公园管理情况

国家	管理体系类型	主要管理部门
美国	自上而下型管理体系	美国内政部下属国家公园管理局
加拿大	自上而下型管理体系	加拿大国家公园管理局
澳大利亚	自上而下型管理体系	澳大利亚国家公园局
新西兰	自上而下型管理体系	保护部
英国	综合型管理体系	各国家公园管理局及其他土地所有者
德国	地方自治型管理体系	各州政府设立环境部统管
日本	综合型管理体系	国家环境省下设自然环境局、都道府县环境事务所
韩国	综合型管理体系	国立公园管理公团本部（中央）、地方管理事务所等

（一）美洲模式

美洲模式具有严格、科学的准入条件，以美国和加拿大为代表。采用美洲模式的国家通常地域广阔，自然生态区面积大，在自然生态保护方面更注重野生动植物的保护，兼顾社会和居民对自然的利用和游憩需求，具有鲜明的功能定位。该模式的国家公园建立需要先区分自然生态系统类型，然后再在同一类型区域进行对比后选出。在决定建立一个新的国家公园时需要满足四个条件：国家意义、适宜性、可行性以及国家公园管理局的直接管理。具体而言：

（1）国家意义。该条件指的是国家公园区域内的自然生态资源、文化遗产等资源要具备国家级重要意义。例如，美国国家公园的建立强调四项标准：首先，它必须体现特定的资源类型；其次，它必须在说明或阐释美国国家遗产的自然或文化主题方面具有独特价值；再次，它必须为公众娱乐或科学研究提供最佳场所；最后，它必须保留高度的资源整合，包含真实性、精确性及完整性。加拿大在设立国家公园候选地时主要参照三项标准：第一，新的国家公园内"自然地理区域"能够很好地代表各种自然区域特征，如动物、植被、地质和地形，其范围不应受到现有土地政策及法规的约束；第二，新的国家公园应集中在尚未建立国家公园的自然区域，没有被人为改变或受人为改变非常小；第三，新的国家公园区域内具备独特的自然现象或珍稀濒危野生动植物物种，要能提供游憩、观赏、生态教育的功能，符合国际标准等。

（2）适宜性。美国对新国家公园候选地适宜性的认定主要参照两个标准：第一，新的国家公园是否能体现独特的自然或文化主题，且该类型的主题是不是其他公园没有的。而这主要通过国家公园候选地与国家公园体系中其他公园在特征、品质、资源的整合性和为公众提供休闲的潜力等方面两两比较作出判断。第二，新的国家公园是否由其他管理机构管辖以至于暂且无法得到应有的保护。加拿大国家公园候选地的适宜性考察主要在于：第一，该区域拥有特殊的自然现象及珍稀濒危野生动植物物种并且还没有建立国家公园；第二，该区域是否承受潜在的自然环境或土著人威胁。

（3）可行性。该条件要求国家公园在规模、资金来源、管理成本等方面具有可行性。例如，美国对新国家公园候选地可行性的认定主要参照以下标准：第一，考虑到候选区域的面积、边界轮廓、候选区域和邻近土地的当前和潜在用途、土地所有权状况以及公众使用的潜力，候选区域必须具有足够的面积和适当的边界，以确保资源得到持续保护，并确保美国人民能够使用国家公园；第二，候选区域必须能够以合理的经济成本得到有效保护，除其他事项外，还必须基于成本评估管理费用，例如，对候选区域和邻近土地的使用、土地所有权状况以及公众使用的潜力等。另外，可行性评价还将考虑国家公园管理局在资金和人员方面的限制。例如，加拿大将新国家公园候选地相关的土著居民、公众等利益相关者纳入协商讨论之中，协商内容包括公园边界、土地征用细节、传统资源的利用方式、公园及周围地区土地的规划与管理、公园管理机构的组成与作用、经济利益分配等。

（4）直接管理。美洲模式中，如果评估表明候选地由美国国家公园管理局管理是最优选择，别的保护机构不可替代，那么候选地由美国国家公园管理局管理。其他情况下，美国国家公园管理局鼓励民间保护机构、州和地方一级保护机构以及其他联邦机构在新的资源保护地管理方面发挥领导作用。根据加拿大国家公园法，国家公园必须是联邦所有，由加拿大公园管理局管理。如果其他方式能够提供合适的保护和公众娱乐的机会，那么该地区加入国家公园系统的申请一般就不予批准。

（二）大洋洲模式

大洋洲模式侧重国家公园的生态保护功能，以澳大利亚和新西兰为代表。

（1）澳大利亚。澳大利亚建立新的国家公园主要考量三个标准：第一，候选区生态系统有较强的完整性，未因开垦或定居发生重大改变，该地区的动植物物种、景观或生态环境具有独特的科学、教育和娱乐价值，或者该地区具有优美的自然景观；第二，当地政府机构对其进行保护，消除可能的人为影响；第三，在实行严格保护的前提下，适当开展生态教育、游憩娱乐、文化体验等活动。

（2）新西兰。新西兰国家公园建设以遵循保护为首要目标，不允许过度开发，要求对公众开放。新西兰建立新国家公园的评估标准涵盖三个方面：第一，要考虑主要的地貌、特殊的动植物种类以及文物古迹；第二，要禁止任何资源开发，包括农耕、放牧和伐木等活动，允许在不影响公园保护的情况下开展适当的人类活动；第三，需要进行行政管理和旅游区的合理划分，将公园分为限制的自然区、管理的自然区和荒野区，然后进一步细分为诸如早期人类活动带、文物古迹带或考古专用带等；第四，适当向社会开放，因此，需要在保护荒野区的基础上满足旅游需求，并非所有地区都适合成为国家公园，例如，科研保护区、私人管理区域、专门保护区以及以旅游为主的区域都不符合资格。

（三）英德模式

英德模式在自然风光、野生动植物保护、满足公众游憩功能的导向下新建国家公园，其与自然保护区有所重叠，因此，在遴选和后期管理国家公园时，特别强调利益相关者和当地居民的参与，以英国和德国为代表。

（1）英国。英国在遴选国家公园时，要求候选区具备广阔的范围，内含丰富多样的自然景观元素，诸如山脉、荒野、石楠丛生的荒地、丘陵、悬崖或岸滩，以及森林、河流、运河和两岸长条状地带等。这些地域范围涵盖了乡村、多种类型的自然景观，甚至包括中小城市，面积从几十平方公里至数百平方公里不等。除了具有代表性的风景外，还必须全面考虑到人类活动对资源的潜在威胁以及对周边居民的影响。国家公园的设立目标在于维护和提升其所拥有的自然美景、野生生物及文化遗产，为公众提供了解和欣赏这些独特景观的机会。

（2）德国。根据《联邦自然保护法》，在法律上德国国家公园区域的指定基于以下规定：一是区域的资源具有特殊性。出于科学、博物学或地方志等多方面原因，要保护候选区特有动植物物种的群落环境或共生环境，保护其稀缺性、独有的特征或优美的景色；二是候选区的大部分领域都符合自然保护区的相关规范；三是候选区受人类影响较小，适合被划为自然保护区。

（四）日韩模式

日韩模式以本土人文历史及自然风光保护为主，根据候选地景观特点和自然风光决定，面积相对较小，以日本、韩国等为代表。

（1）韩国。根据韩国《自然公园法》，国家公园必须满足如下五个要求：一是生态系统保护，必须确保自然生态系统的保护令人满意，或者侧重于保护濒危物种、自然珍藏或受保护的植物或动物物种；二是自然风景保护，必须完美地保护自然风景，排除多余的危险和污染；三是文化和历史遗迹保护，必须存在与自然风光协调的、具有保护价值的文化或历史遗迹；四是土地保护，必须有效保护土地，防止工业发展对风景造成威胁；五是位置平衡，国家公园的位置必须与整个国家的领土保护和管理相平衡，并具备便利的使用特点。

（2）日本。日本规定国家公园入选地应严格限制开发以及人类活动，以确保该地区得以保持其原始状态。同时，政府需提供信息和设施，以协助游客欣赏自然之美。国家公园的核心景区面积原则上应超过20平方公里，并保持其原始景观。此外，还应包括未受人类开发影响、拥有特殊科学、教育和娱乐功能的生态系统、动植物种类，以及地质和地形地貌的区域。日本不同类型的国家公园选定标准不同。环境大臣将根据都道府县和中央环境审议会的意见，对国立公园进行指定；而国定公园则将根据都道府县的申请和审议会的意见确定所在区域。在确定国立公园或国定公园时，环境大臣必须在官方报纸上公示其目的和范围。该指定方案在正式生效前需要经过公示程序。

由上述模式分析可以看出，部分国家和地区对国家公园的准入标准有着较为严格的界定，加拿大、英国、新西兰、德国、日本都在国家公园相关的法律中明确了国家公园的准入标准，美国也在政策层面提出了准入标准。各个国家和地区对准入标准的规定主要分为两类：一是规定资源的属性、特征，界定了资源的重要性、受干扰程度等内容。例如，在加拿大、美国等国土面积较大的国家，对新国家公园主要采取的遴选方法是先对自然生态类型进行详细划分和区分，再在同一类型的区域内进行系统的对比研究，在综合考量国家重要性、适宜性、可行性及代表性四个层面条件的基础上进行评价和决策，以完成国家公园的遴选工作。二是对法律程序进行规定，如加拿大、英国、新西兰、日本等通过法律明确了新建国家公园的发起者、审议程序和批准程序等内容。

三、我国国家公园设立规范

我国自 2013 年提出建立国家公园体制以来，相继启动了国家公园体制试点建设，颁布了《建立国家公园体制总体方案》《关于建立以国家公园为主体的自然保护地体系的指导意见》等政策文件，明确将国家公园纳入国家保护地体系建设的核心战略。在符合《建立国家公园体制总体方案》的基本要求下，我国于 2020 年颁布了《国家公园设立规范》（GB/T 39737—2020）（以下简称《规范》）。该规范在吸收国际上成功国家公园建设经验的基础上，遵循明确理念、强调改革、兼顾国情等原则，为国家公园的设立提供了规范和指导。

《规范》规定了国家公园准入条件、认定指标、调查评价、命名规则和设立方案编制等要求，明确了国家公园建设的基本原则，即彰显国家公园基本理念、体现国家公园体制精神、突出自然保护基本国情。

（一）准入条件

国家公园的准入条件涵盖了国家代表性、生态重要性和管理可行性三个关键方面。我国国家公园实行最严格的保护，同时兼具科研、教育、游憩等综合功能，是我国自然生态系统中最重要、自然景观最独特、自然遗产最精华、生物多样性最富集的部分。国家公园保护范围大，生态过程完整，具有全球价值、国家象征、国民认同度高的特点。在选择潜在的地区时，应充分考虑其国家代表性、生态多样性、生态系统完整性和原真性等因素。为确保国家公园的设立成功，需要评估管理可行性、基础设施建设和可持续发展潜力等因素，以确定适合创建国家公园的候选区域。根据《规范》，准入条件主要包括以下方面。

1. 国家代表性。国家代表性在国家公园遴选中极其重要。首先，这一要点强调了国家公园的选择应聚焦于那些在中国具备代表意义的自然生态系统，或是集聚了中国特有和重点保护野生动植物物种的区域。同时，这些区域还应当拥有具有全国甚至全球意义的自然景观和自然文化遗产。其次，这一要点也强调了国家公园的设立必须考虑国家的整体利益和长远利益。国家在设立国家公园时必须担起主导责任，确保其符合国家发展战略和长远目标。此外，为确保各利益相关者的合理权益，国家公园的设立需要协调各方利益诉求，达成多方共赢局面。认定指标主要有：

（1）生态系统代表性。生态系统类型或生态过程是中国的典型代表，可以支撑地带性生物区系，至少应符合以下一个基本特征：第一，生态系统类型为所处自然生态地理区的主体生态系统类型；第二，大尺度生态过程在国家层面具有典型性；第三，生态系统类型为中国特有，具有稀缺性特征。

（2）生物物种代表性。分布了典型野生动植物种群，保护价值在全国或全球具有典型意义，至少应符合以下一个基本特征：第一，至少具有一种伞护种或旗舰种及其良好的栖息环境；第二，特有、珍稀、濒危物种集聚程度极高，该区域珍稀濒危物种数占所处自然生态地理区珍稀濒危物种数的50%以上。

（3）自然景观独特性。具有中国乃至世界罕见的自然景观和自然遗迹，至少应符合以下一个基本特征：第一，具有珍贵且独特的天景、地景、水景、生景、海景等，自然景观极为罕见；第二，历史上长期形成的名山大川及其承载的自然和文化遗产，能够彰显中华文明，增强国民的国家认同感；第三，代表重要地质演化过程、保存完整的地质剖面、古生物化石等典型地质遗迹。

2. 生态重要性。生态重要性是国家公园最为核心的功能，其他任何功能都必须在保护生态的基础上展开。国家公园的生态区位极为重要，能够长期保护并维持国土生态安全屏障，面积和规模应该能够基本维持一个以上自然生态系统结构和大尺度生态过程的完整状态，地带性生物多样性极为富集，大部分区域保持原始自然风貌，或轻微受损经修复之后可以恢复至自然状态的区域，生态服务功能显著。同时，自然生态系统所承载的自然资源和文化资源都必须得到完整地保存并能够展示其自然或文化特征，这也是国家公园管理的责任和义务。主要指标有：

（1）生态系统完整性。自然生态系统的组成要素和生态过程完整，能使生态功能得以正常发挥，生物群落、基因资源及未受影响的自然过程在自然状态下长久维持。生态区位极为重要，属于国家生态安全关键区域，至少应符合以下一个基本特征：第一，生态系统健康，包含大面积自然生态系统的主要生物群落类型和物理环境要素；第二，生态功能稳定，具有较大面积的代表性自然生态系统，植物群落处于较高演替阶段；第三，生物多样性丰富，具有较完整的动植物区系，能维持伞护种、旗舰种等种群生存繁衍，或具有顶级食肉动物存在的完整食物链或迁徙洄游动物的重要通道、越冬（夏）地或繁殖地。

（2）生态系统原真性。生态系统与生态过程大部分保持自然特征和进展演替状态，自然力在生态系统和生态过程中居于支配地位，应至少符合以下一个基本特征：第一，处于自然状态及具有恢复至自然状态潜力的区域面积占比不低于75%；第二，连片分布的原生状态区域面积占比不低于30%。

（3）面积规模适宜性。划定国家公园边界以确保大尺度生态过程完整为原则，不设定量化的面积指标，面积规模应符合以下基本要求：第一，西部等原生态地区可根据需要划定大面积国家公园，对独特的自然景观、综合的自然生态系统、完整的生物网络、多样的人文资源实行系统保护；第二，东中部地区，对自然景观、自然遗迹、旗舰种或特殊意义珍稀濒危物种分布区，可根据其分布范围确定国家公园的范围和面积。

3. 管理可行性。"管理可行性"是国家公园设立的落脚点,既要能够体现中央事权、国家管理、国家立法、国家维护,又应该充分考虑到我国人多地少、开发历史悠久、资源开发强度大的背景条件和现实条件,较好地协调利益相关者的关系,具备以较合理的成本实现有效管理的潜力,能够较好解决土地与资源所有权者的权益,并适度开放相关区域以提供国民素质教育的机会。要求创立地在自然资源资产产权、保护管理基础、全民共享等方面具备良好的基础条件。具体指标有:

(1) 自然资源资产产权。自然资源资产产权清晰,能够实现统一保护,至少应符合以下一个基本要求:第一,全民所有自然资源资产占主体;第二,集体所有自然资源资产具有通过征收或协议保护等措施满足保护管理目标要求的条件。

(2) 保护管理基础。具备良好的保护管理能力或具备整合提升管理能力的潜力,应同时符合以下基本特征:第一,具有中央政府直接行使全民所有自然资源资产所有权的潜力;第二,原则上,人类生产活动区域面积占比不大于15%,人类集中居住区占比不大于1%,核心保护区没有永久或明显的人类聚居区(有戍边等特殊需求除外),人类活动对生态系统的影响处于可控状态,人地和谐的生产生活方式具有可持续性。

(3) 全民共享潜力。独特的自然资源和人文资源能够为全民共享提供机会,便于公益性使用,应同时符合以下基本特征:第一,自然本底具有很高的科学普及、自然教育和生态体验价值;第二,能够在有效保护的前提下,更多地提供高质量的生态产品体系,包括自然教育、生态体验、休闲游憩等机会。

(二)认定指标体系

根据3个准入条件,我国国家公园设立认定的指标体系应包含3个条件对应的9项指标(见表1-4)。结合中国气候带、生态区划、自然地理区划、植被区划、野生动物生态地理区划、海洋生态系统特征和海域分布等因素,对具有相似生态系统类型与生态过程的自然区域进行生态地理分区,使其作为遴选国家公园的基础,在每个生态地理区按照准入条件和相关指标遴选有代表性的区域设立国家公园。

表 1－4　　　　　　　　　　　　国家公园认定指标体系

准入条件	认定指标	基本内涵
国家代表性	生态系统代表性	生态系统类型或生态过程是中国的典型代表，可以支撑地带性生物区系
	生物物种代表性	分布有典型野生动植物种群，保护价值在全国或全球具有典型意义
	自然景观代表性	具有中国乃至世界罕见的自然景观和自然遗迹
生态重要性	生态系统完整性	自然生态系统的组成要素和生态过程完整，能够使生态功能得以正常发挥，生物群落、基因资源及未受影响的自然过程在自然状态下长久维持。生态区位极为重要，属于国家生态安全关键区域
	生态系统原真性	生态系统与生态过程大部分保持自然特征和自然演替状态，自然力在生态系统和生态过程中居于支配地位
	面积规模适宜性	具有足够大的面积，能够确保生态系统的完整性和稳定性，能够维持伞护种、旗舰种等典型野生动植物种群生存繁衍，能够传承历史上形成的人地和谐空间格局
管理可行性	自然资源资产产权	自然资源资产产权清晰，能够实现统一保护
	保护管理基础	具备良好的保护管理能力或具备整合提升管理能力的潜力
	全民共享潜力	独特的自然资源和人文资源能够为全民共享提供机会，便于公益性使用

1. 生态系统国家代表性。《规范》中表示生态系统的典型性具有国家意义，代表国家形象，包括各地带性的顶级群落、中国特有生态系统以及需要优先保护的生态系统类型。

2. 物种国家代表性。珍稀、濒危物种及其栖息地的保护不是国家公园的关键目标，但具有国家象征的旗舰物种、伞护物种应是建立国家公园关注的重点之一，如大熊猫、东北虎、丹顶鹤、红豆杉、中华白海豚等。这些物种对公众具有极高吸引力与号召力，是区域生态的代表性物种，通过对它们的保护可以促进公众对生物多样性保护和国家公园建设的关注。

3. 生态系统完整性。生态完整性评估不聚焦于单一物种或参数，而是要关注物质和能量的循环和转化过程、特定生物结构的保存以及非生物组分的维持，这是保障生态系统功能的前提。

4. 生态系统原真性。原真性是国际上定义、评估和保护文物遗产的一项基本准则，我国在构建国家公园体制时将其引申到了自然生态系统的保护上，主要是强调保护并长期维持自然界的本来面貌，其核心是保障生态系统具有持续的自组织能力。

5. 关于面积、规模的适宜性。《建立国家公园体制总体方案》中提出"确保面积可以维持生态系统结构、过程、功能的完整性"，满足大尺度生态过程、结构需求并实现自我循环是一个相对概念，因对象、时空、功能差异而异。依据 IUCN 自然保护地数据库统计的全球国家公园平均面积约 1 000平方公里，而实际上，即使在倡导大尺度保护的加拿大、美国、俄罗斯等国家，同样存在不足 1 平方公里或几平方公里的、最小的国家公园个案。因此，综合考虑我国国情，并未对国家公园的面积指标做强制性量化，不同区位和不同主要保护对象的国家公园在面积上可以存在差异，能满足保护目标的达成即可。

6. 自然资源资产产权。在公有土地上设立国家公园既是国际共识，也是确保国家公园公益性的前提条件，我国的国家公园设立也应坚持这条基本准则。《建立国家公园体制总体方案》提出"确保全民所有的自然资源资产占主体地位"的主要目的是实现统一保护，对于我国南方集体土地占比高的地区，可以采取征收、协议保护等多种途径实现统一管理。

（三）调查评价

1. 评估区域。将拟设立国家公园的区域，按照山系、水域等生态系统或旗舰种栖息地的完整性、原真性、连通性，以现有一个或多个自然保护地为基础，连同周边具有生态保护潜力的区域确定为评估区。

2. 科学考察。为确保国家公园设立工作的严肃性和科学性，由专业团队对评估区域进行现地调查，收集自然、社会、经济等各方面资料，初步划定评估区域边界，开展自然资源与生态本底考察，对照国家公园准入条件和认定指标，调查获取相关信息，对照准入条件和认定指标进行符合性认定。

3. 综合评价。在对评估区域调查考察的基础上，分别从国家代表性、生态重要性、管理可行性三个方面分析，论证评估区域是否符合设立国家公园准入条件，分析并撰写国家公园符合性认定报告，同步开展社会影响评价，评估设立国家公园对当地经济及社区的影响范围、领域、程度等，提出社会影响管理方案，编制国家公园设立社会影响评价报告。

　　4. 符合性认定。采取指标认证法，对照认定指标体系逐项进行符合性认定，指标认定要求如表 1-5 所示。所有准入条件全部符合的评估区域列为候选国家公园。对于科学考察不充分、报告不完善、评估范围划定不合理的评估区域，补充或修改后再行认定。

表 1-5　　　　　　　　　　　　　国家公园准入条件

准入条件	认定指标	基本内涵	认定要求
国家代表性	生态系统代表性	生态系统类型或生态过程是中国的典型代表，可以支撑地带性生物区系	2 项指标符合 1 项即可认定
	生物物种代表性	分布有典型野生动植物种群，保护价值在全国或全球具有典型意义	
	自然景观代表性	具有中国乃至世界罕见的自然景观和自然遗迹	符合要求，给予认定
生态重要性	生态系统完整性	自然生态系统的组成要素和生态过程完整，能够使生态功能得以正常发挥，生物群落、基因资源及未受影响的自然过程在自然状态下长久维持。生态区位极为重要，属于国家生态安全关键区域	3 项指标同时符合要求给予认定
	生态系统原真性	生态系统与生态过程大部分保持自然特征和自然演替状态，自然力在生态系统和生态过程中居于支配地位	
	面积规模适宜性	具有足够大的面积，能够确保生态系统的完整性和稳定性，能够维持伞护种、旗舰种等典型野生动植物种群生存繁衍，能够传承历史上形成的人地和谐的空间格局	
管理可行性	自然资源资产产权	自然资源资产产权清晰，能够实现统一保护	3 项指标同时符合要求给予认定
	保护管理基础	具备良好的保护管理能力或具备整合提升管理能力的潜力	
	全民共享潜力	独特的自然资源和人文资源能够为全民共享提供机会，便于公益性使用	

第三节 国家公园的功能定位

基于各国国家公园的资源禀赋差异，尽管各国对国家公园的概念界定上尚不统一，但对国家公园的本质与内涵已基本达成共识，即以降低对生态环境与资源的损害为前提，以维护国家重要自然生态系统为目的，为地区经济、科研、教育、游憩等方面提供发展契机。综合国内外学者对国家公园功能定位的认知，经总结认为，国家公园具有生态保护、科学研究、自然教育、游憩展示、社区发展五大基本功能，具体如表 1-6 所示。

表 1-6   **国家公园的内涵**

序号	功能	具体功能
1	生态保护	保护生态系统和生物多样性，保护自然景观和资源，保护人文景观和资源
2	科学研究	监测生态系统的演替阶段，监测生物多样性种群和栖息地变化，监测人为干扰活动，研究自然规律
3	自然教育	开展环境科学教育，提升受众群体的自然技能，培养受众群体的自然价值观
4	游憩展示	在保护区域内，以生态系统为前提，来满足受众群体游憩的需求
5	社区发展	建立社区管控机制，注重社区传统文化的传承与发展，引导社区营造与美化社区环境，支持社区发展生态产业

一、生态保护

生态保护功能是指国家公园能对区域范围内的自然和人文资源起到生态保护，维持生态系统平衡和生物多样性的作用。国家公园作为最重要的自然保护地类型之一，在自然保护地系统中占据主体地位，其设立的首要功能是自然生态保护，同时兼具游憩、科研、教育等其他功能。国家公园在生态保护功能优化上，大多从实践活动、法律法规、国家配套政策、实现模式及相关技术等多方面进行研究探讨。美国黄石公园以生态保护为设立初衷建立了世界上第一个国家公园，后续其他国家均在此基础上进行借鉴，大多基于自身国情建立国家公园，达到对自然及人文资源的保护作用。国家公园具备的生态价值最高，大多数国家在对国家公园的开发上基本上本着适度开发、保护为主的原则，一方面使得区域内的自然景观和人文景观的生态环境得以延续，另一方面使区域内受到的不良影响减少到最低程度，找到资源开发与利用的平衡点，并达到人与自然和谐共生的局面。

二、科学研究

科学研究功能是指国家公园能够起到对保护对象进行研究的作用。国家公园内的野生动植物资源所具备的科研和经济价值已在国际社会形成共识并成为国际社会竞争的焦点。同时，国家公园内保存的历史文化资源真实、完整和准确地体现了国家和民族的发生、发展历史和文明成果，帮助人们以直观的方式洞察历史，以科学的态度认知现在和未来，帮助人类深刻了解经济、社会、宗教和其他推动或阻碍社会进步的各种力量以及人类的奋斗历程。国家公园凭借其内丰富的生物资源服务于科研，能够检测生态系统演替阶段、生物多样性及人为活动，观察种群规模及动植物栖息地的变化等情况，进而深化人类对于自然的认识，从而能够更好地认识、保护和利用自然。科学研究在我国国家公园中发挥着举足轻重的作用，国家公园科研监测平台及科研监测设施体系的建设有利于促进智慧国家公园发展，使得国家公园规划、建设与管理更加科学与规范。

三、自然教育

自然教育功能是指国家公园能够对受众群体开展环境科学教育，起到提升自然技能、培养自然价值观的作用。世界自然保护联盟早在 1969 年就明确了国家公园具有科学的、教育的或游憩的特定作用，并沿用至今。自然教育功能则是国家公园本体功能的重要组成部分，以国家公园区域内的自然为载体，让受众群体在体验、认识和保护自然中获得科普、价值和发展的教育。国家公园被人们称为"没有围墙的大学"，聚集了世界上最壮美的景观、最丰富的多样性生物、最鲜活的历史题材、最真实的荒野和最原始的自然生态，是天然的实验室和教学课堂。一方面，国家公园可以生动展示和诠释生物进化、环境变迁、地质演变、气候变化、动物迁徙、重大历史事件、伟人足迹、文化精品等奥秘，是最具典型性的公益性保护地，具有国家代表性意义；另一方面，国家公园具备自然资源禀赋特性、鲜明的公益性、范围明确的区域性、受众群体的广泛性等特性，因此具备开展自然教育的先天条件。自然教育功能作为我国国家公园的核心功能，也是我国国家公园区分于其他自然保护区和旅游景区的显著特征。自然教育能够缓解人与生态之间的矛盾，是促进生态文明和自然资源可持续发展的重要保障，也是国家公园规划和实施工作中关注的焦点和重要任务。

四、游憩展示

游憩展示功能是指国家公园在保护区域内，以生态系统为前提，满足受众群体游憩需求的作用。国家公园提供游憩展示功能，能够体现受众群体的公益属性和国家公园的社会价值。美国黄石国家公园作为世界上第一个国家公园，因其社区居民密度低的现状，游憩展示功能在最初主要体现在自然体验和教育上，被定位为"供人们享用和娱乐的公共公园或娱乐场地"。具体包括与野生动物有关的娱乐、小径娱乐和传统的公园服务；与鱼类及野生动物相关的娱乐有垂钓、狩猎、观鸟、野生动物摄影；河流泛舟活动有木筏漂流、滑板、独木舟、帆船等；小径娱乐包括散步、慢跑、徒步旅行、自驾车旅游、旱冰、自行车、骑马、越野滑雪；传统公园服务有照相、野营、住宿等。国家公园是高价值的自然生态空间，在规定区域内建立相应的游憩设施，适度开展满足受众群体需求的游憩活动，近距离感受、体验和认知大自然的美妙，实现从思想者转型为行动者、从旁观者转型为参与者、从猎奇者转型为学习者的三种转变。

五、社区发展

社区发展功能是指国家公园在面临生态保护与社区居民生产生活的矛盾与冲突中，社区居民参与国家公园的建设、管理和保护，从而使得社区发展的过程。由于两者之间的矛盾，协调自然保护与地方社区发展是各国国家公园体制建设的重点与难点。美国在国家公园建设的探索上长达150多年，在发现国家公园社区发展功能定位上积累了诸多经验。我国人口多、国家公园试点区内的社区居民多，在国家公园体制建设过程中，相对于其他自然保护地，面临着更加复杂的社区问题。管理部门往往根据国家公园区域范围内原住民的分布以及交通地理条件来划分功能空间，并通过对国家公园自然生态保护区的原住民实施生态搬迁来实现对自然生态系统的保护。我国国家公园建设强调全民公益性，重视社区居民对美好生活的向往和追求，帮助国家公园社区居民实现生计转变和提升，实现"好生态"孕育"好风景"，"好风景"促进"好经济"，"好经济"带来"好生活"，缓解公园生态保护的资金压力，推动国家公园生态保护和可持续发展。

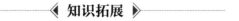

◀◀ 复习与思考题 ▶▶

1. 简述国内外对国家公园的几种代表性定义。
2. 简述国家公园评价标准主要包括哪些方面。
3. 简述我国国家公园的准入标准。
4. 简述我国国家公园认证的指标体系及其要求。
5. 概述国家公园的功能定位包括哪些方面。

◀◀ 知识拓展 ▶▶

知识拓展 1-1

中国对国家公园的内涵界定

中国发布的《建立国家公园体制总体方案》对国家公园的内涵进行了明确界定，具体如下：

（一）树立正确国家公园理念。坚持生态保护第一。建立国家公园的目的是保护自然生态系统的原真性、完整性，始终突出自然生态系统的严格保护、整体保护、系统保护，把最应该保护的地方保护起来。国家公园坚持世代传承，给子孙后代留下珍贵的自然遗产。坚持国家代表性。国家公园既具有极其重要的自然生态系统，又拥有独特的自然景观和丰富的科学内涵，国民认同度高。国家公园以国家利益为主导，坚持国家所有，具有国家象征，代表国家形象，彰显中华文明。坚持全民公益性。国家公园坚持全民共享，着眼于提升生态系统服务功能，开展自然环境教育，为公众提供亲近自然、体验自然、了解自然以及作为国民福利的游憩机会。鼓励公众参与，调动全民积极性，激发自然保护意识，增强民族自豪感。

（二）明确国家公园定位。国家公园是我国自然保护地最重要类型之一，属于全国主体功能区规划中的禁止开发区域，纳入全国生态保护红线区域管控范围，实行最严格的保护。国家公园的首要功能是重要自然生态系统的原真性、完整性保护，同时兼具科研、教育、游憩等综合功能。

（三）确定国家公园空间布局。制定国家公园设立标准，根据自然生态系统代表性、面积适宜性和管理可行性，明确国家公园准入条件，确保自然生态系统和自然遗产具有国家代表性、典型性，确保面积可以维持生态系统结构、过程、功能的完整性，确保全民所有的自然资源资产占主体地位，管理上具有可行性。研究提出国家公园空间布局，明确国家公园建设数量、规模。统筹考虑自然生态系统的完整性和周边经济社会发展的需要，合理划定单个国家公园范围。国家公园建立后，在相关区域内一律不再保留或设立其他自然保护地类型。

（四）优化完善自然保护地体系。改革分头设置自然保护区、风景名胜区、文化自然遗产、地质公园、森林公园等的体制，对我国现行自然保护地保护管理效能进行评估，逐步改革按照资源类型分类设置自然保护地体系，研究科学的分类标准，厘清各类自然保护地关系，构建以国家公园为代表的自然保护地体系。进一步研究自然保护区、风景名胜区等自然保护地功能定位。

资料来源：《建立国家公园体制总体方案》。

知识拓展 1-2

美国国家公园的选定标准

美国国家公园的基本准入标准包括 4 项：国家重要性、适宜性、可行性和美国国家公园管理局（National Park Service，NPS）的不可替代性。

（1）国家重要性。一个候选地必须满足下面 4 个标准才能被视为具有国家级重大意义和价值：其一，是一个特定类型资源的典型代表；其二，对于阐明或解说美国国家遗产的自然或文化主题具有独一无二的价值；其三，能为公众娱乐或景观研究提供最优的场所和机会；其四，保留了一个资源的高度整合性，包括真实性、精确性和完整的内在相关性。

（2）适宜性。一个候选地是否适合进入美国国家公园体系要从两个方面考察它的适宜性：该候选地必需要能代表一种自然或文化主题或类型，并且这些在公园体系中还没有得到充分吸收和表现；或者由其他机构管理，致使该地区并不能得到该有的保护和价值体现。认定的结果是在逐个地将候选地与公园体系中其他公园相互比较的基础上作出的，对比的方面包括特征、品质、资源的整合性和为公众提供休闲的潜力等方面的异同点。

（3）可行性。一个候选地要具备进入国家公园体系的可行性，必须具备如下两个条件：其一，必须具备足够大的规模和合适的边界以保证其资源既能得到持续性保护，也能提供给美国人民享用国家公园的机会；其二，美国国家公园管理局可以通过合理的经济代价对该候选地进行有效保护。对于可行性的考察，一般考虑如下因素：占地面积、边界轮廓、对候选地及邻近土地现状和潜在的使用、土地所有权状况、公众享用的潜力、各项费用（包括获取土地、发展、恢复和运营的费用）、可达性、对资源现状和潜在的威胁、资源的损害情况、需要的管理人员数目、地方规划和区划对候选地的限制、地方和公众的支持程度、命名后的经济和社会经济影响等。同时，可行性评价还将考虑国家公园局在资金和人员方面的限制。

（4）NPS不可替代性。从20世纪80年代以后，美国国家公园管理局开始强调合作的重要性。这一方面是因为美国国家公园体系本身已达到近400家单位，基本涵盖了美国重要的国家遗产，同时，国家公园管理局的人力、财力已经达到极限；另一方面许多民间保护机构的出现也为美国资源保护形式的多样化提供了条件。在这种情况下，美国国家公园管理局鼓励民间保护机构州和地方一级保护机构以及其他联邦机构在新的资源保护地管理方面发挥领导作用。除非经过评估，清楚地表明候选地由美国国家公园管理局管理是最优的选择，是别的保护机构不可替代的，否则国家公园局会建议该候选地由一个或多个上述保护机构进行管理。

资料来源：国家林业局森林公园管理办公室，中南林业科技大学旅游学院.国家公园体制比较研究［M］.北京：中国林业出版社，2015.

知识拓展 1-3

韩国国家公园的选定标准

依据韩国《自然公园法》，韩国国家公园必须满足如下五个要求：

（1）生态系统：自然生态系统的保护必须令人满意，或者该区域范围内以濒危物种、自然珍藏或受保护的植物或动物物种为主。

（2）自然风景：自然风景必须被完美地保护着，没有多少危险和污染。

（3）文化景观：必须要有与自然风光相协调的具有保护价值的文化或历史遗迹。

（4）土地保护：没有由于工业发展对风景造成的威胁。

（5）位置和使用便利性：国家公园的位置必须与整个国家的领土保护和管理相平衡。

资料来源：国家林业局森林公园管理办公室，中南林业科技大学旅游学院.国家公园体制比较研究 [M].北京：中国林业出版社，2015.

第二章

国家公园的发展历程

学习目的

　　了解世界各大洲及主要国家的国家公园发展的时代背景、时空特征以及当前现状，掌握世界国家公园发展的时代特征、主要的历史事件以及发展趋势。

主要内容

- 世界国家公园发展的时代背景
- 世界国家公园发展的时空特征
- 世界国家公园发展的当前规模

第一节　国家公园发展简史

一、国家公园的兴起与发展

国家公园作为自然保护的一种重要形式启发和推动了自然保护事业的兴起和发展，同时，随着自然保护区开放式管理思想的引入和完善使得国家公园和保护区的管理正在向趋同的方向发展。

（一）国家公园思想的形成

17世纪中叶，国家公园理念开始在君主制国家兴起，但发展缓慢。19世纪，工业革命迅速将大批土地从自然状态转为人类开发的区域，从而引起人们对迅速消失的自然资源进行保护的关注。工业化迅速发展的国家，如英国、美国首先产生了环境保护意识。英国学者威廉·沃德斯沃斯在1810年提出对自然资源进行保护的思想，他认为英格兰北部湖泊地区是国家的财富之一。1832年，美国学者乔治·卡特林发表著名文章《美国野牛和印第安人处于濒危状态》，提出保护野牛和印第安人的最有效途径是建立国家公园。建立国家公园的思想开始萌芽。

（二）第一个国家公园的建立

在一批自然保护学者的大力倡导下，1832年，美国国会批准在阿肯色州建立第一个自然保护区——热泉保护区，以阻止私人对该州的开发，但并没有将其宣布为世界上第一个国家公园。1864年6月30日，美国总统林肯签署了一项法案，即《约塞米蒂拨款法案》（Yosemite Grant Act），将属于联邦政府的约塞米蒂谷（Yosemite Valley）和加利福尼亚州的马里波萨巨树森林（Mariposa Grove of Giant Sequoias）划为永久自然保护区，并交由加利福尼亚州政府代管，命名为州立公园（State Park）①，永久为公众提供游览和游憩服务。以国家和政府的名义，用法律的条款，将一片大自然以其原有的状态

---

① 杨锐. 土地资源保护——国家公园运动的缘起与发展 [J]. 水土保持研究，2003，10（3）.

永久保护，这在人类历史上是第一次。1872 年 3 月 1 日，美国国会批准了在位于怀俄明州和蒙大拿州边界风景奇异的黄石建立国家公园的法案，世界上第一个国家公园——黄石国家公园宣布建立。

（三）国家公园理念的快速传播

在黄石国家公园建立后的 50 年间，国家公园理念在美国得到广泛而迅速的传播。美国国会在 19 世纪 90 年代和 20 世纪初陆续设立了一批新的国家公园，包括红杉树（Sequoia）、约瑟米谷地（Yosemite）、雷尼尔山（Mount Rainier）、火山湖（Crater Lake）、冰川（Glacier）等。

从 20 世纪开始到第一次世界大战，国家公园理念由美国向世界传播，但传播速度较慢。1879 年，澳大利亚成立了世界上第二个国家公园——皇家国家公园。欧洲只有英国仿效美国，于 1895 年设立了"国家托拉斯"负责规划土地并建立自然保护区。到了 19 世纪末，几乎全部国家公园都是在美国及英联邦范围内建立的。进入 20 世纪，欧洲的国家公园快速发展。一些国家仿效英国的国家托拉斯，设立了一些自然保护机构，如德国的自然保护区与公园协会、法国的鸟类保护协会等。瑞典议会于 1909 年通过国家公园法案，当年成立了 9 个国家公园。[①]

第二次世界大战期间，国家公园作为自然保护的主要形式，逐渐向世界大多数国家扩展，南非、冰岛、阿根廷、委内瑞拉、厄瓜多尔、智利、巴西、圭亚那等都建立起国家公园或自然保护区。

（四）国家公园建设的普及化

第二次世界大战之后，由于生态保护运动的蓬勃发展、工业化国家居民对"绿色空间"的渴求以及世界旅游业的快速发展，国家公园建设在工业化国家有更大的进展。到 20 世纪 70 年代初，全世界已有 1 204 个国家公园，建设国家公园的国家达到 97 个。[②]

20 世纪 70 年代之后，欧美发达国家经济快速发展，人民生活水平提高，户外游憩需求加大。特别是伴随着航空事业的发展，欧美国家的出境旅游需求扩大。全球兴旺的国际旅游事业和日渐增强的生态保护意识，使国家公园

---

① 国家林业局森林公园管理办公室，中南林业科技大学旅游学院. 国家公园体制比较研究 [M]. 北京：中国林业出版社，2015.

② 王维正. 国家公园 [M]. 北京：中国林业出版社，2000.

的建设由欧美发达国家向亚洲、非洲、南美洲等欠发达国家和经济落后国家转移，并且随着欧美发达国家的国家公园建设的逐渐饱和，亚洲、非洲、南美洲等区域的经济欠发达国家成为世界国家公园建设快速增长的中心。20世纪70～90年代的近20年间，国家公园数量翻了一倍，建设国家公园的国家达到166个，建设面积达到376 784 187平方公里[1]。

近50年来，世界国家公园建立进入平稳发展期。截至2021年，全世界已有约250个国家和地区建立了约6 000个国家公园，保护面积超过400万平方公里，国家公园是目前世界各国使用面积最广的保护地模式。[2]

二、国家公园的发展特征

从世界国家公园近150年的发展来看，其呈现出如下特征。

第一，从区域分布来看，国家公园的建设逐渐由发达国家向不发达国家扩展。国家公园起步于经济最发达的美国，然后向欧洲及其他区域发达国家扩展，再向欧美国家的殖民地国家扩展，最后向亚非拉等欠发达国家扩展（见表2-1）。

表2-1　　　　　　　　　　国家公园的全球扩展

阶段类型（时间）	主要辐射区域范围	示例国家与地区（初创年份）
萌芽期（1870～1890年）	新大陆国家	美国（1872）、加拿大（1885）、澳大利亚（1887）、新西兰（1887）、墨西哥（1898）
发展期（1900年至第二次世界大战）	西欧发达国家及其殖民地	瑞典（1909）、荷兰（1909）、瑞士（1914）、西班牙（1918）、意大利（1922）、刚果（金）（1925）、南非（1926）、津巴布韦（1926）、智利（1926）、古巴（1930）、印度（1935）、罗马尼亚（1935）、巴西（1937）、委内瑞拉（1937）、希腊（1938）、芬兰（1938）、斯里兰卡（1938）
繁荣期（第二次世界大战后至今）	亚非拉欠发达地区及少数欧美国家	肯尼亚（1946）、赞比亚（1950）、坦桑尼亚（1951）、乌干达（1952）、泰国（1962）、越南（1962）、挪威（1962）、马来西亚（1964）、韩国（1967）、德国（1970）、俄罗斯（1983）、阿富汗（2008）等

资料来源：张海霞和汪宇明（2010）。

---

① 1993年IUCN统计数据。
② 世界自然保护联盟（IUCN）官网（https://www.iucn.org）。

第二，国家公园规模一直处于快速增长过程。根据联合国及 IUCN 下的国家公园和保护区委员会的统计，1872～1973 年的约 100 年中，增加约 1 000 个国家公园；1973～1993 年的 20 年中，增加了 1 017 个国家公园；1993～2021 年的 28 年中，共增加了 3 808 个国家公园。虽然经过了近 150 年的发展，世界范围内的国家公园仍处于快速增长过程（见图 2 - 1）。

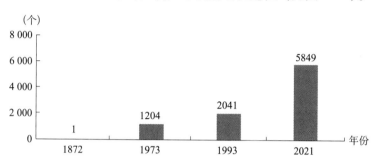

图 2 - 1　世界国家公园数量变化

资料来源：根据世界自然保护联盟官网（https：//www.iucn.org）资料整理。

第三，20 世纪 90 年代，国家公园建设遍布全球各大洲的大多数国家。根据 1993 年 IUCN 统计，166 个国家已经建立了国家公园，北美洲的国家公园数量最多，集中于美国和加拿大；其次是大洋洲，集中于澳大利亚。从国家的数量来看，非洲最多，49 个国家；其次是欧洲，42 个国家（见表 2 - 2）。

表 2 - 2　　　　　　　　世界国家公园分布（1993 年）

地区	国家公园数量（个）	面积（平方公里）	国家（地区）（个）
亚洲	302	283 835	35
欧洲	214	1 090 753	42
非洲	264	900 729	49
大洋洲	448	320 711	7
北美洲	543	605 584	20
南美洲	270	566 629	13
总计	2 041	3 767 842	166

资料来源：根据世界自然保护联盟官网（https：//www.iucn.org）资料整理。

第四，近 50 年里，国家公园建设向全球所有国家或地区扩展。2021 年，全球国家公园数量已经达到 5 849 个，遍布 248 个国家或地区。与 1993 年的统计数量相比，近50年里，国家公园发展较快的地区是亚太地区、拉丁美洲和加勒比海地区（见表2-3）。

表2-3　　　　　　　　世界国家公园分布（2021年）

地区	国家公园数量（个）	国家（地区）（个）
亚太	1 761	56
欧洲	776	62
非洲	351	56
西亚	20	12
北美洲	1 722	3
拉丁美洲和加勒比海	1 218	52
北极洲	1	5
总计	5 849	246

资料来源：根据世界自然保护联盟官网（https：//www.iucn.org）资料整理。

第五，国家公园的发展受生态保护运动和经济发展、社会需求的多重影响。国家公园作为保护生态的重要形式，同时，又能够满足社会公民对户外娱乐休闲的需求。但是国家公园的建设需要资金，其建设规模、管理体制又受到国家经济发展水平的影响。一些欠发达国家，如南非、尼泊尔、马达加斯加等在近50年里，国家公园快速发展的重要原因是出于对经济发展的考虑。

三、国家公园的规范与管理

（一）各国对本国国家公园的规范与管理

随着各国国家公园建设规模的扩大，很多国家加强了国家公园的规范与管理工作。加拿大是世界上最早成立国家公园管理局的国家（1911年），美国国会于1916年通过《国家公园局组织法》（National Park Service Organic Act），宣布在内政部设立国家公园局（National Park Service，NPS），专门负责国家公园、国家纪念地等自然和文化遗产的管理。该法1970年、1978年经过两次修改，1998年更名为《国家公园综合管理法》（National Parks Omnibus Management Act）。日本于1912年建立该国第一个国家公园，1930年，日本内务省成立国立公园委员会，并于1931年颁布《国立公园法》。

（二）联合国对国家公园的规范与管理

1950 年开始，联合国曾对全世界的国家公园做过两次统计，为了统一标准，联合国从三个方面对国家公园进行了规定：保护标准、面积标准、开发标准。

（三）IUCN 对国家公园的规范与管理

第二次世界大战以后，世界各国建立国家公园的步伐加快，国家公园建设规模不断扩大，但各国对国家公园和保护区的界定不尽相同。为了对国家公园和保护区的发展进行更好的指导。1969 年，IUCN 对国家公园进行了界定，得到了全球学术组织的普遍认同。自 1961 年起，国际保护自然和自然资源联盟下设国家公园和保护区委员会（World Parks Congress，WPC）。

WPC 主要负责两项重要工作：一是负责对世界国家公园的统计。该委员会分别于 1973 年、1974 年、1975 年、1980 年、1982 年、1985 年、1990年、1993 年对世界范围内的国家公园进行了统计和公布。二是召集有关国家公园的世界大会，共同探讨国家公园和保护区的发展。大会每隔 10 年举行一次，至今已举行 6 次。

第二节　欧洲国家公园发展概况

一、欧洲国家公园发展总体情况

欧洲国家公园自 1909 年成立至今，已拥有了近 110 年的历史。通过一系列的功能发展转变，发展规模不断扩大，公园功能从初期单一的保护功能，到后期综合完善的社会服务和重要的环境教育功能。截至 2020 年，欧洲共建立 159 605 个保护区，陆地保护面积达到 3 719 248 平方公里，占到陆面面积的 13.37%；海洋保护面积 1 489 259 平方公里，占海洋面积的 8.49%。其中，国家公园数量为 776 个，分布于 62 个国家。欧洲国家公园发展历史可以分为四个阶段。

（1）萌芽期（1909 ~ 1945 年）。瑞典是欧洲第一个设立国家公园的国家，其发展模式极具代表性，是这一阶段欧洲国家公园发展的缩影。瑞典在 1909 年设立了第一个欧洲国家公园，同年又设立了 8 个国家公园。这些国家公园集中分布在瑞典北部人迹罕至的高山地区，主要目的是保护自然区域及自然资源，以便进行相关的科学研究。

（2）发展期（1945～1975 年）。1945 年后的 30 年是欧洲国家公园蓬勃发展的黄金时期。截至 1975 年，几乎每一个欧洲国家都设立了自己的国家公园。尽管各个国家设立国家公园的目的不尽相同，但民族自豪感与地域认同感是其中不可忽视的共同原因，这也导致越来越多的国家公园设立在可达性较好的地区，迎合人们的旅游需求。1948 年 10 月，IUCN 在法国枫丹白露成立，该组织对推进欧洲国家公园乃至全球自然保护地的发展起到了重要的作用。

（3）成熟期（1975～2003 年）。自 1975 年起，欧洲国家公园逐步发展完善，渐渐步入成熟期。这种成熟不仅体现在设施体系与管理体制方面，更是在成熟的思想观念上。20 世纪 70 年代，欧洲自然与国家公园联盟（EUROPARC）的出现，极大地推动了欧洲国家公园及自然保护地的发展。EUROPARC 开发出愈来愈多的环境教育项目。人们游憩需求的转变也促进了管理者思想上的转变，并推进了环境教育的快速发展。

（4）拓展期（2003 年至今）。2003 年以来，欧洲国家公园环境教育逐渐发展成熟。各国将国家公园纳入国家乃至区域的生态服务和生态网络构建体系中，通过不同国家之间的通力合作，形成了无国界的生态保护与环境教育体系。例如，阿尔卑斯山脉附近的德国贝希特斯加登国家公园和奥地利的萨尔茨堡；德国巴伐利亚森林国家公园和相邻的捷克共和国舒马瓦国家公园；意大利大帕拉迪索国家公园和相邻的法国瓦娜国家公园；等等。在这一阶段，欧洲国家公园逐渐加强了欧盟范围内的合作，制定了比较重要的合作计划如欧盟自然生境网络保护计划（Natura 2000），尤其加强了国家公园和区域周边学校联盟合作。

二、瑞典国家公园发展概况

瑞典森林资源十分丰富，森林面积约为 2 642 万公顷，占其国土面积的 64%。1909 年，瑞典在北部北极圈建立了第一个国家公园——阿比斯库（Abisdo）国家公园，成为欧洲最早建立国家公园的国家，成立该国家公园的目的是"在北欧北部保留一块区域，保持它原来的样子作为科学研究"。同年，瑞典通过了《自然环境保护法》。

1909年，瑞典议会通过国家公园法案，同年成立了9个国家公园。1918~1962年又建立了7个国家公园，1982~2009年增设了13个国家公园，最新建立的是2009年9月的科斯特海域（Kosterhavet）国家海洋公园，是瑞典第一家国家海洋公园。

截至2018年，全瑞典共有29个国家公园，总面积达到731 589公顷，大部分国家公园集中在北部人烟稀少的地区。位于北部山区的萨勒克国家公园（Sarek National Park）和帕耶兰塔国家公园（Padjelanta National Park）占地广阔，各有大约200 000公顷。南方的国家公园较少且面积也较小，如豪姆拉（Hamra）国家公园只有28公顷，瑟得勒斯考登根公园（Dalby Söderskog）只有36公顷。

三、德国国家公园发展概况

德国国家公园成立时间较晚，直到1970年，才设立第一个国家公园——巴伐利亚森林国家公园。这主要是由于德国拥有丰富的文化遗产，第二次世界大战之前，德国没有认识到自然遗产的重要性，对自然遗产的保护重视不足。第二次世界大战后，德国经济快速复苏，以重工业和制造业为主的经济虽然给人民带来了收入，但也给德国的地表水源、河流和空气带来了严重污染。到20世纪60~70年代，现代工业和交通事业迅速发展，环境污染日趋严重，由此引发严重的生态危机，保护环境的呼声因之日渐高涨，并引起了全社会的普遍关注。在此背景下，为强化自然生态环境保护，直到1970年，德国才设立巴伐利亚森林国家公园。

20世纪90年代以来，随着可持续发展理念的逐步深入人心和人们对自然保护认识的不断深入，特别是在《保护欧洲野生动物与自然栖息地公约》（The Conservation of European Wildlife and Natural Habitats）（又称《伯尔尼公约》）的约束下，德国政府强化国家公园等自然保护区域建设，将其作为国家环境保护重点领域之一，国家公园数量明显增加。

自1970年德国设立第一个国家公园至今，德国的国家公园已发展到15个，总面积达到15 340.4平方公里，相当于德国陆地总面积的0.6%。所有这些国家公园都以其独特的自然风光而为人称道，代表着德国主要的景观，同时也起着保护珍稀动植物、维护自然种群的作用。

德国国家公园的发展表现出如下特征。

第一，国家公园发展迅速。20 世纪 90 年代前，德国仅有 4 个国家公园，1990 年当年增加了 5 个。截止到 2015 年，国家公园数量发展到 16 个，最近一个是 2015 年建立的洪斯吕克·霍赫维尔德国家公园（Hunsrück – Hochwald National Park），面积 100 平方公里（见图 2 - 2）。近 10 年再无增加新的国家公园。

第二，面积相对较大。有三处国家公园的面积超过 2 000 平方公里，黑森林国家公园（National Park Schwarzwald）的面积达到 6 000 平方公里，面积最小的国家公园——亚斯蒙德国家公园（National Park Jasmund），其面积也达到 30 平方公里，多数森林公园的面积处于 100 ~ 300 平方公里。

第三，区域差异较大。德国国家公园大部分位于共和国的北部地区，其中，梅克伦堡—前波美尼亚州 3 个，总体上，南部地区国家公园数量较少。

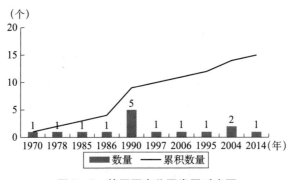

图 2 - 2　德国国家公园发展时序图

四、英国国家公园发展概况

英国的自然保护事业开始得较早。19 世纪末到 20 世纪中叶，英国农业基本实现了现代化的转型。英国人首先意识到自然风景和野生动植物正在受到工业化和城市化的威胁，各种社会团体纷纷成立，1895 年成立了最著名的名胜古迹国民信托，该组织在英国自然景观和历史名胜的永久保护上贡献卓著，田园中那些长满青苔的栅栏和石墙都得到了精心保护。科学界人士在这一期间组织成立了多种科学学会，1912 年成立了自然保护地促进协会，1913 年成立了世界第一个生态学学会，1926 年成立了英国乡村保护协会。1941

年，30多个社会团体的代表组织召开了战后自然保护大会，提出将自然保护地列入国家战后规划。

20世纪初期，越来越多的民众要求进入乡村，他们开始关注户外活动、体育锻炼，希望感受在清新空气中体会到的自由和精神上的愉悦。1926年，由英格兰乡村保护委员会、徒步协会等许多户外活动组织组成了一个国家公园联合常设委员会（现名国家公园委员会）。20世纪30年代，相当数量的休闲活动爱好者和众多自然保护主义者团体集合起来，一起游说政府允许公众进入乡村。1936年众多团体组成了一个志愿部门，即国家公园常务委员会（Standing Committee on National Park，SCNP），探讨和分析国家公园的相关事宜。

第二次世界大战之后，人们对和平的渴望日益强烈，政府于1943年成立了自然保护地委员会，设立了城市和乡村计划部，1945年，该部讨论发起了一项"正确使用乡村的宣传运动"。1949年，英格兰和威尔士正式通过了《国家公园与进入乡村法1949》（National Parks and Access to the Countryside Act 1949）。1951年，英国指定了第一批国家公园。

进入20世纪70年代，围绕着关于英格兰和威尔士国家公园的历史上环境和社会效益之间的平衡问题日益突出，1971年，英国专门成立了国家公园审查委员会（National Park Policies Review Committee）来考查国家公园管理及经营问题。1986年，英国保守党政府引入了超越部门利益的野生动植物和乡村法案。1995年，新通过的《环境法》（Environment Act）重新定义了国家公园的目的，即保护和促进国家公园的自然美、野生动物和文化遗产；提升公众对国家公园的认知和享受；如果以上两条有矛盾，保护的需求将优于休闲娱乐的需求。国家公园本质上是由国家认定的、为了保护国家利益而存在的保护区，同时，国家公园管理局成为当地政府的一个独立机构。

2000年，苏格兰通过了《国家公园法案2000》（The National Park 〈Scotland〉Act 2000），2002年，成立了第一个国家公园，即罗蒙湖和特罗萨克斯（Loch Lomond and the Trossachs）。

截至2014年，英国已经拥有15个国家公园，涵盖了其最美丽的山地、草甸、高沼地、森林和湿地区域，总面积占英国国土面积的12.7%，其中，英格兰10处，总面积12 140.78平方公里，占英格兰国土面积的9.3%；威尔士3处，总面积4 110.52平方公里，占威尔士国土面积的19.9%；苏格

兰2处，总面积5 665平方公里，占苏格兰国土面积的7.2%。公园的年度
分布如图2-3所示。

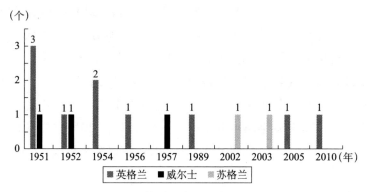

图2-3　英国国家公园建立时序图

英国的国家公园名不副实，它既不是国家的（并非国有），也不是公园
（其中有大面积的私人农田场地禁止游人入内），其发展过程具有独特性，每
个区域都有自己对于国家公园的政策和管理，这实际上与世界自然保护联盟
采用的国际标准定义的国家公园不完全一致。

第三节　美洲国家公园发展概况

一、美洲国家公园简介

以美国、加拿大为代表的北美洲，作为经济发达地区，一直是全球国家
公园建设的引领者，其国家公园建设起步早，理念先进，制度完善。而南美
洲主要为经济欠发达国家，国家公园建设起步晚。但由于南美洲国家自然资
源丰富，国家对自然保护比较重视。20世纪中后期，其国家公园建设得到较
大发展。

纳入IUCN统计的北美洲国家共3个，即美国、加拿大和墨西哥。截至
2020年底，北美洲共建立51 827个保护区。其中，陆地保护面积2 421 267

平方公里，占该洲陆面面积的 12.45%；海洋保护面积 2 153 170 平方公里，占该洲海洋面积的 15.06%。符合 IUCN 定义的国家公园共 1 722 个。

纳入 IUCN 统计的南美洲及加勒比海国家共 52 个。截至 2020 年底，北美洲共建立 51 827 个保护区。其中，陆地保护面积 4 972 804 平方公里，占该洲陆面面积的 24.21%；海洋保护面积 5 271 392 平方公里，占该洲海洋面积的 23.02%。当前，符合 IUCN 定义的国家公园共 1 218 个。

二、美国国家公园发展历程

（一）发展阶段

美国是全球国家公园建设的开创者和引领者，走过了近 150 年历史。截至 2007 年，美国共有 575 处公园或地段被纳入美国国家公园系统，覆盖了美国 49 个州、哥伦比亚特区以及其他美属领地，西部的加利福尼亚州和亚利桑那州，东部的哥伦比亚特区、弗吉尼亚州、纽约州、宾夕法尼亚州和马里兰州公园数量较多。美国国家公园的发展大致经历了五个阶段。

第一，起步阶段（1872～1916 年）。1872 年，第一座国家公园——黄石国家公园建立之后，在自然保护主义者和资源保护主义者的共同努力下，一大批国家公园建立起来。1906 年，美国国会通过了《古迹法》，联邦政府开始大量而有效地保护史前和历史遗迹。

第二，体系成型阶段（1916～1933 年）。美国政府于 1916 年设立国家公园局，将自然遗产的保护工作列入政府议事日程。国家公园局成立以后，管理者们致力于国家公园体系的扩张，保护地类型不断增多。到 1933 年，国家公园体系从西部扩展到东部，国家公园体系正式形成。

第三，停滞时期（1933～1956 年）。由于经济危机和第二次世界大战的影响，国家公园体系承担了解决就业和为战争提供资源的双重任务。国家公园一方面要缩减经费开支，另一方面又要雇佣年轻人在国家公园体系内工作以解决就业。

第四，再发展阶段（1956～1966 年）。第二次世界大战后，旅游业快速繁荣，国家公园局启动了"66 计划"，修复公园内破损的基础设施和旅游设施。"66 计划"对国家公园体系产生了两面性的影响，一方面满足了游客的需求，另一方面过度开发破坏了生态。同时，1964 年，美国国会通过了《荒野法》（Wilderness Act），对荒野进行界定并实行严格保护。

第五，生态保护与教育并重阶段（1966 年至今）。随着 20 世纪 60 年代生态学的兴起，国家公园体系的保护观有了根本性的转变，由原来注重保护风景景观的完整性转向保护体系内特别是国家公园内的生态完整性。国家公园体系成为进行科学、历史、环境和爱国主义教育的重要场所。

（二）发展特征

纵观美国国家公园体系的发展，呈现出如下三大特点。

第一，增长迅速。截至 2008 年，美国国家公园体系的陆地面积达到 33.99 万平方公里，水域面积达到 1.8 万平方公里，累计接待游客 117 亿人次，发展迅速。

第二，东西差异明显。受资源禀赋、产业结构、精神价值和历史价值等因素的影响，美国西部以大型自然遗产资源为主，而东部地区则以小面积的文化历史遗产资源为主，有学者将其总结为是"西大东小"。

第三，政府高度关注。鉴于国家公园有利于激发国民的荒野追求和对国家历史的浪漫回忆，国家公园这一保护地始终得到美国联邦政府的高度关注，并辅之以稳定增长的财政支持和强大的法律法规保障体系，这从 2009 年美国政府在经济刺激计划中推出 10 亿美元的国家公园项目和签署《综合公共用地管理法案》等行为可见一斑。

三、加拿大国家公园发展历程

加拿大是世界上国家公园建立历史最早的国家之一。1885 年，两位铁路工人争夺落基山脉脚下温泉所有权的诉讼引起了政府的注意，该年 11 月，联邦政府宣布温泉周围 26 平方公里的土地收归国有，设立温泉自然保护区。1887 年，加拿大政府将温泉自然保护区面积扩大到 674 平方公里，并定名为落基山国家天然公园。由于该公园位于班夫城郊，1930 年又改名为班夫国家公园，成为加拿大的第一座国家公园。拉开了加拿大国家公园建设的历程。加拿大国家公园一百多年的发展表现为三个阶段。

第一，以经济利益为主的国家公园初创阶段（1885～1911 年）。由于太平洋铁路的修建，在班夫发现了温泉。联邦政府和太平洋铁路公司一起为了开发温泉而建立了落基山国家天然公园，后改称班夫国家公园。截至1911年，联邦政府在落基山共建立了5个多用途的公园，这一举措也促进了省立公园的建设。这些公园的建立更多的是以获利为目的而不是以资源和环境保护为目的的，资源开发如伐木、放牧和采矿等活动没有被禁止。

第二，注重生态保护的发展阶段（1911~1990年）。1911年，加拿大议会通过了领土森林保护区和公园行动计划，原有的公园中的一部分用于游憩的土地被划出来作为森林保护区，用于保护野生动物，但在巨大的经济利益的驱使下，公园内的自然保护受到各方面的压力很大。1923年，民间开始出现抵制国家公园内商业开发的活动。1930年，国会通过了国家公园行动计划，确立了"国家公园的宗旨是为了加拿大人民的利益、教育和娱乐而服务于加拿大人民，国家公园应该得到很好的利用和管理，以使下一代使用时没有遭到破坏"，同时规定"新的国家公园的建立以及旧的国家公园范围的变更必须得到国会的批准"。1963年，加拿大成立了国家和省立公园协会，即现在的加拿大公园和原始生境学会，标志着国家公园的价值取向从游憩利用转向生态保护。

第三，以生态完整性为目标的完善阶段（1990年至今）。随着生态环保观念的深入人心，进入20世纪90年代以来，国家公园的生态完整性成为加拿大国家公园的目标，加拿大国家公园管理处与大学、研究机构、工业部门、当地政府和原住民充分合作，一切决策均以保护生态完整性为首要目标。加拿大国家公园管理处还对各个国家公园面临的胁迫状况进行分析，并提出相应的对策。同时，在这一时期，除了完善陆地国家公园系统外，也开展了海洋国家公园的建设。

经过100多年的发展，目前，加拿大共设立了38个国家公园和8个国家公园保留地，总面积达5000万公顷，约占加拿大国土面积的5%，代表全国39个陆地自然区中的25个。其中，面积最大的是伍德·巴佛洛国家公园，面积448.02万公顷；面积最小的是圣劳伦斯岛国家公园，仅870公顷。

四、巴西国家公园发展历程

巴西是一个生物多样性非常丰富的国家，自然景观由陆地生物群落、海洋和沿海带组成。其中亚马逊州是地球上最大、物种最丰富的热带森林，代表了地球上一半以上的热带雨林，是45 000多种植物的家园。巴西气候炎热潮湿，其景观主要是大河流和树木，甚至高达50米高的树木。

1921年，第一个保护、改善、使用和管理森林的联邦机构建立。1934年，巴西通过了第一个森林法规。1937年，巴西创建了第一个国家公园——伊塔蒂亚亚国家公园（Itatiaia National Park），面积12 000公顷。该公园的建立时间距离阿根廷创建南美洲第一个国家公园的时间只有15年。它建在一个生态价值较高和风景优美的山区。1940年，巴西加入《华盛顿公约》，并于1965年开始正式履行。

20世纪50年代之前，巴西国家公园系统进展非常缓慢。1965年，国会改变了30年前批准的森林法规，通过了《森林法典》，建立了永久保护区（APPs）。当年，巴西只有15个国家公园。

1967年，国家公园开始由一个与农业部相关联的新机构来管理。20世纪70年代，政府采取了大力的激励行动，以促进对亚马逊地区的开发。开发亚马逊的激励措施和对环境的影响使国家公园部门和其他政府部门产生了巨大的担忧，导致1979年启动了国家保护区系统计划项目。这是世界历史上第一次提出一个完全基于科学的保护区系统的全面建议，包括国家目标和五个管理类别组。

1989年，国家公园部门和其他3个政府机构被合并成立了巴西环境和可再生自然资源研究所（IBAMA）。IBAMA成为巴西最受认可和最受尊敬的公共机构之一。2000年，国会批准了巴西国家公园和保护区系统的第一部法律《保护区系统法》。这项法律成为巴西国家公园和生物多样性保护的里程碑。

当前，巴西已经创建国家公园超过70座，面积超过2 700万公顷。巴西国家公园的发展表现出如下特征。

第一，保护自然价值是国家公园的首要目标，领先于其他任何目标。

第二，20世纪70年代政府推出的开发亚马逊的激励措施和2000年通过的《保护区系统法案》使巴西国家公园建设形成两个快速发展阶段：第一阶段是1970~1990年，这20年内国家公园数量从15个增加到36个；第二阶段是2000~2018年，在这不到20年的时间，国家公园数量从36座增加到76座。

第四节 亚太国家公园发展历程

一、亚太国家公园建设简介

亚太各国由于经济发展水平不同、政治体制不同，国家公园的建设历程差异较大。日本、韩国经济发展相对较早，现代国家公园的建设起步较早。其他国家则相对滞后，多数国家是第二次世界大战结束之后开始建设。泰国于第二次世界大战后筹划建立国家公园，1959年9月内阁决定成立国家公园委员会，由农业副国务秘书任主任。1961年，泰国颁布《国家公园管理条例》，国家林业厅设立国家公园处，对全国的国家公园进行管理。此后，根据内阁的决定，截至1977年底，泰国相继建立了14个国家森林公园。

20世纪80年代之后，亚太地区经济发展迅速，国家公园和保护区建设速度加快。截至当前，纳入IUCN统计的亚太国家58个，共建立各类保护区34 720个，陆地保护面积4 785 110平方公里，占到陆地面积的15.37%；海洋保护面积11 383 663平方公里，占到海洋面积的18.56%。

西亚地区经济相对落后，国家公园和保护区建设也相对较慢。

二、日本国家公园发展历程

日本是一个山多平地少的岛国，四周被太平洋环抱，自然景观变化丰富，这些特殊的生态环境使得日本政府极为重视环境保护工作和国家公园建设工作。日本国家公园发展可概括为如下几个阶段。

第一，近代公园制度形成时期（1868～1910年）。明治元年（1868年），日本富士山和日光地区一带的民间团体向日本国会提出了应当设置公园的申请，但未被受理。明治6年（1873年），日本太政官终于发出"原来为民众所喜爱之社、寺、名胜古迹等上等土地划为官有免租之公园"的公告，日本近代公园制度正式开启。

第二，国立公园创建时期（1911～1945年）。明治末年，日本社会比较安定，美国国家公园思想开始传入，日本国民对自然风景的保护与利用意识逐渐增强。1927 年，日本国立公园协会以民间团体的形式成立，成为日本第一个有关自然公园建设的专门机构。1929 年，内务省成立了国立公园委员会，并于 1931 年颁布了《国立公园法》。依据《国立公园法》，从 1934 年到第二次世界大战前，日本共指定了 12 个国立公园。第二次世界大战期间，公园建设停止。

第三，国家公园体系创建时期（1946 年至今）。第二次世界大战结束后，日本重新启动了国立公园发展计划，1948 年，日本厚生省设立了国立公园部，专门负责国立公园的管理，国立公园真正开始走上正轨。

同时，日本环境省根据风景与资源级别，将各地提交的新的国立公园候选地分别批准为国立公园和准国立公园。1949 年，准国立公园被正式命名为国定公园，开创了日本的国定公园制度。

1957 年，日本颁布《自然公园法》取代原来的《国立公园法》，将国立公园、国定公园、都道府县立公园统称为"自然公园"，正式确立了自然公园体系。

20 世纪 70 年代以来，日本自然公园体系走向成熟。

截至 2017 年，日本自然公园共计 401 个，共占地 556.68 万公顷，占日本国土总面积的 14.73%。其中，国立公园 34 个，共占地 218.98 万公顷，占日本国土面积的 5.79%；国定公园 56 个，共占地 140.97 万公顷，占日本国土面积的 3.73%；都道府县立自然公园 311 个，共占地 196.73 万公顷，占日本国土面积的 5.21%。三类自然公园中，国立公园与国际上 IUCN 认定的国家公园最为接近。日本国家公园的创建呈现如下几个特征。

第一，日本政府及国民对环境保护的重视使日本的国家公园体系建设较亚洲其他国家早。当前，国家公园体系相对成熟。

第二，国立公园建设的时序分布具有极大的不均衡性。1934 年建立最多，共 8 个，其次是 1936 年和 1972 年，分别建立 4 个和 3 个，其他年份则为 1 个或 2 个。而从 1987～2007 年间的近 20 年，没有建立新的国立公园。

第三，国立公园建设的区域分布具有极大的不均衡性，主要集中于九州地区、北海道地区，两个地区的数量占日本国立公园总数的 44%。

三、韩国国家公园的发展历程

韩国国立公园发端于20世纪30年代，当时在美国、日本的影响下，韩国在1940年将金刚山、智异山、汉拿山选定为国立公园备选地。日本人田村刚层对其中的金刚山进行过几次调查，但因第二次世界大战的影响，国立公园选定活动被中断。1963年，在政府财政支持下，国民运动本部设置了"智异山地区开发调查委员会"，当时很多人主张将其制定为国立公园。1965年，建设部着手修订韩国公园法。1967年12月29日，韩国设立了第一个国家公园——智异山国家公园，同年制定的《韩国自然公园法》指出设立国立公园的目的是"保护代表性的自然风景地，扩大国民的利用率，为保健、修养及提高生活情趣作出贡献"。这个时期设立国立公园的目的是保护优美的自然风光，让人们能尽情享受于其中。

1972年国立公园法经过修改，增加了道立公园和郡立公园的概念，形成了国立、道立、郡立公园三级体系。20世纪80年代，韩国经济高速增长，国民生活水平大幅度提高，国民对环境表现出前所未有的关心。自1967年智异山国家公园成立至今，共设立有22个国家公园，占韩国总面积的6.7%。1995年，韩国颁布了新的《自然公园法》，旨在保护韩国的自然环境和自然景观，推动公众对于这些资源的可持续利用，保护自然生态系统成为国立公园的目标。

韩国国立公园制度的沿革可分为以下几个时期：第一个是开发主导时期（1967~1975年）。这一时期引进国立公园制度，并用10年左右的时间指定了11处国立公园。第二个是保护为主的时期（1976~1980年）。1978年，政府颁布了《自然保护宪章》，政府主导、民众参与的国民保护运动在全国范围内展开，国立公园的管理也向自然保护和利用的方向发展。第三个是重利用轻保护的时期（1981~1986年）。这一时期，全民生活水平提高，休闲游憩需求激增，在不破坏公园自然性的范围内，最大限度地满足国民游憩需求的方案相应出台。第四个是保护为主时期（1987年后）。1987年7月1日，韩国设立了国立公园管理公团。1995年，出台了《自然公园法》，国立公园进入实质性的发展期和稳定期，开始实施保护为主的政策。

四、澳大利亚国家公园发展历程

澳大利亚是世界上面积第六大的国家，气候形态多样，地形多变，生态系统和生物多样性都极为丰富。澳大利亚也是世界上最早划设国家公园的国家之一，目前，澳大利亚全国有 684 个国家公园，其中，680 个由各州管理，4 个由联邦共同管理。此外，还有 10 个自然公园、51 个海洋公园、1 794 个自然保护地和 94 处森林保护地分布在全国各地，这些都受到联邦和州的法律保障。国家公园发展经历了如下几个阶段。

第一，国家公园思想在各州萌芽发展（1866～1955 年）。澳大利亚对重要自然现象的保护是在 19 世纪早期，以殖民统治者把第一块殖民地附近风景怡人的河岸单独从占领地中保留出来为标志。这一趋势在 19 世纪中期得以继续。第一部涉及风景区保护的法律于 1863 年在塔斯马尼亚诞生。但早期对边远地区的保护主要集中在南威尔士。维多利亚一家位于塔山死火山口的公共公园于 1866 年建成。

随着一系列更受欢迎的娱乐保护区在几块殖民地主要城市附近的自然乡野成立，自然保护这一概念在 19 世纪得到了根本性的发展。1879 年，政府将悉尼以南 26 平方公里的一块王室土地辟为国家公园。其后的近 20 年内，其他殖民地也提议要建立国家公园。其间，南威尔士（1894 年）和西澳大利亚（1895 年）分别通过了国家公园法案，产生了管理保护区的委员会。

进入 20 世纪，澳大利亚已拥有许多风格独特的公园和保护区，大多数澳大利亚国家公园和自然保护区是在州或北方地区法令的控制之下，由各自的政府部门来管理。澳大利亚仅有 4 个国家公园是依照联邦法律建立，并由澳大利亚国家公园野生动植物局管理。由于娱乐活动对国家公园造成的压力过大，1948 年，澳大利亚出台了动物保护法令。南澳大利亚也于 1937 年成立了动植物顾问委员会。1952 年，西澳大利亚由动物保护顾问委员会来管理动物保护区的工作，西澳大利亚的自然保护区系统开始形成。

第二，合并和系统化（1956～1974 年）。1956 年，维多利亚出台国家公园法令，公众对国家公园的观念有所转变，并依此法令建立了国家公园机构，负责管理 13 家国家公园。10 年后，南澳大利亚成立了国家公园管理委员会，到 1972 年已有 90 多家公园由该委员会来控制。同年，此法令得到修改，确立了"国家公园""保护公园""娱乐公园"的分类。南威尔士州 1967 年颁布了国家公园和野生动植物法令，依照该法令，国家公园和自然保护区的管理被纳入国家公园和野生动植物局。

西澳大利亚则保留了两套体系。1956 年，州花园管理委员会更名为国家公园管理委员会，1976 年又改称国家公园管理处。大多数大型公园都是在 20 世纪 60～70 年代建立，截止到 1981 年，国家公园管理处已管理着 4.36×10^6 平方公里的土地。维多利亚也逐渐加强了对公园和野生动植物的管制，建于 1970 年的国家公园局于 1972 年与渔和野生生物部一起并入了保护部。1983 年开始，维多利亚管理国家公园和野生动植物的职责合并后由一个新的森林土地保护部来控制。北方地区的公园及动植物管理委员会首先于 1978 年合并成为国家公园和野生动植物局，1980 年改为保护委员会。

1975 年，澳大利亚政府出台了《大堡礁海洋公园法案》《澳大利亚国家公园和野生动植物保护法案》《澳大利亚遗产委员会法案》。

第三，进入良性发展的轨道（1987 年至今）。随着国际保护区运动的进一步开展，澳大利亚开始认识到保护区的建立和管理需要有代表性的保护区标准。

在这一阶段，国家公园作为保护区体系的一部分，国家公园事业被纳入社会事业范畴，每年国家投入大量资金建设国家公园，不以营利为目的。国家公园范围内的一切设施均由政府投资建设。国家建立了自然遗产保护信托基金制度，用于资助减轻植被损失和修复土地。

第五节　非洲国家公园发展历程

一、南非国家公园发展历程

南非被称为"地球上最大的野生动物博物馆"。近 300 年来，南非共和国一直表现出对自然资源保护的关注。然而，从 17 世纪中叶到 20 世纪初，众多大型野生动物如大象、野马等被猎杀，而其他一些动物则惨遭灭绝。南非政府建立国家公园，其根本目的在于保护和保全野生动物物种。1910 年，南非在德兰士瓦省设置了遗址保留地和一般野生动物保护区域。1923 年丹尼斯·雷茨（Col Deneys Reitz）议员参观了遗址保留地，感到震撼，起草了一个关于国家公园的法案。1926 年该法案成为南非国家公园法律。

南非国家公园由国家公园管理局负责管理。1956 年南非成立国家公园管理局（South African National Parks，SANParks），隶属于国家环境事务与旅游部。目前，南非国家公园体系包括 1 629 处保护区，保护面积 1 061.57 万公顷，占国土面积的 8.67%。其中国家公园 20 个，总面积约 400 万公顷，横跨 8 个陆地生物群落，其中有 15 万公顷面积坐落在海边。建立最早的克鲁格国家公园（Kruger National Park）面积最大，达到 191.69 万公顷。

二、肯尼亚国家公园发展历程

肯尼亚高度重视自然保护，19 世纪中后期便开始建立以野生动物保护为主的保护地。20 世纪初，在欧洲殖民地时期，肯尼亚北部和南部就建立了大面积的保护区，但是这些保护区专供欧洲人使用，缺乏有效管理。1933 年，有关非洲野生动物的伦敦大会召开，开始对一些保护区进行集中管理。但是这些工作因第二次世界大战中断。第二次世界大战结束，1946 年，一块以前用于放牧和军队训练的内罗毕公共地变成了肯尼亚第一个具有完全现代意义的国家公园。

1963 年，肯尼亚获得独立时，新政府接管了前英国肯尼亚殖民地及保护领地上的几个国家公园和类似公园的保护区，以及具有长期传统的狩猎区。1976 年，肯尼亚建立了肯尼亚旅游和野生动物部，直接管理保护区土地、政策机构和公园托管人。

肯尼亚国家公园的建立既是理想的，也是实用的，它强调低农业生产潜力和野生动物的重要性，以及流域保护的必要性。

当前肯尼亚拥有各类保护区 411 个，陆地保护面积 72 890 平方公里，占陆地面积的 12.42%；海洋保护面积 857 平方公里，占海洋面积的 0.76%。符合 IUCM 的二类保护地 31 个，其中，23 个被肯尼亚认定为国家公园，4 个被认定为海洋国家公园。

第六节 中国国家公园发展历程

新中国成立后建立起了自然保护区、风景名胜区、森林公园、地质公园等实质上的保护地体系，分别由不同政府部门管理，但中国的这些保护地形式与 IUCN 的体系不存在对应关系。

1998 年，云南省开始探索引进国家公园模式、建立新型保护地的可行性。2006 年，迪庆州借鉴国外经验，以碧塔海省级自然保护区为依托，建立了我国第一个国家公园——普达措国家公园。2008 年 6 月，国家林业局批准云南省为国家公园建设试点省，已经在云南建成了老君山、梅里雪山和西双版纳等多个国家公园。2008 年 8 月，云南省人民政府明确了省林业厅作为国家公园的主管部门，并挂牌成立了云南国家公园管理办公室。

2012 年，作为中国生态文明制度建设的重要内容，党的十八届三中全会明确提出建立国家公园体制。2015 年 1 月，国家发展改革委等 13 个部委联合发布了《建立国家公园体制试点方案》，先后在 12 个省市设立了三江源、东北虎豹、大熊猫、祁连山、神农架、武夷山、钱江源、湖南南山、普达措和北京长城等国家公园体制试点区。2017 年，党的十九大进一步提出"建立以国家公园为主体的自然保护地体系"的要求。2017 年 9 月 26 日，中共中央办公厅、国务院办公厅印发了《建立国家公园体制总体方案》，系统地阐明了构建我国国家公园体制的目标、定位与内涵，明确了推动体制机制改革的路径。

2018 年 5 月，国家发展改革委把国家公园体制试点工作整体移交给国家林业和草原局。国家林业和草原局全面指导国家公园体制试点工作。

2021 年 10 月，中国正式设立三江源、大熊猫、东北虎豹、海南热带雨林、武夷山五个第一批国家公园（见表 2-4）。

表 2 - 4   中国国家公园一览表

国家公园名称	园区面积（平方公里）	所属省份
三江源国家公园	123 100	青海
大熊猫国家公园	27 134	四川、陕西、甘肃
东北虎豹国家公园	14 065	吉林、黑龙江
海南热带雨林国家公园	4 269	海南
武夷山国家公园	1 280	福建、江西

资料来源：根据网上公开资料整理。

2023 年 1 月 4 日，国家林业和草原局、财政部、自然资源部、生态环境部近日联合印发《国家公园空间布局方案》，遴选出 49 个国家公园候选区（含正式设立的 5 个国家公园），提出到 2035 年我国将基本建成全世界最大的国家公园体系。根据《国家公园空间布局方案》，到 2035 年，中国将基本建成全世界最大的国家公园体系，总面积约 110 万平方公里。

2023 年 8 月 19 日，在第二届国家公园论坛开幕式上，国家林业和草原局发布了中国国家公园标识。

当前，在国家林业和草原局的指导下，全国国家公园试点工作正在有序推进。

◀ 复习与思考题 ▶

1. 简述世界国家公园发展的历史背景。

2. 简述世界国家公园发展的主要特征。

3. 简述欧洲国家公园发展的主要特征。

4. 为什么国家公园最先出现在美国，并最先在欧洲得到较快的发展？

◀ 知识拓展 ▶

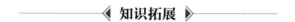

知识拓展 2 - 1

IUCN 世界国家公园大会简介

1. 第一次世界国家公园大会。

1962 年 6 月 30 日到 7 月 7 日，在美国西雅图召开了第一次国家公园世界大会。会议旨在建立对国家公园的更有效的国际理解，并鼓励世界范围内国家公园运动的进一步发展。它为保护区的代表性系统制定了定义和标准，公布了联合国国家公园和保护区名单，后来更名为联合国保护区名单。

2. 第二次世界国家公园大会。

1972 年 9 月 18 ~ 27 日，在美国黄石国家公园和大蒂顿国家公园召开了第二次国家公园世界大会。这次大会重点讨论旅游业对公园的影响，公园规划和管理，以及热带、干旱和山区国家公园内的社会、科学和环境问题，促成了联合国教科文组织制定的《保护世界文化和自然遗产公约》和《关于特别是作为水禽栖息地的国际重要湿地公约》。

3. 第三次世界国家公园大会。

1982 年 10 月 11 ~ 22 日，在印度尼西亚的巴厘岛召开了第三次国家公园世界大会，这是第一次在发展中国家召开大会，也是第一次考虑保护自然与发展社会经济的会议。该次大会重点关注公共协定在维持社会方面的作用，认识到了 10 个主要关注的领域。会议提出了关于正确处理保护与持续发展之间关系的三个标准（即公园的可持续发展）：第一个是保持基本的生态进程和维持生命的系统；第二个是维持生物多样性；第三个是保证可持续利用各种物种资源和生态系统。大会通过了《巴厘宣言》和加强并改善世界各国国家公园和保护区管理水平的 20 条建议。

4. 第四次世界国家公园大会。

1992 年 2 月 10 ~ 21 日，第四次国家公园和保护区世界大会在委内瑞拉的加拉加斯召开。大会强调了人民与保护区之间的关系，对拓展保护方面的合作、保护区对维持社会的贡献、20 世纪 90 年代保护区的发展进行了讨论。通过了面向 21 世纪保护区发展的行动计划——《加拉加斯行动计划》。加拉加斯行动计划综合了 1992 ~ 2002 年十年的战略行动，并为集体行动提供了一个全球框架。该计划旨在截止到 2000 年将保护区网络扩展到至少覆盖每个主要生物群落的 10%。

5. 第五次世界国家公园大会。

2003 年 9 月 8 ~ 17 日，在纳尔逊·曼德拉和约旦女王努尔陛下的赞助下，第五次国家公园和保护区世界大会在南非的德班召开。大会帮助开发了一个新的保护区模式，定义和推进治理的角色、可持续金融、能力发展、社会公平和利益共享，通过了《德班行动计划》和《德班协议》，形成了非洲区域和平协定的建议和新千年非洲保护区的德班共识；整理大会期间的案例研究、模式和经验教训，构成德班协议的使用手册。

6. 第六次世界国家公园大会。

2014 年 11 月 12～19 日，2014 世界公园大会在澳大利亚悉尼召开。本次大会的主题是"公园、人民、地球：激发策略"。大会讨论了实现保护目标、应对气候变化、改善健康和福祉、支持人类生活、协调不同的发展挑战、提高治理的多样性和质量、尊重土著和传统知识文化、激励新一代优先考虑保护。除此之外，在世界领导人对话的公开辩论中集中讨论与关注与和平协定、保护和可持续发展有关的战略问题。

资料来源：根据世界自然保护联盟官网（https：//www.iucn.org）资料整理。

知识拓展 2-2

《巴厘宣言》主要内容

我们，国家公园世界大会的与会者相信，人类是自然的一部分，他们的精神和物质利益有赖于保护和利用生物资源的经验。为使人类生活更美好所需要的发展，要求保护生物资源，使其能够永续不竭。

地球是宇宙唯一能够维持生命的地方。但是由于人口的不断增长、自然资源的滥用和过度消耗、污染、盲目的发展以及未能在各国和人民之间建立一种正当的经济秩序等因素，从而导致生物物种消失、生态环境恶化、地球维持生命的能力急剧下降，我们的后代，从自然和生物资源中所能享受的利益，将由今天作出的决策所确定。我们可能是能够选择大型自然区域加以保护的最后一代人。

经验表明，保护区是保护生物资源不可缺少的一部分。因为：

● 它维护了依附了在自然生态系统上的基础生态过程。

● 它保存了保护区内物种和基因变异的多样性，从而阻止了对人类自然遗产无法挽救的破坏。

● 它维持了生态系统的生存能力，保护了对永续利用物种至关重要的栖息地。

● 它提供了科研、教育和训练的条件。

通过上述作用，通过提供娱乐和旅游的场所，保护区对持续发展作出了重要贡献。同时，许多人从原始地域汲取美的、情感的和宗教的享受，通过保护区这些地域，满足了人们精神和文化的需要。它在我们的过去和未来之间建立起一条重要的纽带，确定了人类和自然的统一。

为达到上述目的，我们宣布将采取如下基本行动：

（1）扩大和加强全球和地区性的国家公园和保护区网，以永久保存具有代表性和独特的生态系统、地球上所有生物包括野生基因物资资源的多样性、科研上重要的自然地域，以及具有精神和文化价值的自然地域。

（2）通过国家扶持和国际援助，支持建立和管理保护区。

（3）在立法中规定保护区的永久性，并认真地去实现它的目标。

（4）应用可能获得的科学资料规划和管理保护区；通过研究和监测项目增加科学知识；使各国科学家、管理人员和人民随时能获得这些知识。

（5）鉴于保护区在当地经济、文化和政治上的作用，通过以下措施，如教育、分成、参与决策、在保护区附近开展补偿项目、在与保护区目标一致的情况下接触资源等，以加强当地对保护区的支援。

（6）全面执行有关保护区的国际公约，根据将来的需要通过新的公约。

我们保证采取上述行动，对持续发展，即对全人类的精神和物质幸福作出贡献。

呼吁各国政府牢记对所有生命和对全人类的现在与未来的职责和义务，单独地或与其他国家合作，迅速地采取上述行动。

资料来源：根据世界自然保护联盟官网（https：//www.iucn.org）资料整理。

知识拓展 2-3

联合国对国家公园的统计标准

1950年，联合国在对国家公园统计时设定了三个标准，这三个标准后来也成为IUCN统计国家公园的标准。

（1）保护标准。不仅应有名义上的保护章程，而且应有实际上的保护措施。即既要落实人员，又要落实资金，从而防止人类干预，保护管理和监护。具体标准是，公园所在地区的人口密度低于50人/平方公里时，每10 000公顷保护地至少应有1名专职管理和监护人员，每400公顷管理和监护费用不低于50美元；公园所在地区的人口密度高于50人/平方公里时，每 4 000 公顷保护地至少应有 1 名专职人员，每 500 公顷费用不低于 100 美元。

（2）面积标准。受保护地带面积不能少于 1 000 公顷，其中，应将管理应用建筑物和旅游区等扣除在外，岛屿及特殊生物保护区不受此限。

（3）开发标准。一切存在资源开发的地带都不予统计，如开矿、伐木或其他植物收获、动物捕获、水坝建筑或其他水利等，农业、牧业、渔业、狩猎等活动，公共工程建筑、房屋及工业或贸易活动等，也都视为资源开发（狩猎、捕鱼等有时可例外）。

资料来源：根据世界自然保护联盟官网（https：//www. iucn. org）资料整理。

第三章

国家公园的管理体制

学习目的

　　了解主要国家的国家公园管理体制类型及社会背景、系统架构及管理局组织结构设置，掌握中国特色国家公园管理体制主要内容及发展现状。

主要内容

- 世界国家公园管理体制类型
- 世界各国国家公园系统架构
- 代表性国家公园管理局组织结构
- 中国特色国家公园管理体制

第一节　国家公园管理体制概述

一、国家公园管理体制概念

国家公园设立的目的在于保护国家公园自然生态系统原真性与完整性，在满足当代人需求的同时为子孙后代保留珍贵的自然遗产。通过管理权、经营权分离的手段，致力于资源的合理保护与有效利用。其中，管理权责的分配、管理机构的设置、管理目标的实现、不同组织间的协作等要素构成了国家公园管理体制且顺应国家央地关系发展趋势。

（一）国家公园体制与国家公园管理体制

2017 年 7 月，中央全面深化改革领导小组审议通过《建立国家公园体制总体方案》（以下简称《总体方案》），提出建立中国特色国家公园体制需要通过加强顶层设计、理顺管理体制、创新运行机制、强化监督管理、完善政策支撑等一系列创新性改革，实现国家公园统一、规范、高效管理。

加强顶层设计，需要完善国家公园规划体系，规划体系贯穿国家公园管理局决策过程。

国家公园管理体制作为国家公园体制的一部分，涵盖管理机构设置、权责分配、各单位协同管理等。

各国家公园管理机构需要进行国家公园范围内自然资源资产管理、生态保护修复、社会参与管理、科普宣教等工作，国家公园最高管理机构负责全国国家公园的管理、监督、政策制定等。以中国为例，自然资源部下设的国家林业和草原局（国家公园管理局）统筹协调全国国家公园发展。

（二）国家公园管理体制定义

2019 年，中央办公厅、国务院办公厅印发《关于建立以国家公园为主体的自然保护地体系指导意见》提出：实施自然保护地统一设置、分级管理、分区管控，把具有国家代表性的重要自然生态系统纳入国家公园体系，实行严格保护，形成以国家公园为主体、自然保护区为基础、各类自然公园为补充的自然保护地管理体系。

曹明德、黄锡生等（2004）认为，国家公园管理体制是管理机构与相关规范的结合，通过实施管理举措实现管理目的，核心是管理机构事权的分配和协调。我国国家公园管理体制因涵盖的管理主体的范围不同，有狭义和广义之分。广义的国家公园管理体制管理主体范围较广，涉及公权力机关、非政府组织、社会公众和企业等；狭义的国家公园管理体制的管理主体主要是指各级政府、国家公园管理机构和国家公园相关部门。

事权指相关管理单位管理社会公共事务的权力和提供公共服务的职责。

唐芳林于《国家公园体系研究》（2022）一书中提出国家公园是以自然资源和文化资源为对象的一种管理模式。不同的管理体制导致国家公园在管理地域范围、参与主体权责、利益分配等方面有所不同。管理体制的核心是管理机构的设置，各管理机构职权的合理分配与否、机构间的协调合作影响管理的效率和效能，并决定国家公园生态资源能否合理利用。

综上所述，国家公园管理体制的定义如下：国家公园作为自然保护地体系的主体，因其资源具备国家代表性，管理体制需以资源保护为先；因公共资源的公益性，兼顾资源保护与利用；各国家公园管理机构权责分配、运作服从于顶层设计，顶层设计受中央监督运行。

（三）国家公园管理体制主要特征

国际上公认国家公园的根本特性为公益性、国家代表性、科学性，这三大特性被认为是必须长期维护的。

《总体方案》中明确我国国家公园建设发展的三大理念为"坚持生态保护第一、国家代表性、全民公益性"。

生态保护以及资源合理利用是设立国家公园的初衷，是国家公园定义中相互冲突的两大任务。需要建立起生态保护优先、保护和利用相兼容的管理体制。

二、国家公园三大管理体制

国际上，国家公园发展至今，因各国国情不同以及处在国家公园不同发展阶段而呈现出多种体制模式，主要包括自上而下的垂直管理型、地方自治型、垂直管理与地方自治并存型（见表3-1）。

表 3 - 1 管理体制代表性国家

国家	管理体系类型	主要管理部门
美国	垂直管理	美国内政部下属国家公园管理局
新西兰	垂直管理	保护部
俄罗斯	垂直管理	环境保护和自然资源部下属环境保护与国家政策司
法国	垂直管理	国家自然保护部下属国家公园公共机构
南非	垂直管理	南非国家公园管理局
德国	地方自治型	各州政府设立环境部统管
英国	垂直管理与地方自治并行	英格兰自然署、苏格兰自然遗产部、威尔士乡村委员会
加拿大	垂直管理与地方自治并行	加拿大国家公园管理局
日本	垂直管理与地方自治并行	国家环境省下设自然环境局、都道府县环境事务所
韩国	垂直管理与地方自治并行	国立公园管理公团本部（中央）、地方管理事务所等

（一）自上而下的垂直管理型

垂直管理型的管理机构设置呈现为链条式：中央—地方—公园，同时，国家公园的设立由中央主导。实行垂直型管理体制的国家和地区在世界上最为普遍，包括美国、阿根廷、法国、南非、新西兰以及中国台湾地区等。不同国家和地区在实践过程中形成了不同的管理体系，虽然都为垂直管理，但机构设置有所差异。

（二）地方自治型

国家公园管理较少采取地方自治型，采取这种体制的国家较少。为适应德国的联邦议会共和制政治制度，德国的国家公园管理采取地方自治型。德国国家公园的一切管理事务由地区或州政府进行，包括国家公园的设立、管理机构的设置、公园日程管理事务。联邦政府只提供宏观政策、框架性规定和相关法规，不参与具体管理。

（三）垂直管理与地方自治并行的管理体制

最典型的国家是加拿大和日本。加拿大国家公园经过 100 多年的发展，管理主体内设机构健全。国家公园根据分级管理分为国家级和省级国家公园，国家级国家公园由联邦政府实行垂直管理，省级国家公园由各省政府自己管理，两级机构没有交叉也不相互联系。

第二节　欧美国家公园的管理体制

一、美国国家公园管理体制

1872 年，世界上最早的国家公园——美国黄石国家公园设立，并秉持"后代人的权利永远比当代人的欲望更重要"的理念。美国国家公园管理体制逐步发展，形成一套以自上而下、贯彻有力为特征的人类保护环境最为成功的管理体制之一（见图 3-1）。此后，全球 140 多个国家和地区借鉴美国经验建立了国家公园。

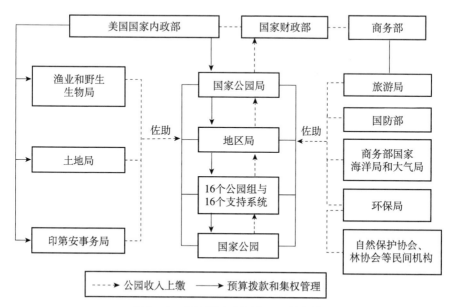

图 3-1　美国国家公园管理系统架构

（一）国家公园设立程序

美国内政部下设的国家公园管理局作为国家公园的中央垂直管理机构，

规定了国家公园管理的基本组织框架。美国国家公园管理系统已扩展至美国共424家国家公园与171个国家公园附属地区,覆盖美国50个州,占地面积超过8 500万英亩。

美国国家公园管理局设立国家公园时首先进行初步调查,考量资源重要性、代表性2项准入条件,随后针对适宜性、可行性进行详细调查。若只满足资源重要性而不满足其他三项条件时,则设立为国家公园附属地区。

若满足资源重要性、代表性、适宜性、可行性四项条件,则将调查报告与提案提交国会授权后,进行深入调查研究,由国会评估最终调查结果后决定是否设为国家公园,并以图3-2的顺序编制规划。国家公园总体规划的内容优先于并指导其他规划的编写。

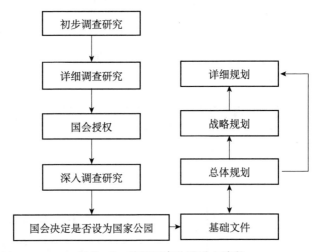

图3-2 美国国家公园设立流程

国家公园附属地区作为国家自然和文化遗产的重要部分在重要性和目的上与国家公园管理局直接管理的地方相关联。大多数附属地区不是由国家公园管理局直接管辖,而是由其他政府机构或非政府组织和个人管理。国家公园管理局直接管理整个或部分附属地区,或提供技术或者财政援助。

(二)国家公园管理局组织结构

美国国家公园管理局是美国内政部下设管理机构,其局长由总统直接任命,统筹国家公园管理事务。设有两名副局长,分别负责运营管理类事务、对外事务。运营管理类事务主要包括:自然资源保护与科学;解说教育及志愿者；访客和资源保护；商务服务；文化资源及伙伴关系；人力资源及其相关事务；公园规划、设施及土地信息；各国家公园信息统筹。

美国国家管理局将跨州的 12 个地区管理局作为国家公园的地区管理机构，以州界划分管理范围。国家公园管理局的基层管理部门为各国家公园，单个国家公园实行园长负责制。

因组织及人事变更，国家公园管理局组织结构随时间发展略有不同。图 3-3 为 2022 年 8 月美国国家公园管理局官网公布的国家公园管理局组织结构。

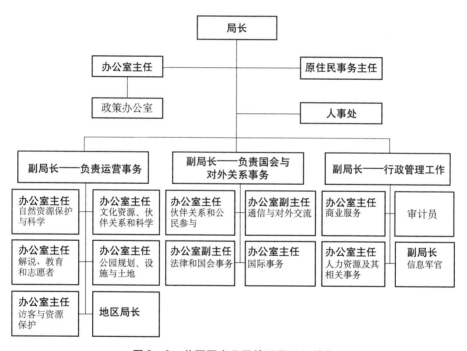

图 3-3　美国国家公园管理局组织结构

资料来源：美国国家公园管理局官网（2023 年 5 月 3 日）。

二、德国国家公园管理体制

（一）国家公园管理系统架构

德国共有 16 座国家公园，多数位于德国北部。德国国家公园不仅是公民娱乐休闲的度假场所，而且也是珍稀动植物的美丽家园。

德国作为联邦制国家，其联邦政府和 16 个州拥有各自的权力，因此，德国国家公园管理体制为地方自治。国家公园的设立、管理机构的设置、管理目标的制定、保护工作的执行等事务由地区或州政府进行。联邦政府仅提供框架规定并制定法律。

德国国家公园管理机构分为三级：一级机构为州立环境部；二级机构为地区国家公园管理办事处；三级机构为县（市）国家公园管理办公室。它们都属于政府机构，分别隶属于各州（县、市）议会并在州或县（市）政府的直接领导下，依据国家的有关法规，自主地进行国家公园的管理与经营活动。

（二）国家公园的管理机制

1. 实行地方自治型管理模式。德国国家公园的管理属于地方自治型，按德国宪法有关规定，自然保护工作由联邦政府与州政府共同负责开展，但联邦政府仅为开展此项工作制定宏观政策、框架性规定和相关法规，州政府决定自然保护工作的具体开展和执行，公园的建立、管理机构的设置、管理目标的制定等一系列事务都由地区或州政府决定。

2. 采取分区管理方式。德国不同的国家公园的分区管理方式不同。国家公园大体分为三个区，即核心区、限制利用区和外围防护区，各区的管理要求不同。核心区实施严格的自然保护，除道路外，不允许任何的开发和利用，且道路为自然道路，没有公路、缆车等人工交通系统。限制利用核心区允许有人工设施和较大规模的人类集中活动。外围防护区面积很小，设置有保护生物群落结构的防护设施。

3. 重视森林资源保护。德国国家公园强化森林资源保护。为保护公园内的森林资源，德国采取了"近自然林业"的可持续经营方式，划定国家公园等自然保护区是德国保护天然林的重要手段。对国家公园内的野生动物资源，通过狩猎等积极干预手段，控制种群数量过度增长，避免物种种群数量超过栖息地生态承载力，影响森林生态系统的自然演替。

（三）国家公园的资金机制

德国国家公园的资金主要来自州政府、社会公众捐助和公园收入。

州政府是德国国家公园资金的主要来源渠道。其运营开支被纳入州公共财政进行统一安排，主要用于国家公园的设施建设和其他保护管理事务。在具体建设项目的拨款安排上，园外交通（也包括部分园内的主要汽车道）、供水、电力等基础设施由相关主管部门按照公园的建设规划实施；园内汽车道、自行车道、步行道、停车场、标志牌等交通设施以及博物馆、展览室、信息室等科普设施，还有其他相应的一些设施则由公园按规划设计，经过上级林业部门审定后，由州财政安排拨款建设；公园建成或开园后，每年由州财政根据公园保护管理的需要，下拨一定数额的经费，用于工作人员工资费用开支和一些建设保护项目的支出。

社会公众捐助是公园资金来源的重要补充。公园受赠所获的资金主要用于国家公园开展公众教育活动。社会公众捐助的小额资金通过护林员直接转交或邮寄等方式赠予国家公园，捐助的大额资金需通过各种协会转赠国家公园。

公园资源利用所带来的收入也是国家公园资金来源的补充。如公园发展与管理部门与当地餐馆、企业等合作，出售狩猎所获猎物和采伐所获木材，可获取部分资金。此外，该部门还授权部分企业使用国家公园字样用于商品商标，收取相应的使用费。这部分资金也主要用于国家公园开展公众教育活动。

（四）国家公园的经营机制

在经营机制方面，德国国家公园在发展过程中逐渐探索形成了自己的特色，主要表现在：

1. 强化社区共建。德国国家公园在社区共建方面积累了丰富的经验。公园与相关机构、周边村、旅游公司、公交公司等建立了良好的协调发展关系和合作机制。例如，在巴伐利亚国家森林公园，凡持有公园游览免费卡的游客可以免费乘坐发往公园的公交车。乘客的公交费用由所居住酒店核定，酒店将需要支付的费用上缴到所在村（社区），由所在村（社区）与相关的公交公司结算；当地以林业为生的居民，通过协调和补偿，放弃原有的生活模式，积极开展餐饮经营和相关旅游服务等。

2. 抓好公众休憩服务。德国国家公园发展旅游的重点是让更多的人能够享受自然。游客在国家公园内的游览方式多种多样。比如在米利茨国家公园，游客既可以乘坐船、汽车和橡皮筏，也可以自己携带自行车进行游览。在巴伐利亚森林国家公园，在海拔 1 100 米的制高点周围设置了 11 座眺望台，供游客观赏雄伟的岩壁奇观。在科勒瓦爱德森国家公园，由护林员作为参观向导带领游客到公园参加夜间步行活动。

3. 注重搞好环境教育。德国国家公园很重视对青少年一代进行环境保护的教育，将环境教育视为最重要的工作之一，公园设施建设以青少年的科普教育为主旋律，设立了专门的宣传教育中心及基地，有专门的工作人员开展此项工作。如巴伐利亚公园的环境教育基地，构思和设计都很巧妙，设有不同主题的营地（草馆、树屋、水馆等），这些小屋和营地平时用于学生的环境教育和体验，周末和节假日还可以租赁给来国家公园旅游的游客，实现了有效的利用。

（五）国家公园的管理规定

德国国家公园实行"一园一法"制度，依据国家层面颁布的《国家公园法》《联邦自然保护法》，结合地方自治的管理方针，各州为其领地内国家公园单独立法，由州政府直接管理。

在资金支持上，以地方财政支出为主，实行收支两条线。国家公园取得的非税收入与发生的支出脱钩，州政府为国家公园提供资金保障，人员工资及办公费用纳入州政府财政预算。

在土地管理上，国家公园的面积通常大部分为公共部门（联邦各州政府、联邦政府或地方当局）所有。如果国家公园的某些地区为私人所有，则不要求征用，但通常在自愿的基础上寻求交换土地，或在有出售意愿的情况下由国家购买。

三、英国国家公园管理体制

（一）国家公园管理系统架构

英国国家公园的管理以各个国家公园管理局为主体，同时由全国统一协调。在管理机构设置上，国家环境食品与农村事务部负责所有的国家公园（见图 3 - 4）。

英国由英格兰、威尔士、苏格兰、北爱尔兰四个相对独立部分组成，其

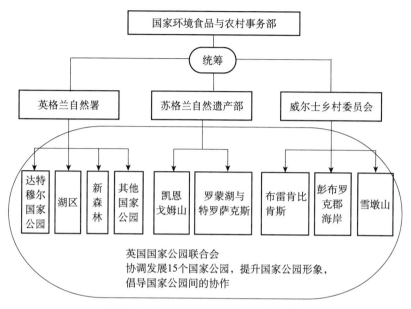

图 3 - 4　英国国家公园管理组织架构

中，北爱尔兰暂未设立国家公园。各部分在国家公园管理上有独立的中央机构：英格兰自然署（Natural England）、威尔士乡村委员会（Countryside Council of Wales，CCW）、苏格兰自然遗产部（Scottish Natural Heritage）分别负责各自区域内国家公园的一系列事务。每个国家公园均设立公园管理局（National Park Authority，NPA）。实行各州政府自治、联邦政府垂直管理的管理模式。

英国国家公园联合会（National Parks UK）是一个全国性的非官方机构，负责协调发展全国 15 个国家公园，倡导国家公园间的协作共赢。英国国家公园联合会仅有 3 名固定职员负责处理日常事务。15 个国家公园推选代表组成董事会，会议召集人在有需要时会召集各国家公园代表开会。

（二）国家公园管理局

英国每个国家公园都有公园管理局。国家公园管理局最早由地方政府产生，隶属于当地政府。从 1995 年始，国家公园管理局脱离地方政府，成为一个由专业人员组成的、独立的、目标单一的非政府部门的公共管理机构。

英国国家公园管理局 75% 的收入来自中央政府（国家环境食品与农村事务部）专门拨款和资助，其余来自地方权力机构及英国或者欧洲的一些项目资助，并最终向英国国家环境食品与农村事务部负责。

中央政府已授权国家公园管理局成为其所在地区的唯一规划机构，包括规划制定、执行、标准执行以及资源规划职责。除了为整个国家公园准备法定发展计划外，管理局还负责准备补充规划文件、年度监测，并根据2011年的《地方主义法》与当地社区合作制定原住民参与规划。

英国三个独立部分在设置上存在一定的差异，以国家公园数量最多（10个）的英格兰为例，英格兰的国家公园由英格兰国家公园协会进行日常管理。协会内部人员设置如图3-5所示。

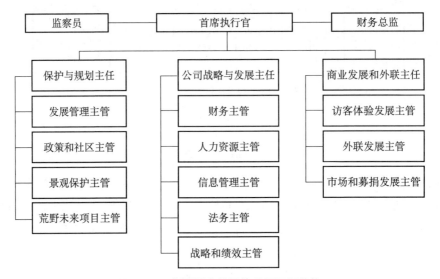

图3-5 英国国家公园管理局组织结构

（三）国家公园土地产权管理

英国作为工业革命的先驱，大部分土地被划为私人所有。英国的国家公园主要设立在私人土地上，国家公园接受政府的管理。国家公园管理局只拥有很小一部分土地，他们主要是通过与国家公园内的土地所有者协作保护国家公园内的特色景观。

由于土地所有权关系复杂，英国大部分国家公园主要通过合作伙伴管理模式进行管理，合作伙伴管理模式主要是鼓励各方权益主体共同参与保护与管理，强调利益共享和风险共担。

苏格兰的凯恩戈姆山国家公园在合作伙伴管理模式上取得了较好的成果。凯恩戈姆山国家公园管理局（Cairngorms National Park Authority，CNPA）的管理模式包括以下四个方面。

1. 在土地管理方面，合作伙伴组织对相关土地利用规划的编制提供技术支持，并由 CNPA 负责编制。合作伙伴组织会进行土地违法开发行为的调查工作，为土地所有人提供管理培训、技能开发等服务。

2. 在社区发展方面，由合作伙伴组织编制社区发展管理规划，以公益慈善的方式投资国家公园，促进公园和社区的共同发展，CNPA 负责总体方向和战略制定。

3. 在自然保护方面，CNPA 主导编制和审批有关自然保护的规划，合作伙伴组织负责具体保护行动的开展与监督。

4. 在商业发展方面，由合作伙伴组织牵头，各个机构和企业编制商业经济发展规划，而 CNPA 则负责审批相关规划及审查企业是否符合规划制定的标准。合作伙伴的管理模式不仅对国家公园的保护与管理起积极作用，而且促进了社区生活的改善和周边经济的发展。

合作伙伴组织在土地开发利用方面努力注重人与自然和谐相处的关系，而在保护英国野生动物和景观遗产方面则坚持可持续发展的方式。私人和志愿者组织在英国国家公园建设中起主要作用，他们促进了国家保护区的发展，并且与国家公园密切合作，开展各项工作。

（四）国家公园资金机制

1. 资金来源机制。英国国家公园的资金来源主要由如下几部分组成：一是中央政府资助。英国的国家公园保护管理经费大部分由中央政府资助，一般处于 50%～94%，平均资助比例达到 72%。二是国家公园自身的收入，如规划费用、信息中心销售收入、停车场收入等，占 1%～43.4%，平均比例为 15.6%。三是一些特殊的基金，如欧盟基金（EU Funds）、英国文化遗产彩票基金（The Heritage Lottery Fund）和可持续发展基金（The Sustainable Development Fund）等，这部分比例可达 9% 左右。

不同的资金来源有着不同的特点，其中，政府、国际组织显然比非政府组织的资金来源可靠，而非政府组织、慈善团体的资金运作则比政府资金的运作更为灵活。英国国家公园的资金来源结合了前者的稳定可靠性和后者的灵活多样性。

2. 资金使用机制。英国的国家公园每年要依法为自己制定财政规划来确保资金的收支平衡。财政规划要对各类活动所需要的资金额度有一个详细的计划，并且要确定保护区资金近期、中期和远期的最佳来源。

第三节　亚洲国家公园的管理体制

一、日本国家公园管理体制

日本国家公园根据《自然公园法》分为国立公园、国定公园和都道府县立自然公园三类，其区别在于国立公园由国家管理，而国定公园、都道府县立自然公园则是由地方管理。日本采取垂直管理与地方自治并行的管理体制。

（一）国立公园管理系统架构

日本环境省作为日本中央省厅之一，统筹协调国立公园的管理。

日本环境省以全国的 7 个地方环境事务所（北海道环境事务所、东北环境事务所、福岛环境事务所、关东环境事务所、中部地区环境事务所、中国四国环境事务所和九州环境事务所）为中心。在国立公园较多的地区增设四国事务所、钏路环境事务所、信越环境事务所和冲绳奄美自然环境事务所，以及近畿地方环境事务所，共 12 个机构分别管理 34 个国立公园。同时，下设 67 个自然保护官事务所，负责国家公园各地区管理事务。

国定公园和都道府县立自然公园由各都道府县环境部下属的自然环境科/自然公园科统一管理。

国定公园和都道府县立自然公园由自然公园指导员进行辅助管理。自然公园指导员作为志愿者，进行游人线路选择指导、自然风景解说、通报公共设施的损坏、通报因垃圾等造成的环境污染情况等工作。

（二）日本地方环境事务所

地方环境事务所是环境部的区域分支机构，除了执行自然环境保护信息的收集、调查和咨询，国立公园和野生动物保护区的管理以及根据环境法律法规委派的一系列行政工作，实现重要的自然景观和生态系统的保护以及恢复多样化的生态系统，并制定措施以加深与当地自然和文化的接触，还开展商业及对外服务业务。

在地方环境事务所下设立了负责国立公园的自然保护官事务所，并指派了国家公园管理员和自然保护官员（均为护林员）管理国立公园。作为国家公务员，其主要工作为进行管理规划、协调当地居民及公园土地所有者的关系、进行自然解说、参与自然环境的保护等。

（三）公园规划

1. 国立公园。为了妥善保护和利用国立公园，每个国立公园都制定了公园规划。根据该公园规划，确定国立公园内的法规强度（领土分类）和设施布局。园区规划分为两大类：监管规划和商业规划。

监管计划：这是一项保护自然景观的计划，通过规范公园内可采取的行动，防止无序开发和过度利用，管制活动的种类和规模。结合自然环境和使用条件，根据园区用地分类确定，划分为特殊保护区、一级至三级特殊区域、海洋公园区域和普通区域，共有 6 种土地分类。在因过度使用而有破坏自然环境风险的地区，或妨碍正常使用和顺畅使用的地区，将设立限制使用区，限制进入的时间和人数。其管理目标是"自然风光好，利用得当"。

商业计划：有关设施开发的计划和保护公园景观或景观要素、确保使用安全、促进适当使用以及维护或恢复生态系统所需的各种措施。

2. 国定公园和县立自然公园的公园规划。

设施方案：计划合理使用公园、恢复受破坏的自然环境和预防危险所需的设施，并根据每个计划将这些设施作为公园项目安装。道路、公厕、植被恢复设施等公共事业设施多由国家或地方政府设立，住宿等商业事业设施多由民间设立。

生态系统维护与恢复业务计划：作为一项综合性框架，通过实施预防和适应措施（例如消灭外来物种、保护自然植被和珊瑚群落）来维护和恢复优良自然景观的计划。旨在保护和管理自然区域的生物多样性和自然资源，同时考虑当地社区居民的需求和参与。公园具体的实施内容包括：与地方政府和志愿者组织合作进行清理工作；雇用当地居民担任"绿色工作者"，进行保护野生生物、清除入侵物种和限制车辆进入指定地点等工作；在保护濒危物种方面，如朱鹮、岩雷鸟、毛腿渔鸮和丹顶鹤等，采取包括人工繁殖、饲养和栖息地改善计划在内的多种措施；为应对外来物种的威胁，如远内多温泉瀑布中的热带鱼类，日本环境省采取特别措施，如引入冷水以降低水温，从而减少外来鱼类数量。

二、韩国国家公园管理体制

韩国国家公园作为可持续自然环境和野生生态系统的保护空间发挥着重要作用，同时也作为韩国人的户外娱乐中心从 1967 年开始后的约 20 年间由地方自治团体管理，但是其管理状况不佳。17 个国立公园被 42 个机关分割管理或者委托下设机关管理，导致其管理机能微弱，无法有效落实政策。为解决多头管理而造成的低效能，韩国 1986 年确立了"国家公园由国家直接管理"的方针，设立了专门的管理机关——国家公园管理公团来进行管理。

截至 2023 年，韩国共建立 22 座国家公园，其中包括 17 个高山型国家公园、4 个海洋与海岸国家公园及 1 个历史国家公园，公园面积共计 6 707. 11 平方公里。除汉拿山（由济州岛当地政府管理）外的 21 座公园由环境部授权管理。实行垂直管理与地方自治并行的管理体制。

（一）国家公园管理系统架构

1987 年 7 月 1 日，国家公园管理公团由建设部授权成立，1991 年转由内政部授权，1998 年转为环境部授权。国家公园管理公团在法律规定的范围内，对每个国家公园行使管理权，基本不受地方政府和其他部门以及其他个人及单位的干预。这种统一化的管理体制使管理主体明确、责权明晰。

国立公园管理机构由国立公园管理公团本部和地方机构组成。地方管理事务所包括 18 个国立公园管理事务所（下辖 7 个支所和 33 个分所）和自然生态研究所、航空队，他们大部分受国立公园管理公团的直接管理，仅有庆州、汉拿山国立公园受地方政府管理。

管理公团的组织结构如图 3 - 6 所示。管理公团的职能和作用包括：调查研究和保全自然生态系统及自然、文化景观；预防自然资源毁损，处罚违法行为；负责公园具体工作，如公园内进行的各种活动的审批以及协议；开发和运营自然学习项目，改善探访文化工作；收取公园门票和设施使用费；有关公园利用方面的教育引导和宣传。

管理公团的任务是代替环境部长官执行国立公园管理工作，管理公团的职务内容如下：对国立公园区域和公园保护区域内的公园资源进行调查、保护和研究；实行公园具体工作；审批公园管理厅以外的部门在公园中的工

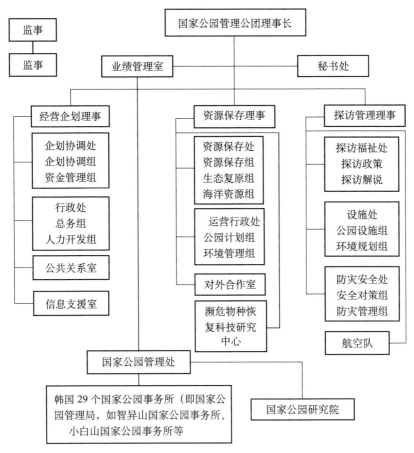

图3-6　韩国国立公园管理公团的组织结构

作，负责公园设施的管理许可；公园的占用或使用许可以及公园原状恢复；收取公园门票，设施的使用许可及收取设施使用费；收取公园占用费或使用费以及不正当利益金；国立公园内禁止行为的管制及公园区域出入限制或禁止；公园区域或保护区如需要其他法律的依照、承认和许可，负责与公园管理厅进行协商；出入和使用他人的土地时有关事项。各部门负责的业务具体如表3-2所示。

　　管理公团组织分为公团本部（中央）和地方管理事务所。其中，本部负责公园管理的全部内容和对地方管理事务所的指导和监督，地方管理事务所负责公园资源的保护，公园设施的设置及维护管理，保洁、非法无秩序行为的治理、许可，使用费和门票的收取，探访客的接待和宣传等具体工作。

表 3 - 2　　　　　　　　　韩国国立公园管理公团各部门负责业务

部门		负责业务
宣传秘书室		宣传制定计划
经营评价团体		经营评价及审查分析
筹备企划处	筹备部	制定中、长期计划并调整、完善法规制度,接待国内外来客,进行国际交流
	预算部	制定事业计划和运营计划,并作出预算
总务处	总务部	负责人事安排;志愿者教育训练;福利、工资的发放;保险和退休金管理
	经理部	公有收入管理(门票、设施使用费、出租费)及国有财产的抵押、转贷,资金安排计划的制定、管理
资源保存处	自然保全处	自然资源调查;自然生态系统保全计划;自然休息年制;毁损地的恢复
	资源管理部	维持公有的秩序,制止违法行为及建设违规设施;预防山火及灭火
探访设施处	探访管理部	负责公有设施的运营、管理、控制和访客的安全
	设施管理部	设置公园设施;监督指导设施的建设;监督公园设施的维护管理
监察室		业务及会计监察、真伪事件的调查和处理
国立公园管理事务所		门票、公园保护、清洁、公园设施维修、灾后复原、接待访客、安全工作
自然生态研究所		自然资源(山林、海岸、海洋)的调查研究,研究探访文化改善和亲近自然的公园管理方法;研究自然资源的恢复
航空队		空中巡查、预防山火及飞机运输和管理

(二)国家公园管理政策

韩国国家公园"保护优先"管理理念的特点是按《自然保护法》的相关规定,在保护的前提下,实现最小化的利用。其重点在于开展国民生态与环保教育宣讲、倡导绿色健康的游览方式。在韩国国家公园内,倡导慢行文化，鼓励游客步行游览；除必要的安全保护、科研监测、灾害预防、安全事故预防、生态防护设施外，极少建设破坏自然景观的设施。

国家公园管理公团秉持碳中和领先地位；追求国民幸福，致力于营造安全舒适的游览环境；以利益相关者的相互尊重和沟通为中心构建合作共赢伙伴关系；以国民及全体成员的信赖为基础，追求诚信经营。

第四节　非洲国家公园的管理体制

一、南非共和国国家公园管理体制

南非共和国国土面积近 122 万平方公里，南非气候适宜野生动物繁衍生息，截至目前，南非政府已建立了 20 处国家公园（其中原野国家公园已并入花园大道国家公园），总面积超过 400 万公顷，占国家管理的保护区的 67%。南非国家公园管理局通过门票和商业性服务获得收入，以补贴政府财政支出。《国家环境管理保护区法》要求南非国家公园管理局以对环境无害的方式为自然旅游创建目的地。由于南非国家公园管理局主要是一个自筹资金的实体，其大约 80% 的运营预算来自其生态旅游业务，其保护任务的完成在很大程度上依赖于繁荣和可持续的旅游业务。

（一）国家公园管理系统架构

南非环境事务部作为管理南非国家公园的政府部门，设立南非国家公园管理局，南非国家公园管理局董事会是南非国家公园管理局的最高决策层，由环境事务部任命成立，实行自上而下的管理体系。董事会组织结构如图 3-7 所示。

南非国家公园管理局在国家或者国际法律的指导下，针对不同类型的国家公园按期制定相关的政策性框架，这其中包括发展计划、政策以及相关的评选标准和指标等，对于国家公园的各项具体实施措施起到了指导作用，并且与保护区域管理政策法律、海洋生物资源法以及生物多样性保护法相结

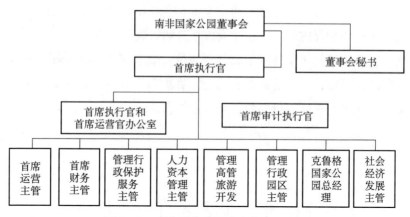

图 3 - 7 南非国家公园董事会组织结构

合，辅助进行国家公园的管理。该机构的董事会成员是由南非环境事务部的部长指定，任务是"通过创新、卓越、负责任的旅游和为今世后代带来公正的社会经济效益，开发、保护、扩大、管理和促进代表自然和文化遗产资产的可持续国家公园系统"。

其中，南非克鲁格国家公园较为特殊，综合考量地理区位因素，其与莫桑比克共和国的林波波河国家公园和津巴布韦共和国的戈纳雷祖公园组成国家公园群，促进了国家边界上生物多样性的保护和合作。

（二）国家公园管理局

南非国家公园管理局是半独立的机构，统一负责南非31个地区19个国家公园的管理运营和整体监督。南非国家公园管理局的职责是管理代表该国本土动植物、景观和相关文化遗产的国家公园系统。当地社区参与管理的程度是评价国家公园管理局业绩的主要指标。

南非国家公园管理局的业务运营建立在三个重要的核心支柱之上。

保护：该组织的主要任务是通过国家公园系统保护南非的生物多样性、景观和相关遗产资产。

旅游业效能：该组织在促进南非以自然为基础的旅游或针对国际和国内旅游市场的生态旅游业务方面发挥着重要作用。生态旅游支柱提供了从商业运营中自行产生的收入，这些收入是政府保护管理资金的重要补充。生态旅游支柱的一个重要组成部分是商业化战略，国家公园局已采用该战略（通过实施公私合作伙伴关系）来扩大旅游产品，并为保护和社会经济发展提供额外收入。

社会经济发展——国家公园管理局已作出一项战略决策，以扩大其作为发展中国家实体向邻近社区提供发展支持的作用。它必须确保广泛的南非人参与生物多样性倡议，并进一步实现其所有业务与邻近或周边社区的教育和社会经济利益具有协同作用，环境保护不再仅是白人的专利，而是要惠及所有社会成员，包括当地社区。此外，SANParks 需要在国际、国家和地方层面建立支持者，通过其企业社会投资支持保护南非的自然和文化遗产。

（三）志愿者组织

1964 年 5 月 5 日，荣誉游骑兵（Honorary Rangers）正式成立，作为志愿者组织一直非正式运作，直到 1987 年由 301 名创始成员组成的荣誉游骑兵协会成立，其规则、制服、徽章和财务结构才得到采用，自 1988 年起，名誉游骑兵必须参加定向课程才能获得正式任命。

荣誉游骑兵作为志愿者组织，参与了广受欢迎的丛林营地、体育赛事和音乐会；教育并使公众了解环境和保护的重要性；在购物中心、学校、表演和公众集会上组织展示，并鼓励公众参观和支持南非的国家公园；鼓励并支持中小学生的研学计划。在过去的 10 年里，南非国家公园管理局名誉游骑兵队为南非国家公园管理局提供了超过 2.486 亿南非兰特的公共和企业捐赠以及志愿者支持。

（四）资金机制

南非国家公园的运行采取商业运营战略。1998 年 9 月，南非政府要求南非国家公园管理脱离国家资金的支配。2000 年南非国家公园采用了商业运营政策，规定"政府的角色为，只有在市场运营出现危机时，起到一个调控和支配的作用"。商业化战略的实施，本质上源于两个项目的实施，即租让生态旅游旅馆和商店以及餐馆外包，这两个项目在 2001 年创造了超过 620 个额外的工作岗位，自从 2002 年来，已经取得了年金收入超过了 73 000 000 南非兰特，吸引了超过 270 000 000 南非兰特资本的投入。

此外，公园副产品的出售，如一定的野生动植物制品以及狩猎、公园旅游产品的销售和社会公益组织的捐赠等，也对公园的运营起到了一定的补充作用。

二、肯尼亚国家公园管理体制

肯尼亚共和国位于非洲东部，简称肯尼亚。1946 年，内罗毕国家公园宣布成立，成为肯尼亚第一个国家公园，也是东非第一个国家公园。肯尼亚采取自上而下的管理体制，设立肯尼亚旅游局，管理国家公园事务，制定、实施和协调国家旅游营销战略。

（一）肯尼亚国家公园管理机构及其工作

肯尼亚国家公园由政府确立，由地方政府负责经营。肯尼亚野生动物管理局于 1990 年成立，负责管理肯尼亚国家公园和保护区。肯尼亚野生动物管理局的主要任务是保护、管理和研究。其职责包括制定保护政策；管理动植物区系；建议政府建立国家公园、国家保护区和其他野生动物禁猎区；保护区的筹备工作和实施管理计划；指挥和协调对野生动物保护和管理的研究活动；管理和协调国际野生动物协议、公约和条约。

目前，肯尼亚野生动物管理局在全国建立并划分了 8 大保护区域，分权管理野生生物资源和人类活动。每个区域由一名助理局长负责，区域内的国家公园和保护区的情况由区长负责向助理局长报告。这加强了管理局行使广泛的管理权力，有效提高了管理效率和效果。管理局还管理超过 100 个保护区外围的实验站和哨站。通过管理权的下放与合作确保遍布全国所有的保护区实现有效管理。

保护野生动物以及处理野生动物与人类的冲突，一直是肯尼亚野生动物管理局亟待解决的问题。肯尼亚野生动物管理局为解决这种冲突，加强内部和外围保护区野生动物保护和管理，与保护区外围社区形成战略伙伴，共同保护野生动物。管理局设有野生动物和社区管理部门，公园和保护区部门负责野生动物保护区的保护和管理，社区野生动物管理部门负责野生动物保护区以外的保护和管理（见图 3-8）。

（二）肯尼亚国家公园的品牌管理

旅游业在肯尼亚经济中起着非常重要的作用，其收入约占国内生产总值的 25%。其中，肯尼亚国家公园和保护区的野生动物旅游占据了大部分，旅游收入的 70% 左右是来自野生动物旅游业。

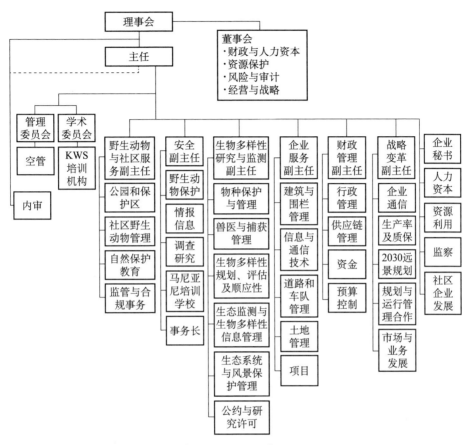

图3-8　肯尼亚国家公园管理局机构设置

　　为了吸引更多的人来公园参观，政府通过旅游和采取野生动物保护措施，使肯尼亚逐渐成为全球最具吸引力的旅游目的地之一。为了提高肯尼亚国家公园和保护区的识别度及自身形象，提供高质量的旅游和改善社区生活，肯尼亚野生动物管理局于2005年开始启动国家公园品牌计划。这些品牌是国家公园和保护区内特有或主要的栖息物种或自然景观。品牌的确立为每个国家公园和保护区创建了一个独特的身份标识，极大地增强了公众对其的认知度。管理局通过引种、相应的品牌管理措施、基础设施建设项目和野生动物保护机制保证和完善品牌建设。品牌计划的实施对于肯尼亚国家公园和保护区的发展及对野生动物资源的保护都起到了促进和推动作用。

第五节　中国国家公园的管理体制

一、国家公园管理体制特征

我国 2017 年发布的《建立国家公园体制总体方案》中提出建立中国特色国家公园体制需理顺管理体制，并提出四项主要内容：建立统一管理机构；分级行使所有权；构建协同管理机制；建立健全监管机制。

国家公园管理体制建设的要点包括：设置统一的管理机构是前提；管理机构统一行使管理权和必要执法权是核心；合理划分央地事权、构建协同管理机制是保障。

二、国家公园管理体制改革持续发力

（一）曾经的自然保护地管理机制不顺

过去，我国的保护地采用国家、省、市（县）三级政府垂直管理和分部门管理相结合的管理体制。

中央负责全国保护地的监督管理工作；省、市、地级有关行政主管部门负责其辖区内保护地的具体保护与管理；各行业主管部门负责本部门设立的自然保护地。

2018 年以前，环境保护部（以下简称环保部）负责全国自然保护区的综合管理，环保部下设的林业、农业、国土、水利、海洋等有关部门在各自职责范围内管理自然保护区。虽然环保部实行"综合管理"，但实际的统一管理局限在各行业部门所属的自然保护区范围内，环保部事实上并不是真正的统一管理机构。

在国家层面缺乏统一管理，加上自然保护地实行地方申报制，造成我国自然保护地一个区域建有多个保护地或部分区域存在保护空缺的交叉重叠问题，以及多头管理造成自然保护区面积缩水、地方行政法规打折、违法违规开发利用、"以调代改"等问题。

2018 年第十三届全国人大第一次会议审议通过《国务院机构改革方案》，组建生态环境部，并撤销环境保护部。

（二）改革手段

1. 统一管理机构。2018 年 3 月，中共中央印发《深化党和国家机构改革方案》，组建国家林业和草原局，作为自然资源部管理的二级局国家林业和草原局，加挂国家公园管理局牌子，对各类自然保护地进行统一管理。

2. 分级管理。按自然保护地生态价值和保护强度高低强弱顺序，依次分为国家公园、自然保护区、自然公园。国家公园实行中央直接管理，自然保护区、自然公园按照国家和地方两级分别实行中央直接管理和地方管理。世界上的国家公园普遍由中央政府确立并主导管理，体现了国家意志，中国也不例外。

3. 管理模式。中国国家公园管理机构实行两种管理模式：东北虎豹国家公园内全民所有物由自然资源部直接行使权力，在国家林业和草原局设立管理机构，实行国家林业和草原局与吉林、黑龙江两省省级政府双重领导，以国家林业和草原局为主的管理体制；三江源、大熊猫、海南热带雨林、武夷山国家公园内全民所有物由自然资源部委托所在地省级政府行使，由所在地省级政府设立管理机构，实行省级政府与国家林业和草原局双重领导，以省级政府为主的管理体制。

4. 机构设置。中国国家公园实行"管理局—管理分局"两级管理，按片区设立管理分局。国家公园管理局是实体机构，为便于行政执法，管理局和分局明确为行政机构，管理分局设立保护站，承担一线资源调查、巡护管护等实务性工作。保护站的设置通常基于管护面积和管护的难易程度。在东部地区，由于主要是森林区域且管护难度较大，一般每个保护站负责的管护面积是 200 平方公里。而在西部地区，主要是草原和荒漠地区，管护区域通常较大，每个保护站负责的管护面积可达 2 000 平方公里。

部分管理局设立支撑保障类事业单位，由高等院校、科研院所、社会组织、企业等承担。

5. 协调机制。国家林业和草原局与国家公园所在省级政府需建立工作协调机制，以便贯彻落实重大决策部署、协调统一管理办法和标准规范等。

部分国家公园跨省设立，委托所在地各个省级政府管理，不同省份对国家公园的管理目标和管理标准存在差异，协调机制尤为重要。管理机构间协同联动性欠缺造成的管理目标无法实现，可以采取两种协调模式。

第一种是弱协调模式，即建立跨省协商机制。国家公园不设置跨省的一级局，由国家林业和草原局进行跨省协调并强化协调机制；在各个省局，由国家林业和草原局派驻协调办公室，强化协调机制的工作力度，大熊猫国家公园采用此模式。

第二种是强协调模式，即建立实体的跨省管理机构，落实国家公园的统一规划、统一标准、统一监测、统一考核评价要求，代表中央行使资产管理的职责，目前三江源国家公园类似采取此模式。

在这种体制下，三江源国家公园管理机构设立在青海省人民政府下，实行青海省人民政府、国家林草局（国家公园局）双重领导的管理模式，其中青海省人民政府为主。此外，对于青海省行政区域内、唐古拉山以北西藏自治区实际使用管理的相关区域，实行统一规划和统一政策，但分别管理和分别负责的工作机制。这意味着虽然这些区域在行政上属于不同的省份或自治区，但在国家公园的管理上采取一致的政策和规划，以确保整个三江源国家公园的生态保护和可持续发展。为了协调和推进管理事宜，国家林草局（国家公园局）同青海省和西藏自治区共同制定具体的管理办法，并设立管理分支机构，解决跨行政区域的协调问题，确保国家公园内不同区域的保护和管理工作能够有效衔接和实施。

当前《三江源国家公园设立方案》提出的"统一规划、统一政策、分别管理、分别负责"工作机制尚未建立。《三江源国家公园总体规划（2023—2030 年）》提出到 2025 年基本建成上述工作机制。

三、各地国家公园管理局组织架构

2021 年 10 月，习近平主席在《生物多样性公约》第十五次缔约方大会领导人峰会指出，中国正式设立第一批国家公园，分别为三江源、大熊猫、东北虎豹、海南热带雨林、武夷山国家公园，保护面积达 23 万平方公里。[①]各个国家公园单独设立管理机构。

（一）三江源国家公园管理局机构设置

三江源国家公园因地制宜，致力于生态保护为先，设立 9 个内部机构、

---

① 习近平出席《生物多样性公约》第十五次缔约方大会领导人峰会并发表主旨讲话［EB/OL］.［2021－10－12］. http://www.xinhuanet.com/2021－10/12/c_1127949239.htm.

1个基金办、2个中心，以更好地统筹协调管理与经营事务。

规划与财务处挂特许经营处牌子，承担国家公园特许经营管理工作，负责规划、财务、项目管理等信息统计工作，指导并监督管理局财务工作。

生态保护基金办公室承担三江源生态保护基金的募集与管理，组织并开展三江源生态保护相关的科普教育、学术交流等活动，监督三江源生态保护基金资助项目的实施。

生态监测信息中心负责信息系统和网站建设、运行、维护保障工作，进行生态信息的归集整理、生态保护舆情监测、生态大数据和电子政务工作。

生态展览陈列中心通过组织生态保护相关活动进行三江源保护宣传教育工作。

（二）大熊猫国家公园管理局机构设置

大熊猫国家公园整合了69个分属不同组织机构管理的自然保护地，现交由大熊猫国家公园管理局进行管理。同时，在核心区进行重点保护，在一般控制区进行限制性保护。

大熊猫国家公园跨四川、甘肃、陕西三省，其中，面积占比最大的是四川省，约74.4%。以大熊猫国家公园四川片区为例，2019年1月，大熊猫国家公园四川省管理局共7个分局在各地市（州）同时举行挂牌仪式。四川省印发《四川省大熊猫国家公园管理机构设置实施方案》明确提出其三级管理体制为国家管理局、四川省管理局、管理分局。

四川省管理局受国家林业和草原局与省政府双重领导，以省政府管理为主。分局受四川省管理局与所在地市（州）政府双重领导，以市（州）政府管理为主，各个分局管理基层站。

（三）东北虎豹国家公园管理局机构设置

我国野生东北虎豹种群分布跨越吉林、黑龙江两省。东北虎豹活动区域包括两个省份的多个林场、市、县、乡镇、村屯、自然保护区等，因为自然资源资产受多部门、多行政区管辖，辖区范围划分不清，体制机制不顺，管理不到位。

东北虎豹国家公园的范围划定依据以下四项原则：野生东北虎豹主要栖息地和潜在分布区；生态系统完整性和自然性；尽可能避开人口稠密区和经济活动频繁区；东北虎豹种群发展需求相适应。

由国家林业和草原局设立东北虎豹国家公园，以中央政府投入为主，实行统一、规范、高效的管理，保障虎豹公园生态功能和公共服务功能。东北虎豹国家公园管理局设置六个处室。

综合管理处负责机关日常运转工作。承担信息、人事劳资、机关财务、固定资产、安全保密、政务公开、宣教培训、政策法规、党建群团、纪检监察等工作。

资源和林政监管处负责森林和草原等资源的政策法规执行、保护利用情况监督检查和林业行政案件督查督办；负责采伐监督管理，核查伐区作业质量等。

濒危物种进出口和专项业务监管处负责吉林、辽宁两省保护发展森林、草原、湿地、荒漠资源目标责任制的建立和执行；负责吉林、辽宁两省濒危物种进出口管理和履约管理。

项目资金管理处组织拟定和实施东北虎豹国家公园发展规划；编制和监督实施部门预算、年度计划、投资项目等工作。

自然资源资产管理处负责国家公园自然资源的资产管理，负责公园规划、建设和特许经营，组织开展公园内生态保护修复、自然资源资产调查统计、资源环境综合执法等工作。

生态保护处负责东北虎豹国家公园生态保护修复、生态补偿和损害赔偿、防灾减灾、科研监测、野生动植物救护繁育、对外合作交流等工作；负责国土空间用途管制。

（四）海南热带雨林国家公园管理局机构设置

根据需要，海南热带雨林国家公园管理局共设置 1 个办公室和 9 个管理处。除了规划财务处和人事处外，其他 5 个属于业务管理处，包括生态保护修复处、森林资源和湿地保护管理处、自然保护地管理处、林业改革发展处和政策法规处。

生态保护修复处（海南省绿化委员会办公室）承担公园内森林、湿地、荒漠资源动态监测与评价工作。综合管理重点生态保护修复工程，指导植树造林、封山育林和以植树种草等生物措施防治水土流失工作。指导林业有害生物防治、检疫和预测预报等。

森林资源和湿地保护管理处负责森林资源保护发展的政策措施，承担林地相关管理工作，监督管理国有林区林场的国有森林资源等、组织开展公园内陆生野生动植物资源调查和资源状况评估、监督管理公园内陆生野生动植物保护工作等。

自然保护地管理处（海南热带雨林国家公园执法监督处）监督管理全省各类自然保护地，提出新建、调整各类自然保护地的审核建议并按程序报批。组织实施各类自然保护地生态修复工作等。

林业改革发展处（海南热带雨林国家公园特许经营和社会参与管理处）承担集体林权制度、重点国有林区、国有林场等改革相关工作。

政策法规处（行政审批办公室）承担林草业领域的地方性法规、政府规章草案及相关文件进行合法性审查，确保符合国家法律法规的要求。监督本系统法律法规规章执行、指导林业行政执法、承担局机关行政应诉和听证的有关工作。承担本系统普法教育工作、相关行政审批工作。

（五）武夷山国家公园管理局机构设置

武夷山国家公园管理局于 2017 年组建成立。根据职责划分，设置 5 个内设机构，分别为办公室、政策法规部、计财规划部、生态保护部、协调部，机构规格为正科级；设立两个事业单位，分别为武夷山国家公园执法支队、武夷山国家公园科研监测中心（福建省武夷山生物多样性研究中心），规格皆为副处级。

武夷山国家公园执法支队受委托承担国家公园内相关行政执法工作。执法支队下设 3 个执法大队，机构规格为正科级。

武夷山国家公园科研监测中心为武夷山国家公园管理局所属事业单位，主要承担国家公园有关科普宣教、宣传推广、科研合作、科学研究和环境监测的具体工作。

◄◄ **复习与思考题** ►►

1. 简述国家公园管理体制主要类型及代表国家。

2. 尝试画出国家公园管理局组织结构图并阐述职能。

3. 简述中国特色国家公园管理体制主要内容。

4. 讨论第一批国家公园管理体制现状并思考如何进行创新发展。

◀ **知识拓展** ▶

知识拓展 3-1 ━━━━━━━━━━━━━━━━━━

日本国立公园管理机构设置概况

在日本，环境省按地区设立相应的环境事务所，负责对辖区内的国立公园进行管理。各辖区环境事务所的机构设置如表3-3所示。

表 3-3　　　　　　　　　日本国立公园管理机构设置情况
北海道地区

国立公园	辖区	地区环境事务所	保护官事务所
利尻礼文佐吕别	全域	北海道环境事务所	稚内自然保护官事务所
知床	以下领域以外区域	钏路环境事务所	乌托罗自然保护官事务所
	目梨郡		罗臼自然保护官事务所
阿寒摩周	钏路市、津别芦叶区、白鹿区	钏路环境事务所	阿寒湖管理官事务所
	上述以外的区域		阿寒摩周国立公园管理事务所
钏路湿原	全域	钏路环境事务所	钏路湿原自然保护官事务所
大雪山	以下领域以外的区域	北海道环境事务所	大雪山国立公园管理事务所
	富良野市、东川、美瑛、相良郡		东川管理官事务所
	新得、川东郡		上士幌管理官事务所
支笏洞爷	以下领域以外的区域	北海道环境事务所	支笏洞爷国立公园管理事务所
	登别、新雪谷、真狩、木别、京极、俱知安、洞爷子、白须、白尾井		洞爷湖管理官事务所

东北地区

国立公园	辖区	地区环境事务所	保护官事务所
十和田八幡平	以下领域以外的区域	东北环境事务所	十和田八幡平国立公园管理事务所
	鹿角市、仙北市		鹿角管理官事务所
	岩手县		盛冈管理官事务所
三陆复兴	青森	东北环境事务所	八户自然保护官事务所
	其他领域		宫古自然保护官事务所
	大船户市陆前、高田市、釜石市上明郡、气仙沼市		大船渡自然保护官事务所
	石卷市富美市、押贺区元吉区		石卷自然保护官事务所
万代朝日	鹤冈、西村山、最上、西冈北、东田川、新潟	东北环境事务所	羽黑自然保护官事务所
	上述以外的地区		里磐梯自然保护官事务所

关东地区

国立公园	辖区	地区环境事务所	保护官事务所
日光	以下领域以外的区域	关东环境事务所	日光国立公园管理事务所
	栃木县矢田市、那须盐、原盐谷须区福岛县南会津区、西白川区		那须管理官事务所
尾濑	下述区域以外区域	关东环境事务所	桧枝岐自然保护官事务所
	群马县		单品自然保护官事务所
秩父多摩海岸	全域	关东环境事务所	奥多摩自然保护官事务所
小笠原	以下领域以外的区域	关东环境事务所	小笠原自然保护官事务所
	羽岛群岛		母岛自然保护官事务所

国立公园	辖区	地区环境事务所	保护官事务所
富士箱根伊豆	以下领域以外的区域	关东环境事务所	富士箱根伊豆国立公园管理事务所
	山梨县		富士五湖管理事务所
	沼津市、热海市、三岛市、富士宫市、伊东市、富士市、御殿场市裾野市伊豆市伊豆之、国市、高田区、顺东郡		沼津管理官事务所
	下田市、加茂区		下田管理官事务所
	青岛村、大岛町神津岛村丰岛村、新岛村八条町、三仓岛村三宅村		伊豆群岛管理官事务所
南阿尔卑斯	以下领域以外的区域	关东环境事务所	南阿尔卑斯自然保护官事务所
	饭田市、长野县伊那市、诹访区、下伊奈区		伊那自然保护官事务所

中部地区

国立公园	辖区	地区环境事务所	保护官事务所
上信越高原	以下领域以外的区域	信越环境事务所	上信越高原国立公园管理事务所
	水上十、日町南鱼沼、汤泽津南		谷川管理官事务所
	须坂市、高山村、山之内町、木岛平村、野泽温泉村、荣村		志贺高原管理官事务所

续表

国立公园	辖区	地区环境事务所	保护官事务所
妙高户隐山	长野市、小谷村、信浓町饭轮町	信越环境事务所	户隐自然保护官事务所
	糸鱼川、妙子		妙高高原自然保护官事务所
中部山岳	富山	信越环境事务所	立山管理官事务所
	其他领域		中部山岳国立公园管理事务所
	安昙野市、松本市		上高地管理官事务所
	岐阜		平汤管理官事务所
白山	全域	中部地区环境事务所名、古屋市中区	白山自然保护官事务所
伊势志摩	全域	中部地区环境事务所	伊势志摩国立公园管理事务所

近畿地区

国立公园	辖区	地区环境事务所	保护官事务所
吉野熊野	三重奈良大台（鸟川村南部除外）	近畿地方环境事务所	吉野管理官事务所
	和歌山县田边市（本宫町除外）、日高区、西室区		田边管理官事务所
	上述以外的地区		吉野熊野国立公园管理事务所
山阴海岸	京丹后、京都、丰冈、兵库县	近畿地方环境事务所	竹野自然保护官事务所
	兵库县三方郡四农泉、鸟取县鸟取市、岩见町		浦富自然保护官事务所
濑户内海	兵库县	近畿地方环境事务所	神户自然保护官事务所
	大阪和歌山		大阪自然保护官事务所

四国地区

国立公园	辖区	地区环境事务所	保护官事务所
濑户内海	冈山	四国环境事务所	冈山自然保护官事务所
	广岛山口		广岛事务所
	德岛、香川		高松自然保护官事务所
	爱媛县		松山自然保护官事务所
大山隐岐	以下领域以外的区域	四国环境事务所	大山隐岐国立公园管理事务所
	松江市、出云市、大田市、石区、大知区		松江管理官事务所
	隐木		隐岐管理官事务所
足褶宇和海	全域	四国环境事务所	土佐清水自然保护官事务所

九州地区

国立公园	辖区	地区环境事务所	保护官事务所
濑户内海	福冈	九州环境事务所	福冈事务所
	大分县		高级管理官事务所
西海	佐世保、平户西海、北松浦	九州环境事务所	佐世保自然保护官事务所
	上述以外的地区		五岛自然保护官事务所
云仙天草	长崎	九州环境事务所	云仙自然保护官事务所
	上述以外的地区		天草自然保护官事务所
阿苏九重	以下以外的区域	九州环境事务所	阿苏重国立公园管理事务所
	大分县		高级管理官事务所
雾岛锦江湾	雾岛、鹿儿岛、宫崎爱良	九州环境事务所	高级管理官事务所
	上述以外的地区		雾岛锦江湾国家公园管理事务所
屋久岛	全域	九州环境事务所	屋久岛自然保护官员事务所

续表

国立公园	辖区	地区环境事务所	保护官事务所
奄美群岛	以下以外的区域	冲绳奄美自然环境事务所	奄美群岛国立公园管理事务所
	德之岛、天城、伊泉、渡有、富美奈		德之岛管理官事务所
山原	全域	冲绳奄美自然环境事务所	山原自然保护官员事务所
庆良间群岛	全域	冲绳奄美自然环境事务所	庆良间自然保护官事务所
西表石垣	以下以外的区域	冲绳奄美自然环境事务所	石垣县自然保护官事务所
	西表岛		西表自然保护官员事务所

知识拓展 3-2

中国典型国家公园管理局机构设置

一、武夷山国家公园管理局机构设置

武夷山国家公园管理局设置 5 个内设机构，分别为办公室、政策法规部、计财规划部、生态保护部、协调部，机构规格为正科级；设立两个事业单位分别为武夷山国家公园执法支队、武夷山国家公园科研监测中心（福建省武夷山生物多样性研究中心），规格皆为副处级（见图 3-9）。

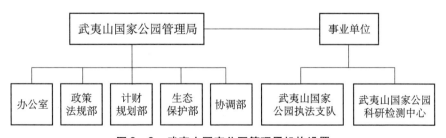

图 3-9　武夷山国家公园管理局机构设置

二、三江源国家公园管理局机构设置

三江源国家公园设立9个内部机构、1个基金办、两个中心。机构设置如图3-10所示。

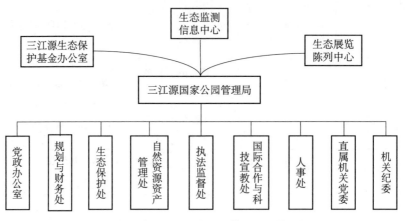

图3-10　三江源国家公园管理局机构设置

三、东北虎豹国家公园管理局机构设置

东北虎豹国家公园跨越吉林、黑龙江两省。东北虎豹国家公园管理局内设六个机构，具体如图3-11所示。

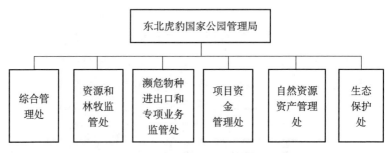

图3-11　东北虎豹国家公园管理局机构设置

四、海南热带雨林国家公园管理局机构设置

海南热带雨林国家公园管理局机构设置如图3-12所示。

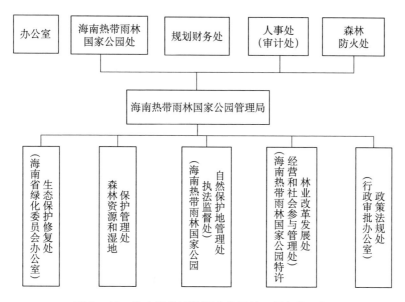

图3－12   海南热带雨林国家公园管理局机构设置

第四章

国家公园的立法体系

学习目的

　　了解世界主要国家和地区国家公园立法情况，熟悉欧美、亚洲、非洲等不同地区主要国家的国家公园立法体系构成以及它们之间的差异，掌握我国国家公园立法的基本原则。

主要内容

- 欧美国家公园的立法体系
- 亚洲国家公园的立法体系
- 非洲国家公园的立法体系
- 中国国家公园的立法原则

第一节　欧美国家的国家公园立法体系

一、美国国家公园立法体系

美国国家公园管理的基本依据是其立法管理体系，该体系由隶属于内政部的国家公园管理局直接负责。美国在国家公园领域建立了严格的管理制度，并通过法律、政策等提供法律制度保障，因此，美国的国家公园立法制度建设走在世界前列，可以说是世界上自然保护地管理体系最为完善的国家之一。

（一）美国国家公园立法体系概况

美国的保护地立法历史体现了一个持续演变的进程。1872 年颁布的《黄石公园法》为美国的保护地管理奠定了基础。该法是美国首个获得授权的法规，其核心在于批准设立黄石国家公园。随后，1906 年颁布的《古迹法》进一步推动了文化遗产的保护，国家总统可以通过"公开声明"的方式将文化遗产的综合性保护纳入国家公园体系。1916 年，《国家公园局组织法》的颁布成为美国国家公园建设中仅次于美国宪法的权威性法律文件，兼顾了国家总体战略规划和实施计划。随着时间的推移，保护地立法逐渐完善，1935 年的《历史遗址保护法》致力于保护历史遗址和建筑，而 1964 年的《荒野法》则旨在维护原生地域特征和荒野环境。1966 年的《国家历史保护法》进一步丰富了保护地法律框架，专注于保护国家历史文物。这一系列法律的演变，从保护自然资源延伸到保护生态文化，不仅规范了各类活动和行为，以约束对自然资源和生态文化的损害，也表明了美国在保护地管理方面的持续努力。

在国家公园体系的发展过程中，美国逐步将国家公园设立审批、规划编制、发展目标以及运营管理等核心内容纳入法治化框架。为了强化国家公园"物"的保护，美国相继制定了一系列细化的法律法规。其中，1964 年颁布的《原生态环境保护区法》、1966 年的《国家野生生物庇护系统管理法》、1968 年的《自然与风景河流法案》、1976 年的《资源保护与回收法》以及

1998 年的《国家公园综合管理法》等，为国家公园的保护和合理利用提供了法律、规则和标准的支持，确保了国家公园管理的规范化、法治化和程序化。除此之外，美国国家公园系统的管理也受到多方面法律制约，包括管理程序、资源保护以及环境保护等方面的法律规定。在此背景下，各州和国家公园纷纷制定了针对国家公园管理的相关法律文件，基本实现了"一园一法"。为指导管理实践，美国国家公园管理局制定了明确的管理方针，内容涵盖自然资源、土地资源、历史资源保护以及土地使用特许权转让等多个方面。美国国家公园各阶段法案如表 4-1 所示。

表 4-1 美国国家公园各阶段法案

立法阶段	年份	法案名称
初始阶段 （1872～1916 年）	1872 年	黄石国家公园法（Yellowstone National Park Act）
	1906 年	古迹法（Antiquities Act）
	1916 年	国家公园局组织法（National Park Service Organic Act）
发展阶段 （1916～1969 年）	1935 年	历史遗址保护法（Preservation of Historic Sites Act）
	1963 年	户外娱乐法（Outdoor Recreation Act）
	1964 年	土地和水资源保护基金法（Land and Water Conservation Fund Act）
	1964 年	荒野法（The Wilderness Act）
	1966 年	国家历史保护法（National Historic Preservation Act）
	1968 年	国家步道系统法案（National Trails System Act）
	1968 年	自然与风景河流法案（Wild and Scenic Rivers Act）
	1969 年	公园志愿者法（Volunteers in the Park Act）
完备阶段 （1970 年至今）	1970 年	国家环境政策法（National Environmental Policy Act）
	1970 年	一般授权法（General Authorities Act）
	1973 年	濒危物种法（Endangered Species Act）
	1974 年	考古和历史保护法（Archaeological and historic Preservation Act）
	1979 年	考古资源保护法（Archaeological Resources Protection Act）
	1998 年	国家公园综合管理法（National Park Omnibus Management Act）

资料来源：唐莉. 我国国家公园的法律问题研究 [D]. 长沙：湖南大学，2018.

总体看来，美国国家公园立法体系的演进呈现出四个明显特点：一是立法早，最早可以追溯至19世纪70年代的《黄石公园法》。二是体系完备，涵盖了24部国会立法和62种规则、标准以及执行命令。为保障各国家公园的管理与规范，每个国家公园都确立了专门的法律框架，做到"一园一法"，从而形成了相对完整的法律体系。三是立法层次高，具有权威性的《国家公园基本法》是国家公园建设的核心法律文件，地位仅次于美国宪法，凸显了立法的高层次性质。四是实施程度高，从立法的制定到实施都建立了相对完善的法律制度，法律执行过程中相互间的协调性较强，有着相对完善的协调机制，可以依据上位法、立法目的或判例法则等多种途径妥善解决个别法律制度的适用性冲突。

（二）美国国家公园立法体系

美国国家公园形成了完备的法律文本群，各类自然保护地法律相互补充、相互协调，保障了国家公园法律体系实施中的纵向连贯性。其主要包括国家公园基本法、各国家公园的授权法、单行法、部门规章以及其他相关联邦法律。

1. **基本法**。《国家公园局组织法》作为美国国家公园体系的核心法律框架，于1916年由美国国会颁布，具有至关重要的地位。随着国家公园建设的推进，该体系逐渐壮大，并丰富了国家公园的类型与多样性。在这一背景下，1970年，美国国会对《国家公园局组织法》进行了修订，此次修订的主要目标在于将一些"杰出的自然、历史和休闲地区"纳入国家公园体系范畴，并明确了相应的授权权限。修订案规定了各国家公园单位必须遵循《国家公园局组织法》、授权法以及其他国家公园体系法律的规定。为了保护国家公园免受外部资源开发的破坏，维护体系的完整性，1978年再次修订了该法。在这次修订中，强调了授权行为必须依据最高公众价值和完整性来实施保护、管理，同时不得损害公园建立时所追求的价值和目标。除非此类行为已获得或应获得国会的直接和特别许可。此轮修订还要求必须按照法律的授权范围和程度来管理国家公园，并强调了整体性保护的重要性。美国国家公园政策体现了对体系的延续性和长期性的考量，其管理制度也在逐步完善中。1998年又一次修订，并更名为《国家公园综合管理法》，这一连贯的法律框架为美国国家公园的可持续管理提供了坚实的基础，以确保这些宝贵的自然与历史遗产得到妥善保护与管理。国家公园管理制度体系的逐步完善，彰显了美国国家公园政策的持续性和长远性，为其他国家在构建自身国家公园体系时提供了有益的借鉴与参考。

2. 授权法。授权法作为一项法律手段，是指美国立法机关将立法权委托给行政机构或其他组织的一种法律机制。授权法可以通过国会的成文法或总统令的直接立法形式产生。这些授权法具体规定了公园单位的边界，突显公园的重要性，并详尽阐述与特定公园相关的法律条文。值得注意的是，美国各公园普遍拥有其专属的授权性立法文件，进而衍生出独特的"一园一法"模式。这些授权法为管理公园提供了根本指导，对不同类型的公园具备特定而有针对性的管理要求。在这些授权法中，最为著名且被引用频繁的是《黄石公园法》。该法案以其杰出的知名度，成为公园管理领域中最为突出的范例之一，不仅在美国国内，更在全球范围内产生深远影响。

3. 单行法。单行法根据美国国家公园所在地资源状况，以及国家公园发展的特殊性进行具体规定。单行法将法律政策有机地应用于公园实体建设，填补了公园法律体系的立法空白，从而提升了其整体的法律架构。美国公园的单行法体系由《荒野法》《自然与风景河流法案》和《国家风景与历史游路法》构成。其中，1964年通过的《荒野法》作为成文法之一适用于整个公园体系。《自然与风景河流法案》于1968年实施，规定了命名原生自然与风景河流的方式主要依赖于国会立法和联邦内政部长的审批。该法案不仅强调了科学规划在环境和资源保护中的重要性，还要求国会对于命名的河流除了立法外，须经由内政部长或农业部长签署的规划，同时禁止联邦机构批准或资助任何可能影响水资源的建设项目。此外，同样于1968年通过的《国家风景与历史游路法》促进风景游路网络的建立，并将历史游路纳入其中。这些单行法作为授权法的有益补充，有效填补了授权法在全面性和整体性方面的不足，从而提升了美国公园法律体系的统一性和完整性。

4. 部门规章。成文法规定了国家公园领域的权力和限制，但并未详尽说明实施方法。这种情况下，国家公园管理局的部门规章具备明确指导作用。1916年颁布的《国家公园基本法》中，明确规定了美国公园管理局的职责，并授予其制定部门规章的权限。根据这一法案，美国公园管理局制定了一系列的部门规章，旨在有效管理公园。这些规章拥有法律效力，当成文法阐明了国家公园管理局的权利和职责，且国家公园管理局的部门规章详细阐述了成文法的相关内容时，法院将承认并遵循这些部门规章，同时，国家公园管理局亦可根据其规章来有效管理国家公园体系。

5. 其他相关联邦法律。除了上述提到的法律和规章外，美国公园体系的管理还受到以下联邦法律的重要影响。首先，《国家环境政策法》旨在确保联邦政府在决策和行动中充分考虑环境因素，这对于公园管理具有重要意义。其次，《清洁空气法》和《清洁水法案》旨在保护大自然的空气质量和水资源，为公园的生态环境提供了必要的保护措施。此外，濒危物种的保护是公园管理中的重要任务，而《濒危物种法》为此提供了法律依据。最后，《历史遗址保护法》保护国家历史遗迹和文化景观，为公园的历史保护提供了重要指导。这些法律不仅为美国国家公园管理局在处理公园内部事务时提供了法律依据，同时也在很大程度上避免了法律纵向上实施中的不协调，为解决国家公园内外边界纠纷提供了法律工具。通过这些法律的综合运用，国家公园体系得以更为有序地进行管理和保护，确保其自然生态和历史遗产得以妥善维护。

二、加拿大国家公园立法体系

（一）加拿大国家公园立法体系概况

加拿大是在国际上第二个建立起国家公园体系的国家，在法律和管理制度方面形成了完善的框架。班夫国家公园作为其首个国家公园，也是全球第二个国家公园，在加拿大公园制度的发展中具有重要地位。加拿大国家公园制度通过四级政府立法（国家级、省级、地区级和市级）确保了对公园的有效管理。这种系统性的法律体系和管理制度不仅为加拿大的自然保护提供了坚实基础，也为全球其他国家在自然资源管理领域提供了可借鉴的经验。

（二）加拿大国家公园立法体系

1. 国家公园法。为规范班夫国家公园的管理，加拿大在不同历史阶段采取了一系列立法措施，以确保其合理运营与保护。早在 1887 年，《落基山脉公园法》的颁布标志着对公园特殊需求的专门保护。随后，1911 年，《自治领森林保护区和公园法案》的实施进一步强化了对班夫国家公园的法律保障。1930 年，加拿大正式颁布《国家公园法案》，并且先后于 1988 年、2000 年两次修订，最新版在 2000 年 10 月 20 日由加拿大国会通过。《国家公园法案》详尽地规定了班夫国家公园的建立目的、建立程序、政策计划、公园管理、公众参与、公园条例以及相应的罚则等关键内容，从而为国家公园的有效管理提供了明确的法律依据和指导原则。通过这些法律措施，加拿大确保了班夫国家公园在合适的法律框架下得以运营，从而平衡了保护和可持续利用的目标。

2. 专门性法规。在规范国家公园管理方面，加拿大通过《国家公园法案》建立了法律框架，同时制定了一系列相关法规，包括《国家公园法案实施细则》《野生动物法》《濒危物种保护法》《狩猎法》《防火法》《放牧法》等多项法律法规，以及《国家公园通用法规》《国家公园建筑物法规》《国家公园别墅建筑法规》《国家公园墓地法规》《国家公园家畜法规》《国家公园钓鱼法规》《国家公园垃圾法规》《国家公园租约和营业执照法规》《国家公园野生动物法规》《国家历史遗迹公园通用法规》《国家历史遗迹公园野生动物及家畜管理法规》等多个方面，从而构建更为健全的国家公园管理法律体系。此外，加拿大还通过《加拿大国家公园管理局法》《加拿大遗产部法》等法律文件，来规范国家公园组织管理机构的运行。这些专门性法规的制定和实施在实践中逐渐促进加拿大国家公园的法律体系的完善。

3. 省立公园法。加拿大是一个联邦国家，多数省份根据当地情况纷纷颁布了《省立公园法》及有关森林保护、野生动物、森林防火等领域的法律条文，这些法律的制定旨在推动国家公园的综合保护措施，构建了一个系统的法律体系。其所涵盖的法律内容较为翔实，以确保国家公园得以有序管理和全面保护。此外，各省还基于基本法，制定了与其区域特色相契合的制度，通过法律法规、配套计划、政策、手册指南以及战略等多种手段，进一步加强国家公园的常态化管理和系统保护工作，以适应各地不同的需求与挑战。

三、德国国家公园立法体系

（一）德国国家公园立法体系概况

自 20 世纪 70 年代起，德国环境立法工作经历了漫长而有序的发展阶段，逐渐形成了一套完整的环境保护法律法规系统。德国环境立法体系主要划分为基本法、专类法和相关法三大类，以确保立法的系统性和综合性。这一体系广泛适用于联邦层面、各州层面以及特定园区，旨在实现环境保护的全面覆盖。目前，德国联邦和各州的环境法律法规已达 8 000 多部。

（二）德国国家公园立法体系

1. 基本法。德国国家公园管理法律体系核心法律为 1976 年制定的《联邦自然保护法》。该法作为国家公园管理的基石，由联邦政府主持实施并确立了基本框架。1987 年的修订赋予该法更为清晰的目标，明确定义了各类受保护对象，界定了各职能机构的权责，同时，确立了普适的管理原则。为各州管理国家公园实践提供基础法律依据。此外，联邦政府还通过《联邦森林法》《联邦环境保护法》《联邦狩猎法》以及《联邦土壤保护法》等多项法律，为国家公园的管理提供全面支持，构筑了强有力的法律保障网络。这一多层次的法律框架为德国国家公园的管理与保护提供了坚实的法律基础。

2. 专类法。针对各类保护地，德国在联邦层面没有对应的专类法，而是由各州自主决定是否制定相关专类法，以适应各地的实际情况。因此，在德国的 11 种自然保护地（包括自然保护区、国家公园、国家自然历史遗迹、生物圈保护区、景观保护区、自然公园、自然遗迹、受保护的景观要素、受特别保护的栖息地、动物栖息地保护区、鸟类保护区）中，并不是每种类型在每个州都会设有专类法。然而，鉴于国家公园保护等级的高严格性，各州都会根据《联邦自然保护法》采取"一区一法"的方式，为国家公园制定专门法律。例如，1973 年，巴伐利亚州发布了《巴伐利亚州自然保护法》，成为德国首个有关国家公园建设与管理的法律，而黑森州则在 2003 年颁布了《科勒瓦爱德森国家公园法令》。各州的国家公园法律详细规定了各自国家公园的特性、目标、管理机构、规模等具体内容。

3. 相关法。德国国家公园立法体系中的相关法主要存在于欧盟层面、联邦层面和州层面。欧盟层面的相关法主要包括《鸟类指令》《动植物栖息地指令》等体现着欧盟《自然保护政策》中鸟类指令（birds directive）和生境指令（habitats directive）的规定，目的在于维持和恢复生境和物种在其自然范围内处于有利的保育地位，同时，建立野生鸟类特别保护地和野生动植物栖息地。联邦层面的相关法包括《联邦物种保护条例》《环境影响评估法》《水资源法》等。这些相关法与基本法互相补充、互为参照，对特定保护区能起到更全面的保护作用。

四、新西兰国家公园立法体系

（一）新西兰国家公园立法体系概况

1887 年，新西兰设立了汤加里罗国家公园，它成为全球第四座国家公园。作为最早倡导国家公园理念的国家之一，新西兰建立了一套完善的自然保护管理体系。围绕生态保护和利用，该体系涵盖多个法律法规，其中包括《国家公园法》《资源管理法》《野生动物控制法》《海洋保护区法》《野生动物法》以及《自然保护区法》。为确保有效地保护管理，新西兰采取了立法措施来规定国家公园的管理原则与要求，然后还通过保护部的总体政策、保护管理策略等重要参考文件来实施国家公园管理，同时，各个国家公园的具体管理工作还需要通过管理规划来进行规范。另外，新西兰国家公园管理还需要遵守毛利土地法院和怀唐伊法庭的判例。

（二）新西兰国家公园立法体系

1. 法律体系。新西兰的自然保护地立法是典型的综合性立法。自 1987 年创设自然保护部并颁布《保护法》作为基础法后，该国的自然保护地被划分为五类保护区域，包括特别保护区、边缘地带、保护区、行政管理区、管护区。此后，一系列相关法律如《国家公园法》《资源管理法》《野生动物控制法》等相继出台，形成了"多法保护"的格局。这些法律明确规定了各自的保护对象，并由环保部负责监督法律的执行。与此同时，社区民众也积极参与生态保护事务，凸显了立法、执法以及公众参与在保护工作中的同等重要性。由此可见，这一系列的措施表明新西兰高度重视自然保护地的立法和执法工作，始终坚持着走绿色保护的道路。

2. 政策、策略和规划。新西兰国家公园管理的总体政策主要由《保护总体政策》和《公园总体政策》两部分构成，这两者是新西兰国家公园管理体系的最高法定架构。《保护总体政策》的制定是基于《保护法》，其批准需经由保护部部长审批，而《国家公园总体政策》则是根据《国家公园法》制定，需要经过新西兰保护局的批准通过。这两部总体政策的内容涵盖了自然资源、文化与历史资源、游憩利用、设施建设、活动、科研与信息以及自然灾害应对等多个方面。具体的政策实施主要通过保护管理策略和规划来实现，这些政策文件提供了如何执行相关法律的指导性意见。

新西兰自然保护部对其国土面积进行了分割，将其划分为 11 个独立的保护区域，每一区域均制定特定的保护管理策略。这些保护管理策略覆盖了自然保护部所管辖的公共土地、水域以及物种，为这些资源提供了全面而综合的概述，并明确了保护方向的具体要求。此外，策略还对涉及私有土地的保护问题提供了建议和指引。需要强调的是，每一个独立的保护区域内的各类保护地都必须遵循其所属区域特定的保护管理策略，以确保该区域的生态环境得到最佳维护与保护。

为确保保护管理策略的有效实施，并为特定区域的自然和文化资源设定明确目标，根据《国家公园法》第45条规定，所有新西兰国家公园应在设立后的两年内制定详尽的管理规划。管理规划包括《保护管理规划》《国家公园管理规划》《垂钓及竞技管理规划》。每年自然保护部必须向保护委员会汇报这些规划的实施情况。此外，根据《国家公园法》的规定，这些管理规划至少每十年进行一次全面修订，以确保其与时俱进。在制定或修订规划的过程中，自然保护部会积极征求保护委员会、地方土著社群、其他民众以及相关组织的意见，以确保多元的观点得以充分考虑。这种广泛的参与和协商机制有助于确保管理规划的科学性、可行性以及社会接受度，从而更好地实现国家公园的保护和管理目标。

第二节 亚洲国家的国家公园立法体系

一、日本国家公园立法体系

（一）日本国家公园立法体系概况

日本建立了较为全面并且具有鲜明特色的国家公园立法体系，这使得日本的国家公园建设和管理上走在亚洲的前列。1931年，日本着手建立国家公园法律制度和管理体系，出台《国家公园法》。1957年，日本政府出台《自然公园法》，同步废止《国家公园法》。《自然公园法》的提出标志着日本自然公园体系的建立。其中，国定公园、都道府县立自然公园和国立公园（国家公园）是日本自然公园体系的三大组成部分。2013年，《自然公园法》完成最新修订后，该法律一直沿用至今，是日本国家公园保护和管理的重要依据。除此之外，在修订《自然公园法》后，日本政府还提出一系列与国家公园保护相关的法律法规，包括《鸟兽保护及狩猎合理化法》《自然环境保护条例》《濒危物种野生动植物保存法》等。总体来说，日本的自然资源保护法律体系是由国家公园法、自然公园法和其他相关法共同组成。

（二）日本国家公园立法体系

1. 法律体系。日本政府出台《自然环境保全法》及施行令和施行规则，这些成为建立日本国家公园管理体系的重要依据，也为防止环境污染作出重要贡献。随后，日本制定包含总则、都道府县立自然公园、国立公园与国定公园罚则以及附则等内容的《自然公园法》。该法律是日本政府专门针对国家公园管理而设立的，是国家公园保护与管理的重要依据。当然，为了辅助《自然公园法》的顺利实施，日本政府随后还出台了《自然公园法施行令》《自然公园法施行规则》等法律条例。在日本自然公园体系中，国家公园是最能代表其杰出自然风景资源的区域。因此，日本颁布系列法律法规保护与管理国家公园，上述条例中明确介绍了相关制度系统以及国家公园基础设施建设要求。除此之外，日本政府对于国家公园管理的重视还体现在日本制定了一系列与国家公园相关的法律法规，其中包括《自然环境保全基本方针》《濒危野生动植物保存法》及施行令与施行规则、《鸟兽保护及狩猎合法法》及施行令与施行规则、《自然环境保全法》及施行令与施行规则、《特定未来物种生态系统危害防止相关法》及施行令与施行规则、《国内特定物种事业申报相关部委令》《国际特定物种事业申报相关部委令》。由此可见，日本已经形成了以《自然公园法》为主体、其他相关法律条例为辅的综合性法律体系。

2. 文件体系。2013年5月，日本颁布《国立公园规划制订要领》等重要文件，包括都道府县立自然公园指定及规划制订、国定公园指定及规划制订、国立公园规划制订要领、国立公园规划变更要领等。与此同时，日本政府还出台了《国立公园及国定公园调查要领》《国立公园及国定公园候选地确定方法》等文件。这些具体文件和法律的出台主要是为了保障《自然公园法》的施行，日本依靠这些法律与实施文件共同构筑了国家公园自然保护和管理的体系。

3. 国际公约。日本签署了《生物多样性公约》《世界遗产公约》《湿地公约》等多项与国家公园治理有关的国际公约。在国际和国内两个层面，对国家公园的自然生态保护与游憩等主要管理目标进行严格细致的立法规范，为日本国家公园管理体制的运行和自然资源的保护提供了明确、严密的法律保障。

二、韩国国家公园立法体系

（一）韩国国家公园立法体系概况

韩国自 20 世纪初开始实施自然遗产保护，目前已建立了一套完备的法律体制。1967 年，韩国《公园法》颁布并实施，智异山被认定为韩国首个国家公园。在随后的自然保护运动席卷下，为了有效保护和管理自然公园，韩国在 1980 年将《公园法》分为《城市公园法》和《自然公园法》。其中，《自然公园法》及其施行令和施行规则是韩国直接管理国家公园的法律。

（二）韩国国家公园立法体系

韩国在 1980 年颁布了《自然公园法》。随后，为了有效保护自然生态和风景，同时为了能够对自然生态资源进行可持续利用，满足国民保健与闲暇生活需求，韩国政府先后对《自然公园法》进行了 33 次修订，在 2008 年最终确定《自然公园法》内容。该法对自然公园的指定、保全、利用与管理等事项作出了明确的规定，目的是保全自然生态系统和自然文化景观，谋求资源的可持续利用。《自然公园法》的主要内容包括：自然公园保护义务；自然公园指定、管理；公园（基本）规划；功能分区；禁止行为；保全和费用征收；国立公园管理公团的相关内容及法规等。除此之外，韩国与国家公园相关的法规还有《山林文化遗产保护法》《山林法》《建筑法》《道路法》《沼泽地保护法》《自然环境保存法》等，这些法规也是国家公园管理、保护及利用的重要依据。

第三节　非洲国家的国家公园立法体系

一、南非国家公园立法体系

（一）南非国家公园立法体系概况

南非是非洲大陆中基础设施较为完善、经济最为发达的地区。南非自然资源丰富，拥有多种类型的自然保护地，包括森林保护区、国家公园、海洋保护区、自然保护区等。南非第一座国家公园是 1926 年建立的克鲁格国家公园，截至 2020 年，南非地区的国家公园数达到 20 家。大部分南非国家公园拥有良好的生态环境，以克鲁格国家公园以及为数众多的野生生物保护区为代表，很多都是世界著名胜地。与非洲其他国家相比，南非法律法规完善，设立了独特的自然保护地管理体制。根据 2003 年发布的《国家环境管理：保护区法》，南非的每一类自然保护地又分为中央、省和地方 3 个级别，分级、分层划分保护权利与义务。南非的国家公园和各类自然保护区在保护野生动植物资源的同时还承担了发展旅游经济、增加就业和改善居民生计的重任。

（二）南非国家公园立法体系

1. 法律体系。南非非常重视环境保护，并且针对环境保护出台了一系列法律法规。南非政府在 1996 年制定的《南非共和国宪法》中，一方面，明确了国家公园管理局的所有权利，规定了国家在保护环境中的职责；另一方面，也完善了公民对于环境资源的权利与义务。为了保证宪法规定能够实现，基于宪法环境权条款，南非相继颁布了一系列环境立法，其中包括南非政府于 1998 年颁布的《国家环境管理法》。该法是南非环境保护的基本法，主要介绍了特殊自然保护区、国家公园、海洋保护区、保护的环境区、世界遗产地等保护地体系，同时也对国家公园的入选标准、定义和资格撤销作出定义。《国家环境管理法》《海洋生物资源法》《空气质量法》《生物多样性法》等法规一起形成了南非较为先进与完整的环境保护法律法规体系，成为公园管理保护的法律基础保障。

2. 辅助性法律。除了环境法律体系外，南非还有辅助性法律保障环境法规的顺利实施，主要有《国家森林法令》《保护与可持续利用南非生态资源多样性白皮书》《生物多样性法令》等。

二、肯尼亚国家公园立法体系

（一）肯尼亚国家公园立法体系概况

肯尼亚拥有非常丰富的野生动植物资源，已发现约 25 000 种动物、7 000 种植物、2 000 种真菌，还拥有森林、湿地、草原、海洋、干旱和半干旱地带等多样的生态系统类型。肯尼亚非常重视自然保护，19 世纪中后期便开始建立以野生动物保护为主的保护地，目前已建成较为成熟的保护地体系，包括28个国家公园、38个国家保护区、4个禁猎区。野生动植物资源保护是肯尼亚的重要国策，其保护地主要是针对野生动植物的保护而设置的。面对狩猎旅游迅速发展而带来的生态平衡破坏问题，特别是大量的偷猎活动严重威胁到大象、犀牛等珍稀动物的生存，1977年，肯尼亚政府下令全面禁猎，制定了严格的野生动物保护政策。肯尼亚颁布实施了《环境管理和协调法》《森林法》《野生动物保护和管理法》。

（二）肯尼亚国家公园立法体系

1. 相关法律。为避免过度人为活动对野生动物及其栖息地的影响，肯尼亚政府在1945年和1976年分别颁布《野生动物保护和管理法》与《国家公园条例》，严控国家公园和国家保护区内的人工设施布设，合理限制人为活动，最大限度降低对野生动物栖息地造成的影响，保护野生动物及其环境。

2. 建立高级别的保护管理机构。为保障野生动物保护工作的顺利开展，肯尼亚成立了野生生物局。野生生物局活动受肯尼亚总统办公室直接指导，是负责肯尼亚野生自然保护区和国家公园的专门管理机构。野生生物局拥有将近3 000名员工，其中1 000名是以军队形式组成的动物安保。野生生物局的主要工作目标是保护生物多样性，促进资源保护与旅游协调发展，建立地方、国家、国际等不同层次团体间的伙伴关系。例如，肯尼亚在马赛马拉设立了125个野生动物保护站，并和周边社区达成保护野生动物共识。肯尼亚还推出了野生动物发展与利益分享计划，确保旅游利益共享。同时，政府通过补贴和制定保护政策等方式，发动原生态少数民族参与保护区管理。

第四节　中国国家公园的立法原则

国家公园立法体系建设具有十分重要的意义。世界上许多国家都建立了自然保护地相关法律体系，也有一些国家设立了专项的国家公园立法。中国的国家公园建设较晚，中国虽与日本、韩国等国家同属亚洲，但建设背景、发展历程与亚洲其他国家极不相同。国家公园管理的法律体系也极不相同。

一、我国国家公园管理的立法现状

（一）国家层面相关的法律法规

1. 宪法层面。我国《宪法》规定，矿藏、水流、森林、山岭、草原、荒地、滩涂等自然资源，都属于国家所有。国家公园的自然资源属于国家所有，应受法律保护。国家资源不能归个人独占，彰显了国家对自然资源所有，国家应当承担起对自然资源的合理利用及对珍贵的动物和植物有效保护的职责。这为构建我国国家公园法律制度提供了重要依据。

2. 法律层面。《环境保护法》及其他各类单行法律也对国家公园所涉及的资源作出了相关规定。《环境保护法》明确规定了所谓"环境"是指影响人类生存和发展的各种天然和经过人工改造的自然因素的总体，包括大气、水、海洋、土地、矿藏、森林、草原、湿地等，这与国家公园中包含的森林、草原、湿地等自然资源不谋而合，故而，国家公园也属于环境法中的环境要素。我国《森林法》《水法》等单行法律对森林资源、水资源等进行法律调整，自然适用于国家公园。国家公园承担的主要功能之一是供人们进行旅游活动，因此，《旅游法》中对旅游产业的规划和促进以及对旅游者行为的规制，对国家公园的发展和保护也起到了积极的作用。

3. 行政法规层面。《自然保护区条例》《风景名胜区条例》等相关行政法规是对国家公园进行法律规制的依据。1994 年颁布的《自然保护区条例》（2017 年 10 月 7 日修订）是我国第一部涉及保护地的行政法规，规范了自然保护区的建设和管理，加强了对自然保护区自然环境和自然资源的保护。2006 年颁布的《风景名胜区条例》（2016 年 2 月 6 日修订）对风景名胜区的设立、规范、保护、利用和管理进行了规范，意味着我国已经开始对国际社会国家公园法律体制进行借鉴和总结，试图探索建立符合我国国情的国家公园。

4. 部门规章及地方立法层面。《国家级森林公园管理办法》《水利风景区管理办法》《海洋特别保护区管理办法》等部门规章以及《云南省国家公园管理条例》等专门的或者相关的地方法规对构建国家公园法律体系也起了一定的参考和指引作用。

（二）国家公园相关立法

2015 年，国家发展和改革委员会等 13 个部门联合制定了《建立国家公园体制试点方案》，在全国范围内确定了北京长城、东北虎豹、钱江源等10个试点区（见表4-2）。通过对试点区各类自然保护地管理体制改革，实现统一、规范、高效的管理目标。各试点地区积极出台各种规范性文件对保护区域进行管理。

表4-2 国家公园地方性法规统计表

试点名称	地方性法规、规范性文件	发布年份	涉及省份
三江源国家公园	《三江源国家公园条例（试行）》	2017	青海
神农架国家公园	《神农架国家公园保护条例》	2019	湖北
东北虎豹国家公园	《东北虎豹国家公园体制试点方案》	2017	吉林、黑龙江
大熊猫国家公园	《大熊猫国家公园体制试点方案》	2017	四川、甘肃、陕西
祁连山国家公园	《祁连山国家公园体制试点方案》	2017	甘肃、青海
武夷山国家公园	《武夷山国家公园条例（试行）》	2017	福建、江西
钱江源国家公园	《钱江源国家公园体制试点区试点实施方案》	2016	浙江
南山国家公园	《湖南南山国家公园管理办法》	2020	湖南
海南热带雨林国家公园	《海南热带雨林国家公园条例（试行）》	2020	海南
普达措国家公园	《普达措国家公园保护管理条例》	2020	云南

二、中国国家公园立法原则

（一）严格保护原则

我国早年为了经济发展采取的是"先发展、后治理"的模式，这一模式造成了对环境问题的漠视并导致荒漠化、土壤污染、资源过度消耗等环境问题。伴随环境与经济发展矛盾加剧，我国2014年《环境保护法》第五条规定了"保护优先"原则。党的十九大报告提出"建立以国家公园为主体的自然保护地体系"，旨在加强环境资源保护和生态监管，采用最严格的措施来确保国家公园的可持续发展。要牢固树立尊重自然、顺应自然、保护自然的生态文明理念，按照山水林田湖草系统治理的方法，加大生态系统保护力度，以良好的生态环境来体现自然保护地的价值，增加吸引力。

2019 年，中共中央办公厅、国务院办公厅印发《关于建立以国家公园为主体的自然保护地体系的指导意见》（以下简称《指导意见》），提出严格保护和差别管控的要求。根据保护级别对国家公园实行核心保护区与一般控制区二级管控模式。核心保护区旨在保护完好的自然状态生态系统以及珍稀和濒危动植物集中分布的区域。在核心保护区内，强调维护生态系统的自然演替过程，严格实施保护政策，除科研工作外，禁止一切人为活动；一般控制区则拥有较为丰富的自然资源和景观资源，在资源保护的前提下，可适度地开展科研、教育、游憩等人类活动。根据《指导意见》，国家公园立法体系建设中首先要确立严格保护的核心价值理念，将生态保护放在最优先级别，并将保护原则贯穿整个立法体系。根据保护级别对国家公园实行核心保护区与一般控制区二级管控体系，通过一些实质性的法律条文来体现严格保护和分区管控，并将保护原则贯穿整个立法体系。

（二）可持续发展原则

国家公园立法中强调，既要保护自然生态环境，也要保证当代和后代的代际利益不受影响。这种可持续发展的思想对国家公园的设立、全过程运营管理产生了较大的影响。我国自然保护地占国土面积近 1/5，存在着普遍的"人地冲突"，与美国、加拿大等地域广阔型国家崇尚"荒野式"保护不同，我国人口众多，经济社会发展存在不平衡问题，许多自然保护区位于经济社会发展较为薄弱的地区。基于这一国情背景，国家公园的建设必须在保护和发展之间找到平衡。不能简单地实行封闭式保护，也不能剥夺保护地区和社会群体的发展权利。

在严格保护生态功能的前提下，允许原住民保留其原生态生活方式，适度开展自然教育、生态体验、科研以及文化活动，实现保护与可持续利用之间的平衡。应以可持续发展为原则，促进人与自然的和谐共存，妥善处理人兽冲突和人地冲突问题。同时，还需要探索将"绿水青山"转化为"金山银山"的有效途径，使生态环境保护与经济社会发展相协调。在这一进程中，必须平衡好人的生存权、发展权与环境权，实现人的发展与环境共同进步。国家公园在立法过程中，要紧跟国家改革政策，在绿色发展的指引下为推动国家公园可持续发展做一些原则性铺垫，保证国家公园的公益性与公众参与度。

（三）统一管理原则

我国各类自然保护地在管理过程中，由于管理权限交织而带来的地方政府和部门之间权责不清的现象较为普遍。因此，有必要设置统一的管理机构对自然保护地进行垂直管理。我国现行的国家公园管理模式主要分为中央直接管理、中央授权地方管理以及中央与地方共同管理三种。这三种模式均以国家为主体行使管理权，地方则代表国家行使相应职权。这反映了国家在国家公园管理中的主导性地位。国家公园在立法框架中设立了中央主管部门，并在各国家公园范围内设立派出机构，形成了国家公园统一管理机构的体系。该机构被赋予了自然生态系统的保护和管理职责，实现了自然资源资产所有权的统一代表。这种管理模式不仅有助于推进中央与地方财政事权与支出责任划分改革，更符合生态文明体制改革的要求。此外，这一模式也与宪法和法治政府的要求相一致，为国家公园的可持续发展提供了有力的制度支持。

从我国国家公园试点情况来看（见表4-3），各试点国家公园大多设立了统一行使管理权的国家公园管理局，建立了由地方政府履行国家公园范围内经济社会发展综合协调、公共服务、社会管理和市场监管等职责的地方事务运行机制，基本建立了国家公园范围内由国家公园管理局实施自然生态环境保护综合执法权的执法机制。部分地方还制定了地方性国家公园法规或规章，确立了国家公园的管理原则与方式、预算与资金机制、机构职权、设立与规划、保护与管理、利用与服务、社区公众参与和法律责任等内容。

表4-3　　　　　　　　我国十大国家公园试点管理模式

序号	试点名称	中央政府国有自然资源资产管理权	辖区政府地方事务综合执法权	生态环境统一执法权
1	三江源国家公园	委托青海省政府代行，具体由三江源国家公园管理局行使。三江源国家公园管理局设有长江源、黄河源、澜沧江源国家公园管理委员会，各相关部门依法行使自然资源监管权	县级政府	管理委员会执法机构

续表

序号	试点名称	中央政府国有自然资源资产管理权	辖区政府地方事务综合执法权	生态环境统一执法权
2	大熊猫国家公园	中央政府和三省政府共同行使。组建大熊猫国家公园管理局以及国家林业和草原局和省政府双重领导并以省政府为主领导的三省国家公园省级管理分局	所在地政府	管理局联合所在地资源环境执法机构
3	东北虎豹国家公园	中央政府直接行使，由国家林业和草原局代行。成立以国家林业和草原局为主体、各部委和两省政府组成的协调会商机制。组建东北虎豹国家公园管理局，下设保护站管理局会同两省政府挂牌成立10个管理分局	所在地政府	管理局联合所在地资源环境执法机构
4	祁连山国家公园	中央政府直接行使，由国家林业和草原局代行。组建祁连山国家公园管理局，并在甘肃、青海两省政府分别成立管理局	所在地政府	管理局
5	海南热带雨林国家公园	委托海南省政府代理行使。国家林业和草原局和海南省委省政府联合成立国家公园建设工作推进领导小组	所在地政府	地方政府
6	神农架国家公园	委托湖北省政府行使。设立委托神农架林区政府代管的神农架国家公园管理局	神农架林区政府	神农架林区政府
7	钱江源国家公园	委托浙江省政府行使。设立省政府垂直管理的钱江源国家公园管理局，由浙江省林业局代管，由管理局组建钱江源国家公园综合执法队	县政府	管理局综合执法队
8	武夷山国家公园	委托福建省政府行使。组建武夷山国家公园管理局，武夷山风景名胜区管理委员会受管理局和所在地政府双重领导	所在地政府	管理局，新增国家公园监管执法类别

续表

序号	试点名称	中央政府国有 自然资源资产管理权	辖区政府 地方事务 综合执法权	生态环境 统一执法权
9	南山 国家公园	委托湖南省政府行使。成立省政府垂直管理的公益一类全额财政拨款事业单位南山国家公园管理局，委托邵阳市人民政府代管	南山国家公园管理局	管理局
10	普达措 国家公园	委托云南省政府行使。组建普达措国家公园管理局，由云南省林业和草原局垂直管理。国家公园资产及经营管理权、景区建设等工作全部交由普达措旅业分公司行使	州政府	管理局联合所在地资源环境执法机构

资料来源：汪劲. 中国国家公园统一管理体制研究［J］. 暨南学报（哲学社会科学版），2020（10）.

（四）分级管理原则

我国国家公园在立法过程中要进一步厘清中央和地方事权，建立一个清晰的分级管理体制，明确各方的责任，以促进两者之间的相互配合，实现中央和地方的协同管理。其中，权利划分基于自然资源资产的所有权，产权所有者对资源管理负有责任。生态保护方面，国家公园管理机构将承担唯一的管理责任，其他政府事务则由地方政府管辖。

具体而言，在中央政府直接行使全民所有自然资源资产所有权的背景下，地方政府在生态保护工作中必须与国家公园管理机构密切合作。对于代理行使全民所有自然资源资产所有权的省级政府而言，中央政府有责任加强对其的指导与支持，以确保其在国家公园建设过程中尽职尽责。在共同管理模式下，地方政府将负责国家公园部分辖区的经济社会发展协调、公共服务、社会管理以及市场监管等职责。为行使除上述职责外的其他职责，国务院国家公园主管部门设立国家公园派出机构。同时，地方政府及相关部门必须与国家公园一起努力，共同承担生态保护的重任，履行各自的职责。在相关立法中，务须明确中央和地方的事权，以促进社区共管机制的建立，进而塑造一个由国家公园管理机构主导、政府提供支持、社区为基础的统一管理机制。

（五）公众参与原则

我国国家公园建设体现了明显的全民公益性质，这一理念应当在法律内容中凸显出来。为确保公众参与的实质性地位，从法律层面应明确各方的责任和权益，以平衡和协调社会各利益关系。在立法过程中，应着力构建可持续的长效保护机制，以推动企业、社会组织和公众的积极参与，实现多元化治理。具体而言，将"政府主导，多方参与"原则内化于法律文本，旨在为全体公民探索共享机制和公益治理、社区治理、共同治理等新的保护方式提供明确法律依据，保障人民的知情权、参与权、表达权、监督权，从而更好地服务于社会的整体利益。

从提高国家公园保护与发展工作合理性的视角，通过制度安排和法律保障，让各类与国家公园事业相关的主体，通过与国家公园管理机构之间进行多种方式的沟通和对话，积极参与国家公园的设立、规划、管理、保护、利用、监测等。一方面，可以促进国家公园保护区管理与当地社会经济、公众利益之间的和谐发展；另一方面，通过建立公众参与和监督的制度环境与渠道，可以加强国家公园管理决策的民主性和科学性。另外，通过制度建设，细化公众参与的形式和流程，例如社会捐赠机制、科研合作机制、志愿者机制等，确保社会公众均可通过一定途径参与到国家公园的建设和管理中，共同推动国家公园的保护与绿色发展，共同分享国家公园建设成果，增强公众的获得感。

◀ **复习与思考题** ▶

1. 美国国家公园立法体系的基本构成有哪几个方面？
2. 加拿大国家公园立法体系的基本构成有哪几个方面？
3. 德国国家公园立法体系的基本构成有哪几个方面？
4. 日本国家公园立法体系的基本构成有哪几个方面？
5. 韩国国家公园立法体系的基本构成有哪几个方面？
6. 南非国家公园立法体系的基本构成有哪几个方面？
7. 中国国家公园立法应坚持哪些原则？

◀ 知识拓展 ▶

知识拓展 4-1

立法引领武夷山国家公园建设

武夷山国家公园是国家批准的首批开展建立国家公园体制试点9个区域之一，总面积为982.59平方公里，也是首批试点区域中情况最复杂的点。2021年成为首批正式设立的5个国家公园之一。2016年6月，国家发改委批复《武夷山国家公园体制试点区试点实施方案》（以下简称《实施方案》）。福建省人大常委会将武夷山国家公园条例列入2017年立法计划，并于2017年11月24日表决通过了《武夷山国家公园条例（试行）》（以下简称《条例》），自2018年3月1日起施行。

一、修改法规名称，预留改革空间

第一，在《条例》立法过程中，福建省人大常委会以建设美丽中国精神为指导核心，贯彻落实党的生态文明体制改革，充分发挥立法主导作用。在推动武夷山国家公园建设的过程中，充分落实《建立国家公园体制总体方案》，注重提升方案的可操作性、及时性和系统性。最终通过的《条例》包括总则、管理体制、规划建设、资源保护、利用管理、社会参与和法律责任等共七章。

第二，结合实际情况，将最初的法规标题"武夷山国家公园管理条例"最终修改为"武夷山国家公园条例"，原因有二：一是《条例》包含的内容有建设、保护、民生和规划等方面的内容，而不是"管理"方面的内容，仅体现"管理"不合适；二是《条例》的立法目的是促进生态文明建设，加强武夷山国家公园的管理，加强国家公园自然资源的保护，合理利用国家公园人文资源。

第三，为了保障武夷山国家公园体制改革试点积极、稳妥和有序推进，以地方性法规的形式对国家公园体制改革工作予以规范。目前国家公园体制改革试点诸多工作还在摸索中，远未定型。另外，有关武夷山国家公园建设的相关规划尚在编制中。因此，落实立法与改革决策相衔接的精神，同时借鉴《三江源国家公园条例（试行）》的立法经验，确定法规标题为"试行"，以体现探索性，为将来进一步完善预留必要的空间。

二、明确各方职责，理顺管理体制

针对武夷山国家公园试点区，《实施方案》提出其存在的两大问题：一是景区管理部门未能合理进行资源配置，资源利用率低，各部门间缺乏统筹协调，从而降低了试点区的整体管理效果；二是生态管理系统碎片化严重。试点区由不同的管理部门进行保护和管理，试点区划分碎片化，增加了试点区管理与保护的工作难度。为了破解这个局面，《实施方案》提出通过建设国家公园来解决管理碎片化的问题，使得试点区形成统一、有效、规范的管理体系。

第一，《条例》明确了省政府的各项职责。要求省政府加强对武夷山国家公园保护、建设和管理工作的领导，将国家公园保护、建设和管理纳入国民经济和社会发展规划；省财政应当加大对武夷山国家公园保护、建设和管理的投入；制定武夷山国家公园自然生态系统保护成效考核评估具体办法；建立武夷山国家公园保护、建设和管理工作协调机制，协调解决保护、建设和管理中的重大问题；设立由省政府垂直管理的武夷山国家公园管理局，具体负责武夷山国家公园建设相关事务；等等。

第二，《条例》明晰了武夷山国家公园管理局的职责。规定武夷山国家公园管理局统一履行国家公园范围内的各类自然资源、人文资源和自然环境的保护与管理职责；受委托负责国家公园范围内全民所有自然资源资产的保护、管理，履行国家公园范围内世界文化和自然遗产的保护与管理职责；与国家公园所在地政府及其有关部门、村（居）民委员会建立联合保护机制，并与江西省建立武夷山国家公园省际协作保护机制；建立管护组织，负责自然资源、人文资源和自然环境的管护巡查工作；明确国家公园内原住居民的生产生活边界；组织编制武夷山国家公园规划；履行国家公园范围内资源环境综合执法职责；对涉及资源环境管理与利用的营利性项目行使特许经营权；等等。

第三，《条例》明确规定，南平市及四个县级政府负责履行国家公园范围内经济社会发展综合协调、公共服务、社会管理、市场监管、旅游服务等有关职责，配合国家公园管理机构做好生态保护等工作；加大对国家公园内原住居民生产生活环境保护、建设和管理的财政投入；采取定向援助、产业转移、社区共建等方式，鼓励和引导当地社区居民参与国家公园的保护和管理，合理利用自然资源、人文资源，帮助社区居民改善生产、生活条件，促进社区经济、社会协调发展；制定游客管理应急预案，公布紧急救援电话，建立健全突发事件应急机制；等等。对于乡镇政府（含街道办事处），《条例》则要求其协助履行国家公园保护和管理职责，加强生态管护，组织村（居）民委员会引导村（居）民形成绿色环保的生产生活方式，并对村庄（居民点）、茶叶生产加工区进行详细规划设计。

第四，《条例》要求国家公园周边的社区建设要与国家公园整体保护目标相协调，并鼓励武夷山国家公园管理局与周边社区通过签订合作保护协议等方式，共同保护国家公园周边自然资源。

三、保护发展同步，促进和谐共生

《建立国家公园体制总体方案》中明确指出，建立国家公园的目的是保护自然生态系统的原真性、完整性，突出自然生态系统的严格保护、整体保护、系统保护。立法应当促进武夷山国家公园自然资源永续利用，强化人文资源保护传承。为此，《条例》从如下方面作出了规定：

第一，《条例》明确武夷山国家公园保护、建设和管理遵循可持续发展原则，实行分区管理，并明确各功能区实行差别化保护管理，禁止在武夷山国家公园内设立各类开发区、工业园区，开发或者变相开发房地产，修建、储存爆炸性、易燃性、放射性、毒害性、腐蚀性物品的设施，以及其他任何损害或者破坏自然资源、人文资源和自然环境等与国家公园保护目标不相符的建设活动，但允许在生态修复区和传统利用区内进行必要的建设。

第二，《条例》明晰武夷山国家公园资源保护的目标，规定武夷山国家公园管理局应当会同有关部门开展资源调查，通过列举形式确定武夷山国家公园的七大类保护对象。同时，确定了在园区范围内禁止做的十四项行为。

第三，《条例》提出以弘扬与继承武夷山文化传统和历史精华为目的，允许开展合理开发、利用和挖掘武夷山国家公园自然和文化资源。

第四，《条例》明确武夷山国家公园内的九曲溪竹筏游览、环保观光车、漂流等营利性服务项目实行特许经营制度。

第五，《条例》要求，武夷山国家公园内林地、耕地的利用，应当符合保护生态环境和国家公园规划要求，创新生产经营模式，提升发展生态产业能力。同时，组织和引导原住居民按照国家公园规划要求发展旅游服务业和茶产业等特色产业，开发具有当地特色的绿色产品，增加居民收入。

四、保护合法权益，改善原住民生

武夷山国家公园包括武夷山国家级自然保护区、武夷山国家级风景名胜区和九曲溪上游保护地带，涉及武夷山、建阳、光泽、邵武等4个县（市）、5个乡镇、25个行政村，常住人口约3万人。为此，《条例》在打造生态保护严密制度体系的同时又重视维护原住居民合法权益。

第一，《条例》把"改善民生"作为武夷山国家公园保护、建设和管理必须遵循的原则之一。

第二，《条例》明确要求武夷山国家公园管理局优先聘用符合条件的原住居民为管护组织的管护员。

第三，《条例》明确规定对于武夷山国家公园范围内的土地及地上自然资源，只有确因保护需要，才可以征收或通过租赁、置换等方式进行用途管制。对被征收或实施用途管制而遭受损失的，《条例》要求依法、及时补偿权利人。

第四，对于武夷山国家公园范围内原住居民因国家公园保护而遭受的损失，《条例》要求健全财政投入为主、规范长效的生态补偿制度体系，建立以资金补偿为主，技术、实物、安排就业岗位等补偿为辅的生态补偿机制，探索开展综合补偿。

第五，《条例》要求武夷山国家公园管理局采取积极措施方便国家公园内的原住居民通行，以解决园内特别保护区、严格控制范围内原住居民出行不便问题。

第六，《条例》要求依法保护国家公园内土地承包经营人享有的合法权益，支持其依法、自愿、有偿流转土地承包经营权。

第七，《条例》要求对因为公园保护而外迁的原住民应当给予相应的安置或补偿。

第八，《条例》允许以抚育、更新为目的的采伐毛竹林，保护公园辖区内茶山、毛竹林经营人的权益；规定茶园面积实行总量控制，允许对以生态改造为目的在本条例实施前已开垦的不符合国家公园规划和生态保护要求的茶园在要求限期进行生态改造。

此外，《条例》还对国家公园的规划、建设以及保护的其他相关方面作了详细的规定。《条例》的制定，体现了立法决策与改革相结合、立法保障重大改革于法有据的精神。《条例》的出台，对依法推进武夷山国家公园保护、建设和管理，合理利用自然资源和人文资源，促进生态文明建设，将提供有力的法治保障。

资料来源：国家法律法规数据库.《武夷山国家公园条例（试行）》［EB/OL］.［2022 - 12 - 15］. https：//flk. npc. gov. cn/detail2. html.

知识拓展 4 - 2

美国国家公园的资源管理

美国《国家公园综合管理法》（1998）共包括八个部分，第二部分对国家公园的资源管理进行了详细规定。具体如下：

一、目的

（1）为了更有效地实现国家公园管理局的使命。（2）通过提供明确的权力，指导在国家公园系统内开展科学研究，以及使用为管理目的而收集的信息，提高对国家公园资源的管理和保护能力。（3）确保国家公园系统中资源条件的适当记录留档。（4）鼓励其他人使用国家公园系统开展有利于公园管理以及更广泛的科学价值的研究。（5）鼓励出版和传播来自国家公园系统研究的信息。

二、研究任务

局长得到授权和指示，确保国家公园系统各个国家公园的管理能够通过获得和利用最高质量的科学研究成果和信息而得到加强。

三、合作协议

（a）合作研究单位。局长得到授权和指示，与学院和大学签订合作协议，包括但不限于土地授予学校，与其他联邦和州机构合作，建立合作研究单位，进行多学科研究，开发与国家公园系统或包括国家公园在内的更大的区域资源有关的综合信息产品。

（b）报告。自颁布之日起一年内，局长应当向美国参议院的能源和自然资源委员会、众议院的资源委员会报告，以学院和大学为基础的合作研究单位的综合网络的建立进展，以及为国家公园系统及其更大的区域的各个单位的资源研究提供全方位的和关键的覆盖的情况。

四、资源清查和监控计划

局长应启动一个有关国家公园系统的资源清查和监测计划，以建立国家公园系统资源的基础信息库，并提供国家公园系统资源状态的长期发展趋势的信息。资源监测应与其他联邦监测和信息收集工作合作开展，以确保其方法具有成本效益。

五、提供科学研究

（a）一般地，局长可以征求、接受、并考虑来自联邦公众或非联邦公众，或私人机构、组织、个人或其他实体，为了科学研究，使用国家公园系统的任何单体资源的要求。

（b）标准。根据第（a）款要求使用国家公园系统的任何单个国家公园资源的请求，只有在以下情况下才能获得批准。如果局长认为：

（1）研究符合适用的法律和国家公园管理局的管理政策。

（2）研究的开展不会对公园资源或基于公园资源的公众娱乐产生威胁。

（c）费用豁免。局长可以免除任何公园入场费或娱乐使用费，以方便科学研究的开展。

（d）谈判。局长可以与研究团队和私营企业就公平、有效的利益分享安排进行谈判。

六、将研究结果整合到管理决策中

局长应采取必要的措施，以确保将科学研究成果充分和适当地应用于公园管理决策。

在国家公园管理局采取的行动可能对公园资源造成重大不利影响的任何情况下，行政记录应反映该公园的资源研究曾经考虑过该不利情况。国家公园系统资源状况的变化趋势应成为国家公园系统各个国家公园管理者年度绩效评估的一个重要因素。

七、信息的保密性

涉及到国家公园系统资源的自然和具体位置的信息，如濒危的、受到威胁的、稀有的或有商业价值的信息、每个国家公园内的矿物或古生物物体信息、国家公园内部的文化遗产实物信息等，可能不会让公众知道。除非以下情况：

（1）信息的披露有助于实现国家公园管理的目的，并不会造成资源或物体的损害、盗窃或破坏等不合理风险。

（2）信息披露与保护资源或对象的其他适用法律相一致。

资料来源：根据美国《国家公园综合管理法》整理。

第五章

国家公园的环境教育

学习目的

　　环境教育是国家公园的一项重要功能，是保障国家公园建设与管理的重要方式。本章了解国家公园开展环境教育，环境教育解说的方式、方法，了解国内外开展环境教育的状况。

主要内容

- 国家公园环境教育的目的
- 国家公园环境教育系统
- 典型国家公园环境教育的主要做法
- 国家公园环境教育解说系统
- 中国国家公园环境教育体系构建

第一节　国家公园环境教育的目的

一、环境教育的概念

自 20 世纪 60 年代起，环境教育逐渐受到国际社会和各国的重视，但人们关于环境教育科学内涵的认识和理解并未达成共识。

1970 年，国际自然保护联盟在美国内华达会议上明确规定："环境教育是建立价值观与概念认知的过程，是为了培养人们理解并欣赏人与人、人与文化、人与环境之间的内在联系的能力和态度。"

1972 年，斯德哥尔摩人类环境会议指明了环境教育的跨学生性质，并认识到环境教育对青少年和成人的重要作用，将环境教育定义为："进一步认识和关心经济、社会和政治的生态在城乡地区的相互依赖性，为每一个人提供机会和获取保护，促进环境的知识和价值观、态度、责任感、技能，创造个人、群体和整个社会环境行为的新模式。"

1977 年，第比利斯政府环境教育大会将环境教育定义为："环境教育是一门属于教育范畴的跨学科课程，其目的直接指向问题的解决和当地环境现实，它涉及普通的和专业的、校内的和校外的所有形式的教育过程。"

20 世纪 80 年代初，美国《环境教育法》规定：所谓环境教育是这样一种教育过程，它要使学生就环绕人类周围的自然环境与人为环境同人类的关系认识人口、污染、资源的枯竭、自然保护以及运输、技术、城乡的开发计划等对于人类环境有着怎样的关系和影响。

中国学者徐辉和祝怀新从环境概念入手，给出了环境教育的定义：环境教育是以跨学科活动为特征，以唤起受教育者的环境意识，使他们理解人类与环境的相互关系，发展解决环境问题的技能，树立正确环境价值观与态度的一门教育科学。

从以上表述可知，环境教育并不是单独的专业教育，而是一个综合性的学科，是综合教育，涉及自然科学、社会科学及其相关的各个领域。关于环境教育的概念不是绝对的，人们对环境及环境问题的认识与理解处于一个不断深化的过程。环境教育的内涵确定也是一个日臻完善的过程。

从广义看，环境教育是一种引导人们正确理解人与环境之间的关系，了解环境问题，掌握环境基础知识，进而培养人们自觉的环境意识及解决环境问题的能力，形成正确的环境价值观的教育过程。从狭义看，环境教育是环境教育主体对客体进行教育，其内容以环境知识和技能等为主，旨在帮助受教育者养成与环境相关的意识、技能、心理与素质。

国家公园进行环境教育，环境教育的主体主要是国家公园管理局、专业教师和解说人员，环境教育的对象主要是进入国家公园的游客、学生等公众群体。

二、国家公园环境教育的主要目的

国家公园对公众实施环境教育，其目的主要表现为以下方面。

（一）增加公民的环境认知

国家公园作为自然环境最优美、自然生态最富集的区域。公民以游客的身份到国家公园休闲、度假、游憩。国家公园向游客宣传自然生态与文化知识，提高其环境认知，其具有环境教育资源上的便利性、教育对象上的广泛性，是对公民进行环境教育的绝佳场所。美国国家公园被称为"美国最大的户外教室"，是提升美国公民环境认知的主要场所。

（二）唤起游客的环保意识，减少不当行为

国家公园在为游客提供游憩体验机会的同时，游客的大幅增加会对国家公园的植被、水体环境、物种等生态环境造成威胁。而游客由于环保知识的欠缺，其行为也可能对国家公园的生态环境造成严重伤害。因此，国家公园需要对游客实施环境教育，向游客传递环境保护相关知识，宣传国家环境法律法规和公园管理制度，唤起游客对生态环境的保护意识，减少游客不当行为的发生。

（三）缓解社区冲突

国家公园不合理的保护管理政策可能引发社区冲突。过于苛刻的保护政策影响社区居民生计、过度的旅游开发侵扰社区居民生活等（高燕等，2017）。针对社区冲突，国家公园开展了相关教育项目以增进社区居民对国家公园的认识，促进社区居民与国家公园管理者之间的沟通协商，保障社区

居民权利。

(四) 提供国家公园的文化及教育服务

在保护典型性、代表性的自然与人文景观的同时，向公众提供亲近自然、游憩、教育等社会福利，体现了国家公园的公益性。因此，向公众提供国家公园文化及教育服务是国家公园的重要功能，对公众的国民自豪感提升有重要意义。公众通过接受国家公园文化和环境方面的知识教育，提高对国家公园生态价值的认知，有助于提高游憩体验质量。国家公园实行相关教育项目，以传播国家公园的自然与人文知识，完善科研、教育等文化服务，也更有利于其生态价值转化为社会价值和生态价值。

(五) 防范旅游伤害

国家公园具有一定的荒野性，游憩活动具有一定的风险。一些游憩活动需要具有一定的专业知识，如皮划艇、游泳、攀岩等，需要游客具有一定的知识技能和安全保护知识。一些游客由于缺少必要的保护知识和保护意识，在游憩活动中受到伤害。因此，对游客开展园区游览安全方面的环境教育，有助于提高游客防范风险的意识和能力，减少受伤害的可能性。

三、国家公园环境教育的内容

根据人们对环境教育的理解与认识，环境教育的内容较为广泛，包括环境科学知识、环境法律法规知识、环境道德伦理知识和环境保护技能等。

(一) 环境科学知识

自然环境的保护和合理利用以及保持生态平衡等方面知识的教育和相关技能的培养，着重于认识环境和培养解决环境问题的技能。通过教育，培养人类正确地认识自然、保护自然。知道什么是环境和环境问题，了解关于环境和环境问题的科学基础知识，如自然环境是由水、空气、土壤、岩石、动植物等要素组成。

(二) 环境法治知识

环境法律法规约定人们对环境应该做什么，不应该做什么。日常生活中，相当一部分人缺乏环境法律法规知识，有意或无意造成对自然环境的破坏。通过宣传和普及环境法规，使人们具有环境法律意识，从而规范和约束自己的行为，避免对自然环境的破坏行为。

（三）环境伦理知识

环境伦理是调整人与自然之间关系的道德规范，其核心是关于人类尊重、爱护与保护自然环境的伦理道德。通过环境伦理知识的教育，使人们建立起与环境保护相适应的评判人类行为、意识的生态道德标准，明确人类对自然、对环境应负有的伦理道德责任。

（四）游憩活动技能

国家公园一些游憩活动的开展需要具备一定的专业知识和专业技能，如林中滑雪、滑冰、水中快艇冲浪、山体攀岩等。游客的不当行为和必要专业知识的缺乏可能会给游客带来安全风险。因此，国家公园需要对游客进行相关知识和技能的教育与培训。

（五）环境安全知识

游客处于森林自然环境中，具有一定的危险性。国家公园需要对游客进行环境安全知识教育，具体包括森林火灾、山体滑坡、山体泥石流等自然灾害类；食物中毒、生病等疾病类；凶猛动物、有毒植物、森林病虫等生物类；交通事故与走失迷路等。通过环境安全知识教育，让游客了解安全风险的类型、发生原因以及掌握恰当的应对措施等。

第二节　国家公园环境教育系统

一、国家公园环境教育系统构成

国家公园环境教育是一个系统工程，参与环境教育的行动主体包括管理者、教育者、受教育者和其他参与者。

（一）管理者

环境教育管理者是国家公园经济资本和社会资本的主要代表，通过完善的法规和管理体系从总体层面决定国家公园中环境教育多方行动者的行为，控制、监督环境教育的演进方向。以美国为例，美国国家公园管理局下设解说教育和志愿者部门，负责管理环境教育相关事务，同时受到国家环境保护署的监督。因此，美国国家公园环境教育管理者包括国家环境保护署下设部门的工作人员和国家公园管理局下设部门的工作人员。各工作人员具有不同的职责分工，具体如表5-1所示。

表5-1 美国国家公园环境教育管理者构成

类别	职能部门	成员	主要职责
国家环境保护署下设部门	环境教育办公室	环境保护署直属行政工作人员	负责地方各类环境教育项目及活动的拨款工作，向各种教育项目、培训计划、研讨会提供资金支持，管理并监督各层面环境教育法的实施，建立非营利性基金以提升组织间的交流合作
	国家环境教育咨询委员会	来自社会各界的环境教育与培训专家	定期向国会报告环境教育实施情况，行使监督职能并提出相关建议
	联邦环境教育工作委员会	国家教育部、卫生部等各相关部门代表	与国家环境保护署配合，协调美国环境教育、培训、相关项目之间的关系等
国家公园管理局下设部门	解说教育和志愿者部门	首席解说官、专职解说员、解说护林员（全职或兼职）、学者、志愿者	指导包括国家公园在内的国家历史保护计划；管理青少年、教师的环境教育项目；与非政府组织、原住民、政府、志愿者保持合作，保护文化资源
	哈珀斯·费里规划中心	国家公园管理局职员、规划人员、外聘的历史学专家等	提供公园内各种解说和游客体验等综合管理规划，提供全方位的媒体解说发展规划与援助，建立解说与教育项目的评估和维护标准，培训、指导工作人员管理或使用解说与教育项目

（二）环境教育者

环境教育者是国家公园环境教育的具体实施者，负责环境教育知识的传授与传播，主要由专业教师和解说人员承担。作为环境教育系统的重要构成，教育者的专业水平至关重要。美国国家公园设有专业的环境教育教师，并对从事环境教育的教师设立了6个任职标准：通晓环境教育的目的并拥有基本的环境教育专业水平；具备为学生提供高质量体验经历的教育心理学专业背景；能够运用不同教学技术展开环境教育活动；建立全方位的学生教育评估体系；具备及时收集环境科学资料的能力；保证专业发展的可持续性。

美国国家公园的环境解说队伍主要包括长期性解说员和季节性解说员。国家公园管理局根据专项解说开发项目，搭建了线上远程环境教育项目和解说活动认证系统，对解说人员和教师进行技术培训和专业测验。长期性和季节性两类解说人员均需完成解说项目平台认证和达到国家公园管理局对环境解说的标准，才能够为游客和学生提供解说。教育者作为文化资本的主要代表和行动者，是各级管理者着力建设的对象，对其规范要求影响着环境教育系统的良性循环。

（三）受教育者

国家公园环境教育中的受教育者主要是游客和学生。美国国家公园充分利用国家公园的生态资源和现代科技手段，为不同类型的游客和不同年龄段的学生设计了类型多样的室内课程学习、室外田野考察、游憩活动和游戏等教育方式，确保环境教育的效果。针对不同年龄段的学生，美国国家公园所开发的课程内容丰富、形式多样（见图5-1）。

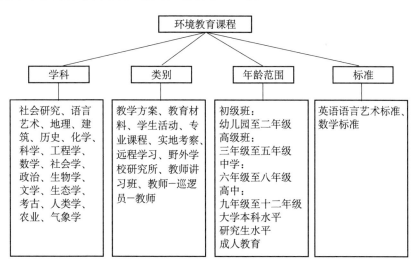

图5-1　美国环境教育课程体系

（四）其他参与者

除了专业的环境教育者之外，国家公园还应该广泛吸收环境教育志愿者和实习人员参与国家公园环境教育。志愿者与高校实习人员参与国家公园的环境教育具有多重价值：一是志愿者和高校实习人员本身就代表着公众，有接受环境教育的权利。通过作为志愿者和实习人员参与国家公园的环境教育，有助于提升他们的环境意识和环境保护能力。二是他们的参与能够影响公众更好地保护自然和文化资源、参与环境教育项目，成为环境教育的积极引导者。三是国家公园吸纳志愿者和实习人员参与到环境教育中，能够节约国家公园的人力资源成本。美国1969年颁布《公园志愿者法》，规定国家公园有使用义工服务的权利。美国国家公园管理局为15~30岁的年轻人和35岁以下的退伍军人提供了参与其中的实习工作机会。美国国家公园通过开展多样化的志愿活动（见表5-2）和实习工作（见表5-3），激发公众保护国家自然和文化资源的意识，促进环境教育机制的协调发展。

表5-2 美国国家公园环境教育相关志愿活动

活动	主要内容
社区志愿大使计划	60名社区志愿者分别在全国的国家公园度过一年时间，工作将集中于协调服务国家志愿周、国家公共土地日等活动的开展，分享相关志愿机会的信息
少年护林员计划	5~13岁青少年通过一系列环境教育活动探索国家公园，获得官方认证徽章，从而帮助保护国家的自然和文化资源
"山径与轨迹"计划	志愿者作为导游向乘客解释经过地区的历史和自然资源
公民科学项目	由具有一定基础的科学爱好者参与科学研究，包括生物多样性、环境变化、文化遗产三大主题

表5-3 美国国家公园环境教育相关的实习工作

活动	实习人员兴趣领域	适用对象
青年保护团计划	保护工作项目和环境教育计划	15~18岁学生
21世纪保护服务队	保护工作以及教育和培训	16~30岁青年人、35岁以下的退伍军人
全国保护教育委员会	历史保护、考古学、档案管理	本科生、研究生以及35岁以下的退伍军人

续表

活动	实习人员兴趣领域	适用对象
祖先土地保护队	历史保护、传统农业、解说、步道建设	高中或以上的美洲原住民青年
科学多样性实习计划	基于现场和办公室的实习，重点是公园资源管理和解说与教育项目	18~35岁的本科生或研究生
未来公园领导者计划	与自然和文化资源管理、解说和教育相关的管理工作	研究生或高年级本科生

二、国家公园环境教育的主要方式

国家公园对公众开展环境教育，教育方式具有灵活性和多样性。从当前国外典型国家公园开展的环境教育来看，其教育方式主要有以下类型。

（一）针对不同学龄人群开展系统性课程学习

国家公园根据不同学龄人群的年龄特点，针对性地设计环境教育课程，对学生开展系统性环境教育。美国国家公园在这方面做得较好。如美国大烟雾山国家公园地跨田纳西州和北卡罗来纳州，其在设置学习课程时考虑到两州州立课程标准不同，设计了不同的环境课程。与此同时，针对小学、初中、高中（K–12年级）分年级分主题设计环境学习课程。

（二）以活动、游戏为主的田野学习

主要是利用国家公园的田野资源，开发设计娱乐性游憩活动项目和游戏活动项目，将环境知识融入到游憩活动项目和游戏活动项目中。到国家公园旅游的一般游客和开展研学的学龄人群通过参与游憩活动、游戏活动，在娱乐中受到环境教育。

（三）与学校合作建立室外工作坊

国家公园与当地学校合作，在国家公园建立学校课程工作坊，将学校的部分课堂学习搬到国家公园内，使学生在学习专业知识的同时，欣赏国家公园的生态美景、了解国家公园的生态知识，从而增加学生保护国家公园生态的意识和责任。

（四）自愿护林员项目

国家公园开发自愿护林员项目，公开征集公众护林员。公众通过参与护林员项目，获得相对长时间接触、了解和保护国家公园生态的机会。通过征集过程的宣传、护林过程的宣传等，引起公众关注，通过外溢效应，达到对公众进行环境教育的目的。

（五）环境解说

环境解说是国家公园进行环境教育的重要方式。解说并非简单的信息传递，它是通过真实的事物、亲身体验以及媒体展示来揭示事物内在意义与相互联系的教育活动。1996年，美国国家公园管理局认为解说是将游客的自身认知与公园固有资源进行有意义联系的美妙结合。2006年，美国国家解说协会认为解说是在游客兴趣和资源内在意义之间，提供游客情感和智力连接的一种交流过程。

第三节 国家公园环境教育实践

一、美国国家公园环境教育实践

美国国家公园将环境教育确定为国家公园的重要功能，环境教育体系建设历经百余年实践，积累了丰富的管理经验，值得实习与借鉴。

（一）美国国家公园环境教育体系构成

1. 完善和系统的管理机制。首先，美国国家公园环境教育工作具有层级分明的管理机构。环境教育工作在内政部授权下由国家公园管理局统一管理，由其下设的7个内部运营类事务部之一的解说、教育和志愿者局具体负责，其下5个部门分工明确、各司其职。该局除了受到其直接上级运营办公室的管理之外，还需要接受主管整个国家环境教育工作的国家环境保护署（EPA）的评估与监管（见图5-2）。

其次，部门间协同合作。负责环境教育工作的解说、教育和志愿者局与同级的6个事务运营部门协同合作开展环境教育服务。除了政府管理部门提供政策和资金支持外，其他相关组织（如科研院所、环保组织或协会、特许经营商、专业组织、志愿团体等）也提供管理、科研、项目、资金和人力方

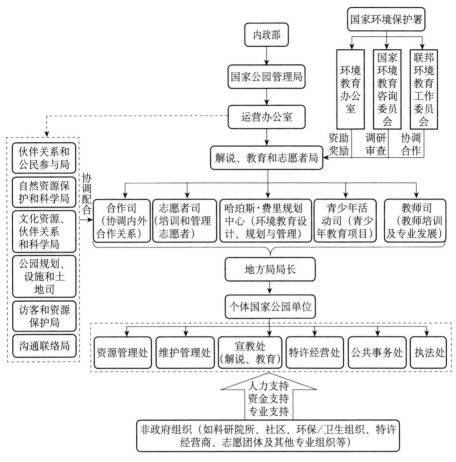

图 5 - 2　美国国家公园环境教育管理组织架构

面的大力支持，形成了全社会共同协作参与国家公园环境教育工作的良好氛围。

2. 统一规范的规划体系和成熟完备的规划流程。美国国家公园环境教育工作有专门的规划公司负责，有统一规范的规划标准和流程并适时进行动态调整（见图 5 - 3），确保该项工作的高质量标准和良好的实施效果。哈珀斯·费里规划中心全权负责美国国家公园环境教育和解说项目的设计、规划和管理工作。该中心联合具有多学科背景的专业人士共同合作开展工作，依据丹佛规划设计中心为各国家公园制订的基础性文件，同时参照总体管理规划和战略规划制订详细的环境教育方案，包括教育内容和形式、教育对象、教育人员和设施配套等，且每隔 6 个月至 1 年开展前、中、后期的项目评估，以便及时发现问题并进行调整。

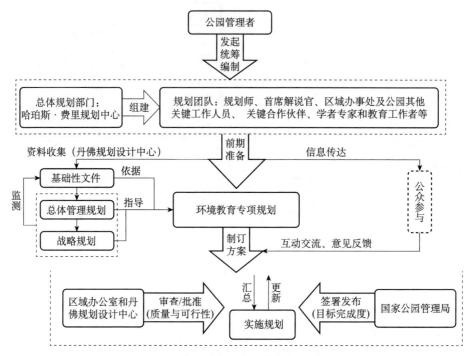

图 5 - 3　美国国家公园环境教育规划流程

　　涉及各类专项资源保护、管理和科研方面的基础资料与教育解说内容，由国家公园管理局下设的内部运营类事务部之一的文化资源、伙伴关系和科学局及其下属各专类资源司（如考古司、历史建筑和文化景观司、历史司、博物馆管理计划司等）提供，以确保教育内容的专业性和准确性。此外，环境教育设施规划则要与丹佛规划设计中心、建筑和工程公司以及公园相关部门等合作实施。整个国家公园的环境教育规划和实施效果、存在问题等报告性文件提交至国家环境保护署的相关部门，由其咨询委员会对环境教育工作进行评估并提出改进建议。

　　3. 针对不同受众群体的丰富多样的环境教育课程和教育活动。美国国家公园紧密结合公园资源特色及其所蕴含的自然生态和历史文化知识、资源保护与管理措施、科研实践工作及成果等，根据不同受众群体的认知水平和需求特点有针对性地设置丰富多样的环境教育内容和形式，包括线上（在线多媒体图文及视频等资源、依需求定制的远程教育内容和依据各州教育标准设计的线上教室）和线下（针对教师等不同群体所进行的专业培训和科研活动、公园考察与户外体验、纪念日和节庆游行等外展活动）等多种形式，真正做到为每一位游客提供可理解、有价值的环境教育服务。

美国国家公园结合不同群体的需求和认知特点开展有针对性的环境教育活动，针对从 K－12 年级到大学生群体所开展的环境教育内容和形式有所不同（见图5－4）：幼儿园及小学生侧重基本感知和认知内容，初中生侧重于探索验证和探究问题的解决途径等，而高中生、大学生则侧重于科研探究和科研方法及技术手段的学习。

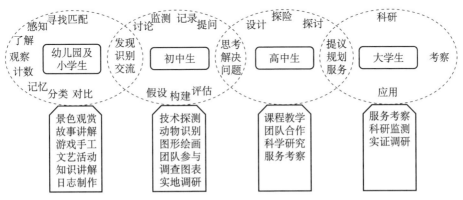

图5－4 美国国家公园针对不同年级学生群体开展的环境教育

此外，国家公园针对教师设置了"教师游侠项目"，鼓励其利用寒暑假申请到公园做临时护林员，参与公园实际工作，了解公园资源特色和管理工作以及科研进展和流程，或志愿参与公园环境教育项目规划设计和课程制作以及教学研讨等，并将获得的第一手资料和素材运用到学校课堂教学中；针对科研人员和科研爱好者，会邀请其深入调研并参加公园的科研或数据采集工作，既为公园提供了专业支持，又获得了环境教育知识；针对社区居民开展外展活动，即召集专家学者、志愿者和公园护林员深入到周边社区开展游行、节庆、纪念活动、科普宣传讲座等活动；针对普通访客开展一系列简单、短时的户外露营、探险、艺术表演、徒步和远足等体验项目，期间开展知识讲解、环保宣传，以达到环境教育的目的。

4. 完备健全的法律保障体系。美国国家公园环境教育工作因有完善的法律法规作为保障，确保了其工作的顺利开展并取得较好的成效。美国是最早通过立法形式规范、指导、监督和评估环境教育发展的国家，不仅有专门针对环境教育的《国家环境教育法》，还设立了基本联邦教育法及其他保障环境教育服务开展的相关法律，形成了完备健全的网络化法律体系，为其国家公园环境教育实践提供了坚实的法律保障。1970 年美国颁布了世界上第一部较为完善的《环境教育法》，规定在全国范围内开展环境教育，明确界定了环境教育的概念，确定了完善的组织架构和资助计划以及联邦教育拨款等。1990 年美国颁布的《国家环境教育法》从管理体系、融资机制和激励措施 3 个方面进行了更加系统、详细和明确的规定。此外，联邦基本法中的《不让一个孩子掉队法》（2001）、《不留一个孩子在室内法》（2008）和《每个学生成功法》（2015），与国家专门法《国家环境教育法》形成良性互动关系，丰富了环境教育的内容，也使得环境教育资金来源更加广泛。同时，相关法律如《紧急规划与社区知情权法》和《公园志愿者法》充分发挥了公民环境教育知情权的功能，丰富了公众参与公园环境教育的途径。多项法律形成良性配合，共同保障了美国国家公园环境教育工作的顺利开展。

5. 健全的人才队伍和规范的人才培训。人才队伍是国家公园环境教育体系运行的基础。如何培养员工的环境教育意识和相关技能，打造环境教育相关的人才梯队，决定着环境教育的可持续发展。美国国家公园环境教育的实施主要依赖公园巡护员（parkranger）。他们的职责非常广泛，从公园巡护、执法、救助，到为游客答疑解惑、提供解说服务。为了培养健全的人才队伍，美国国家公园管理局依据 1995 年所制订并不断完善的《员工培训和发展策略》，将公园巡护员的工作范围划分为 16 项职业领域，涉及 225 项必要的能力，并依据公园巡护员的工作内容规定了所有工作人员应该具备和掌握的通用基础知识、技能与能力。同时，国家公园管理局依据每个领域的不同知识和能力层级的划分，为公园巡护员制订了合理的晋升渠道，并成立专门的培训和监督机构，定期对公园员工进行完善的专业技能的培养，制订出完善的筛选、审核、培养、评估流程，从而构建了健全的人才队伍培养模式（见图 5-5）。

为了更好地开展环境教育活动，培养环境教育方面的人才，美国国家公园管理局下设的志愿者部门与高校、志愿者组织、环保组织、各领域专家、企业协会、社区居民等群体协同合作，构建了连接社会的沟通和培养网络。社会各界人员通过志愿者部门参与到国家公园的运营中，招收的志愿者在接受严格的选拔和系统的专业能力培训后才可以正式参与环境教育的相关工作。另外，联邦政府和国家公园会采取表扬、奖章、资金奖励、优待政策等

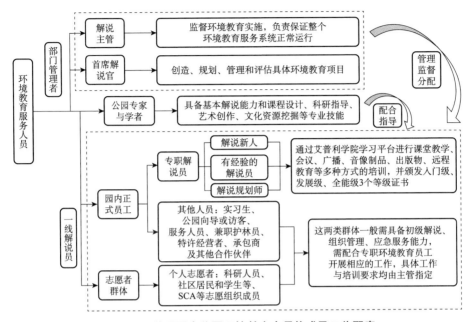

图5-5　美国国家公园环境教育人员构成及工作职责

措施以激励更多的民众或社会团体参与到环境教育中，进一步扩大国家公园环境教育人才队伍，形成了以公园员工为主，合作伙伴以及志愿者团体为辅的人才队伍体系。

（二）美国国家公园环境教育体系的特征

美国国家公园环境教育体系的特征可归纳为国家性、公益性和科学性。

1. 国家性。美国国家公园建立的理念、国家公园的命名、后期的管理及体系设置，无一不体现了国家主导和国家意识，这种意识也明显体现在国家公园所开展的环境教育工作中。因此，美国国家公园环境教育体系不仅体现了国家认同和文化自信，还体现在全民参与以及文化输出等方面。首先，国家公园环境教育作为强化国家认同和文化自信的重要方式，不仅培养了美国民众的国家观念，而且极大增强了他们的自豪感和凝聚力，一定程度上代表了美国的形象与文化。其次，美国国家公园环境教育已被列入美国正式的教育体系。国家公园作为美国教育体系开展环境教育的重要载体，承担着吸引美国下一代及当代关注自然环境并参与到保护环境的事业中，以达成国家公园环境资源世代共享的重要责任。

2. 公益性。美国国家公园的设立强调"全民共享""为公众利益而设"，而国家公园环境教育的实施本身便是这种公益性质的具体体现。

首先,国家公园所开展的环境教育是面向美国全体公众。管理局设立专门的规划机构,建立完善的环境教育设计、规划、实施流程,运用文字、语音、图片、视频和导游讲解等方式为游客提供接受教育的机会,满足全民共享的条件。

其次,管理局与美国国内的高校、企业、环保组织或协会、个人等进行广泛合作,搭建志愿者服务体系,并且在环境教育的规划、管理、运行和志愿者服务等方面均实现了广泛的公众参与,确保了大部分公众的权益,使更多的人加入并受益于国家公园环境教育。此外,为了满足公众接受环境教育的需求,管理局还在其官网上设立了自然、人文、儿童、教育工作者四大模块,免费为公众提供公园内所开展的各种教育活动信息。例如,美国国家公园长期开展的"每个孩子都在户外活动",允许美国四年级学生和家庭成员免费参与国家公园环境教育活动,帮助每个儿童前往户外了解公园内野生动植物知识,建立与自然环境的联系。

3. 科学性。美国国家公园环境教育体系具有科学性,且它的科学性是经过实践检验的。美国依托国家公园开展环境教育至今已有百余年,随着世界环境的变化以及美国社会的发展不断改进完善这一体系。美国构建的国家公园环境教育体系,其所设计的内容丰富、形式多样的环境教育项目,受到美国民众以及世界各国欢迎。此外,美国国家公园管理系统聘用了大量的科学家,与多个高校、科研机构开展合作,围绕着国家公园环境教育的内容设计、规划、管理、监督与评估等方面进行研究,为公园各层级的决策者提供决策依据。同时,国家公园管理系统还成立了专门的规划机构负责国家公园的环境教育工作,制定了一套成熟完备的规划标准和流程,使其能在紧密结合公园资源特色和科研成果的基础上,针对不同群众的认知水平和需求特点有针对性地设计教育项目。

二、欧洲国家公园环境教育实践

欧洲国家公园环境教育的目的主要包括争取保护支持、缓解社区冲突、提供文化及教育服务和防范旅游伤害,多样化的教育媒介使用、针对性的教育设计及良好的教育合作。

欧洲国家公园经过长期发展,形成完善的环境教育体系。巴伐利亚森林国家公园（National park Bayerischer Wald）是德国第一个国家公园，在环境教育方面尤为突出，被联合国教科文组织授予了环境教育质量体系认证，并作为联合国可持续发展教育（ESD）未来十年中的重要主题的组成部分和标准。它与邻近的捷克共和国的舒马瓦国家公园（Šumava National Park）一起构成了中欧最大的连续森林保护区，占地面积242.5平方公里，区域中有两大国家公园中心、森林历史博物馆、青年"森林之家"等教育配套设施。欧洲环境教育体系具有三个显著特点。

（一）成熟完善的设施体系

欧洲国家公园环境教育设施体系较为完善，包括硬件设施与软件设施。硬件设施包括科普展厅、野生动物观察设施、室外科教设施等，软件设施包括官方网站和相关应用程序（App）等。

科普展厅：通常位于游客服务中心内。配备完善的国家公园自然资源介绍，包括最具生态价值的珍稀物种、国家公园的自然地貌等；提供如观看纪录片、触摸体验以及游戏等多种寓教于乐的学习方式。交互式工具、视频与声音等元素的使用让教育内容对青少年更具有吸引力，但也会提高设施建设的成本。

野生动物观察设施：位于核心区域内。为了便于科研人员进行科学观测与研究，会建设一些野生动物观察设施，如鸟类观测站等。这类观察设施可供人们近距离地观察野生状态下的动物，是环境教育中不可或缺的一部分。

室外科教设施：包括交互设施、科教展板、解说牌等。在德国国家公园内，时常会在游客服务中心、交通枢纽等游客较为集中的场所设立交互设施与科教展板，让游客在无形中了解关于国家公园的信息。解说牌通常用于标注物种信息，最常见的是植物名称解说牌。

官方网站及相关应用程序：绝大多数德国国家公园都拥有成熟完善的官方网站，承担着公园介绍、教育宣传、游憩指导等功能。游客可在网站了解国家公园的全貌及其自然资源、可参与的环境教育活动等。随着科技发展，一些国家公园运用新兴媒体技术，推出了面向市场又可作为环境教育平台的应用程序。

（二）系统的活动计划

除了完备的设施外，欧洲国家公园环境教育还体现在系统的活动计划方面。国家公园被打造成一所"没有围墙的教室"，为每位公民打造从幼儿阶段到成人阶段系统的环境教育项目。如德国巴伐利亚国家公园开设了"国家公园学校"项目、"少年游侠"项目、"自愿生态年"项目，为区域内不同年龄的儿童、青少年、成人提供环境教育机会（参见本章知识拓展）。

欧洲国家公园还通过设立非营利性的公益奖项认证及行动计划，向民众宣传和普及国家公园相关知识，如专注可持续保护的欧盟认证（European Diploma）、专注生态系统网络构建的"Natura2000"奖等。

（三）丰富多彩的科教活动

绝大多数欧洲国家公园都具有成熟的宣传媒体与丰富多样的科教活动，这些科教活动成为人与自然的桥梁，将欧洲国家公园环境教育功能发挥得淋漓尽致。例如，法国克罗斯港国家公园的观鲸活动、德国海尼希公园的植物认知活动等。

相关科教活动可以分为四大类：动物认知、植物认知、环境认知和生存体验。

（1）动物认知：无论是在展馆内观摩动物模型，还是在森林中徒步寻找野生动物的踪迹，都可以让人们感受到自然的魅力，是最为人所熟知的环境教育方式。这些活动使青少年在了解动物习性的同时，对自然产生了浓厚的兴趣。

（2）植物认知：除了在专业人士的带领下在森林中徒步寻找珍稀植物，也包括多种多样的应季采摘体验，是较为宽泛的概念。这些活动让城市中长大的孩子们感受自然气息。

（3）环境认知：每年都有数千名学生利用国家公园提供的多种环境教育资源进行学习和交流。在国家公园中，学生可更直观地了解全球水循环和气候变化等当前环境问题，并提出观点进行交流。

（4）生存体验：这种方式可以教会孩子们如何在森林中自给自足，获得野外生存的技能，是最有意义的一类体验。

三、中国国家公园环境教育实践

自2015年中国出台建立国家公园体制试点方案以来，国家公园建设从试点逐渐转为正式建设。一些正式设立的国家公园从试点开始积极开展课堂教学、体验教育和科普宣传等多种形式的环境教育实践活动，形成了丰富的环境教育实践探索（见表5-4）。

表 5 - 4 中国部分国家公园开展的主要环境教育活动

试点公园	课程教学	体验教育	科普宣传
三江源	"村两委＋自然教育模式"课程计划，学校生态教育与自然教育课程（吉尕小学、曲麻莱县巴干乡寄宿学校、昂赛乡校园等）	"河小青"志愿者保护青海湖主题实践活动，自然日联合公益活动，2019 嘉塘自然观察节，共护三江源——大学生湿地使者行动（实地调研＋公众教育宣传）	线上：自然教育网络系列活动，"最美三江源"线上宣传活动，守护斑头雁网络直播活动；线下："走进三江源"主题宣传活动，生态环保教育课，节日主题宣传活动（如世界湿地日、国际生物多样性日、野生动物宣传月、爱鸟周、玉树州赛马节等）
大熊猫	熊猫文化进校园，熊猫西游自然美学创想课堂，大熊猫自然教育课程（包括进化史、种群区别、食性选择、取食策略、主食竹种类和分布、伤病救助和保护等内容）	熊猫乐跑、灯会、研学之旅，科考体验活动，"熊猫课堂"样线巡护，"秦岭四宝"自然教育活动，幸福学田俱乐部劳动课程（户外劳动）等"校地共建"系列活动	线上："熊猫课堂"线上宣传活动，大熊猫国家公园建设成果展；线下：植物讲解、园外昆虫识别、观鸟等科普宣传活动，"熊猫课堂"主题宣传活动
武夷山	"生物多样性基础知识"培训班以及"关注森林·探秘武夷"生态主题科考活动和自然教育实训活动	香港青年武夷山生物多样性保育实习计划，自然教育免费公益课（野外考察），"爱鸟周"志愿活动，观鸟公益课（户外体验）	线上：媒体宣教节目，《绿之恋》等影视作品，科普宣传报道 400 余篇；线下：科普和自然教育类讲座，"野生动植物日"和"科技活动周"主题宣传活动，向全市中小学发放科普课本《走进武夷山国家公园》

资料来源：张琳，等. 美国国家公园环境教育成功经验及其对我国的启示［J］. 世界林业研究，2021，34（5）.

　　然而，由于中国国家公园建设时间短，中国国家公园环境教育实践还存在以下问题。

　　第一，中国国家公园环境教育项目设计缺乏统一规范的规划体系，尚未形成从资源调研到方案制定、修正、项目执行以及效果评估等一系列规划流程的实施准则和评估标准，导致环境教育项目分散。

第二，中国现有国家公园环境教育项目多以课堂教学和科普宣传形式为主，缺乏成体系的针对不同需求和认知特点群体的环境教育内容和多样化的教育形式。

第三，中国国家公园在环境教育项目设计时，缺乏与学校的合作，不能与学校的环境教育体系融合，同时，缺少趣味性强的互动体验类教育项目。

第四节　国家公园环境解说

一、环境解说的概念

环境解说（environmental interpretation）概念的提出是伴随着环境教育的产生而产生的。20世纪50～60年代随着科学技术和工业化进程的突飞猛进，全球环境问题日益突出，很多学者认为国家公园解说服务不仅仅为游客提供信息及介绍自然事物的名称，而应该在全球生态环境日益恶化的背景下，通过对自然事物及与人类关系的解说来达到一定的环境教育的目的，继而，解说以新名词"环境解说"的姿态出现。今天很多书籍、相关文献和政府工作报告中在表达环境保育的问题上将"解说"与"环境解说"两个概念互用。

国内有的学者将环境解说划分为广义和狭义两种概念。广义上，环境解说代表通常意义上的解说，其中"环境"的内涵指代自然环境和人文环境的大环境，环境解说即"解释人类在其生活环境中所占的地位，增加游客对人与环境两者关系的重要性认识"。狭义上，环境解说的目的就是对游客进行自然环境教育。作为国家公园，环境解说主要指对游客或来访者进行自然环境教育。

二、国家公园环境解说类型

环境解说类型一般根据解说所使用的媒介进行划分。解说媒介（Media）指将解说相关信息、主题传达给游客的方法、设施及工具。根据解说媒介不同，国家公园的环境解说可以分为人员解说和非人员解说两大类。

（一）人员解说

人员解说即解说人员直接向游客传达各种环境资源的信息。人员解说是最为常用的环境解说形式之一，被认为是最好、最有效的环境解说方式。

依照解说主题环境的不同，解说员可分为自然生态解说员、历史解说员、生物解说员、地质解说员四种类型。自然生态解说员主要针对国家公园的自然生态构成、特征、演变等知识进行解说；历史解说员主要针对国家公园的发展历史、文化、社会等知识进行解说；生物解说员主要针对国家公园的动物、植物、微生物等知识进行解说；地质解说员主要针对国家公园的地质构造等知识进行解说。

依照解说员在国家公园中的角色，解说员可分为正式解说员和非正式解说员。正式解说员主要是国家公园正式员工，负责国家公园环境解说工作。非正式解说员不是国家公园的正式员工，但出于社会责任、爱好和对专业知识的拥有，被国家公园聘为兼职解说员，如高校和科研机构的专家学者、社会环境爱好者、社会志愿者或者高校实习生。

依据解说的方式及活动地点，国家公园的解说员可分为咨询服务员、带队解说员、据点解说员、现场表演员等。咨询服务员是在国家公园特定地点如游客中心、景区入口、园区重要节点等提供必要性解说或咨询服务。带队解说员在国家公园的观光交通车上或依据设计好的游览路线对全体游客进行解说服务，也可提供专题解说服务。据点解说员是针对国家公园某个特定景点、具有特殊意义的景观小品、某个主题游憩区等，为游客提供解说。现场表演员是一种辅助的人员解说方式，现场表演员以国家公园的生态环境为舞台，以国家公园发生的真实事件或故事等为背景运用肢体语言对国家公园举办的特定主题活动，如植树节、环境日、地球日等的活动进行解说，达到环境教育的目的。

解说员主要通过两个途径影响游客：恰当行为的榜样示范作用；解说过程中起到的教育作用。解说员通过行为示范给游客展现哪些是恰当的环境行为。有关研究发现，在旅行中解说员与其他成员相比对游客更具影响力。

（二）非人员解说

随着科技水平的不断提高及游客需求的日益多元化，非人员解说的形式及内容越来越多样化，主要有解说出版品、解说牌示、自导式步道、游客中心等。

（1）解说出版品：包括解说印刷品如书籍、卡片、纪念明信片、解说折页等纸质材料，还包括音频、视频如录音带、影片等可出版的解说材料。音频、视频等解说材料在景区中具有很好的解说效果，如《天风海涛·鼓浪屿》的视频宣传片让游客很容易解读鼓浪屿深厚的历史文化内涵。

（2）解说牌示：解说牌示由于使用材料广泛、比其他解说媒介便宜、便于游客使用，当前被旅游地广泛使用。解说牌示要依据被解说资源的特点进行设计。国家公园的游客多为深度的游憩行为，国家公园的生态资源、生态系统、生态价值等具有独特性，国家公园的解说牌示的内容、设置方式等不同于一般城市公园、游乐公园，要突出国家公园生态系统的特色、生态价值的特色。同时国家公园因面积广阔，应设置各种解说牌示，以方便游客进行自导式的游园。

（3）自导式步道：步道线指通过步行以获得游憩体验的道路，自导式步道是指通过在步道设置各种自导型解说服务设施来增进游客与大自然的接近、减少游客对步道生态环境的冲击或满足游客对步道主题的解读。

（4）游客中心：游客中心是一种在室内进行的解说系统媒介，是解说活动的核心。其解说方式具有概览式和虚拟式的特点，解说信息容量大、较为直观，可给游客提供多种类型的解说服务，如解说牌示、展示、剧场、人员解说、视听媒体等。

第五节　中国国家公园环境教育建设

中国国家公园管理的法律体系、管理制度都还在完善优化中，国家公园环境教育体系还未建立。借鉴国外国家公园环境教育系统建立的成功经验，对我国国家公园环境教育体系建设提出如下建议。

一、建立完备的法律保障体系

我国自 2015 年提出《建立国家公园体制试点方案》以来，各试点国家公园针对国家公园生态保护和科研教育、特许经营、访客管理以及财务管理等方面相继制订了各自的管理条例、管理办法和规定，却很少涉及环境教育方面的规定和实施细则。而国家公园环境教育相关的现行法律，如《自然保护区条例》《风景名胜区条例》中也仅提到要进行环境教育，对具体工作缺乏进一步的阐述。《建立国家公园体制总体方案》也只是明确了环境教育在发挥国家公园全民公益性中的作用及未来方向，并未明确具体的目标和要求。现行法律效力较高的《环境保护法》《教育法》《森林法》和《草原法》等虽有部分内容涉及环境教育，但并非国家公园的环境教育基本法，难以对国家公园环境教育工作发挥系统性的指导作用。

因此，我国应通过立法来保障环境教育工作的顺利实施与普及。如从国家层面制订统一的《国家公园环境教育法》，对国家公园以及环境教育的内涵、管理制度、资金来源、奖惩措施以及各相关教育主体的权利和义务进行清晰的界定和阐述，以便更好地指导各个国家公园开展环境教育。

二、进一步理顺和完善环境教育管理机制

我国在国家公园建设中已经明确了环境教育的重要作用，但在环境教育方面缺乏科学统一的规划流程、实施准则和评估标准。因此，我国应在总结各试点国家公园环境教育成果的基础上，以国家为主导，秉持科学性和公益性原则，进一步理顺和完善国家公园环境教育管理机制。

（1）国家公园环境教育工作应体现国家主导性，可在国家公园管理局下设环境教育管理部门，全面负责国家公园的环境教育工作，统筹国家公园环境教育项目规划、设计、建设与管理的流程和准则，为各国家公园环境教育项目设计提供科学有效的参考依据。

（2）坚持公益性原则，成立志愿者部门，逐步建立和完善社会参与机制。该机制包括引导并加强与社会各群体的交流与合作，建立多样化的公众参与渠道，保障社会各群体都有机会参与国家公园环境教育项目的设立、建设、运行、管理和监督等环节。为确保国家公园环境教育的公共产品属性，环境教育项目应该免费或低价面向公众，以使更多人群受惠。

（3）秉持科学性原则，设立信息服务中心，对国家公园的环境教育项目进行科学、统一、规范的规划设计，并进行信息化管理，在网上公开信息，接受社会各界监督。此外，我国国家公园应重视基础科学研究，依托社会科研力量，将国家公园打造成为重要的科研基地，并推动相关研究成果向环境教育内容转化。

三、确保教育项目的专业化、多样化

环境教育课程与项目的设立很大程度上决定了文化资本在环境教育系统中的传递和再生产。美国国家公园与学校、教育机构等进行环境教育发展相关的合作，确保了课程体系的专业化程度。借鉴美国经验，在环境教育内容上，我国国家公园与学校开展合作，结合义务教育新课程标准，针对不同年级的学生对应的环境教育课程体系，融合多学科知识，在不同自然文化场景下开展针对性的项目活动。

在环境教育形式上，开展户外田野考察、自然学校、社会调研、知识讲座等。同时，依据学习者的受教育阶段与认知水平构建专业程度不同的、科学的环境教育课程体系；建立针对"学前儿童—小学—中学生—大学生—成人"的一系列知识架构，促进环境教育的系统发展。

四、注重教育者人才队伍的培养

我国国家公园建设中对教育主体的培养较为欠缺。解说人员（包括国家公园内部工作人员与旅行社带团导游）偏重介绍自然风光和讲解传说故事，缺少专业解说队伍对国家公园自然资源和历史文化进行深层次开发，也缺少专业教师队伍对国家公园环境教育项目与学校课程体系衔接进行研究。建议在环境与解说人员培训方面，制订环境教育培训计划，定期开展环境教育培训、国际研讨会，建立专项奖金和实习基金，激励教师和大学生的积极参与。国家公园应建立专业环境解说队伍，招募有生态学、遗产管理等相关专业背景的人员，实行统一的解说人员资格考试制度，增强国家公园环境教育与解说的基础力量。

五、构建多方主体的合作管理模式

国家公园环境教育涉及多方利益相关者的协调参与，需要建立一定的管理模式以优化环境教育机制的运行。国家公园应调动多方力量，将政府管理者主导下的非政府组织、社区居民、企业、志愿者等作为环境教育的共同行动者，构建国家公园环境教育系统化的合作管理模式。借鉴美国国家公园环境教育管理体制，建议在生态环境部下设环境教育司，与宣传教育司进行职能整合，统筹负责保护生态环境的宣传教育和部署全国环境教育发展总体规划工作。国家公园管理局下设专门的解说与环境教育职能部门，负责规划、运行、管理与监督等各项事务。建立专家委员会，对国家公园解说系统的规划、标识设计以及对环境教育实施过程提供科学指导。国家公园管理局启动社区援助计划，建立居民监督委员会，让居民参与到环境保护的决策与监督管理当中。通过志愿者计划和高校实习生计划，吸引社会志愿者和高校大学生参与国家公园的环境教育工作。

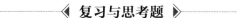

◀ **复习与思考题** ▶

1. 分析国家公园环境教育的目的主要有哪些？

2. 结合当前典型国家公园的环境教育实践，你认为环境教育的方式有哪些？

3. 你认为欧美国家环境教育成功的共同特点有哪些？

4. 国家公园环境教育解说主要有哪些方式？

5. 你认为中国国家公园环境教育建设要从哪些方面着手？

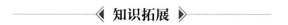

◀ **知识拓展** ▶

知 识 拓 展 **5-1**

美国约书亚树国家公园未成年人环境教育课程设计

一、约书亚树国家公园简介

约书亚树国家公园位于美国加利福尼亚州南部，因公园中分布着大量的约书亚树（短叶丝兰）而得名，公园总面积为 3 196.1 平方公里，比美国最小的州——罗得岛州（4 005 平方公里）略小。公园位于两大沙漠之间，东部为科罗拉多沙漠，西部为莫哈维沙漠，包含了两大生态系统。这里拥有各种各样的沙漠动植物，还拥有众多有趣的地貌类型，是观赏猎奇与科学探索为一体的好去处。

二、约书亚树国家公园环境教育课程简介

约书亚树国家公园沙漠研究所作为约书亚树国家公园协会的教育分支，专门为约书亚树国家公园提供科学、历史和艺术的室外环境教育课程设计。课程长度从一天到三天不等，于周末进行。这些课程是专门针对该公园区域开发的环境教育课程，一部分课程通过加州大学河滨分校提供可选大学学分。约书亚树国家公园的环境教育课程分为成年人环境教育和未成年人环境教育两种类型。针对未成年人的环境教育课程设计具体如下。

三、约书亚树国家公园未成年人环境教育课程设计

（一）环境教育课程的阶段划分

约书亚树国家公园未成年人环境教育分为两个阶段，初级阶段和中级阶段。初级阶段针对中学以前的学生，又分为幼儿园阶段，一、二年级阶段，三、四年级阶段，五、六年级阶段四个子阶段。中级阶段针对中学阶段的学生，又分为初中阶段和高中阶段两个子阶段。

每个阶段的课程包括课堂学习和实践学习两部分，与国家课标紧密对接，各具特色。课堂学习侧重于理论知识和背景知识，为学生的实践学习打下坚实基础，培养学生在实践过程中的问题思考能力和问题解决能力。实践学习侧重实地观察、探索与技能培养，通过训练和学习有效提高学生的观察能力、野外生存能力等技能。

（二）环境教育课程设计案例

约书亚树国家公园非常重视环境教育课程设计。表5-5是该公园为三、四年级学生设计的长达1小时的环境教育课程，课程主题是"沙漠系统——荒地还是仙境"。

表5-5　　　　　"沙漠系统——荒地还是仙境"课程设计

项目	内容
课程设计类型	自然和文化历史方面
课程主题	沙漠系统是一个复杂且内部各要素之间相互联系密切的生态系统。其中某一要素的改变都会影响到整个沙漠系统
课程目的	帮助学生了解沙漠是一个多种内部要素相互联系密切的生态系统

续表

项目	内容
课程设计类型	自然和文化历史方面
课程目标	1. 判断有关此沙漠的陈述的真假
	2. 至少列出构成这一沙漠系统的五种要素
	3. 解释这一沙漠系统内部各要素之间是如何相互联系的，并说出若改变其中某一要素会引起什么样的后果
	4. 解释人们误解中的沙漠和真实沙漠之间的不同
课程结构与内容	1. 介绍（5 分钟）
	2. 什么是沙漠：正确观点和错误观点（5 分钟）
	3. 构建模型来显示沙漠生态系统（25 分钟）
	4. 沙漠的流域（10 分钟）
	5. 构建模型并进行推论（10 分钟）
	6. 结论（5~10 分钟）

资料来源：节选自曹琰旎《美国约书亚树国家公园环境教育介绍》（2014），有删改。

知识拓展 5-2

德国巴伐利亚森林国家公园环境教育

一、巴伐利亚森林国家公园简介

巴伐利亚森林国家公园是德国第一个国家公园，建于 1970 年，位于东巴伐利亚，与捷克共和国接壤。该公园与捷克共和国舒马瓦国家公园一起构成中欧最大的连续森林保护区，占地面积 242.5 平方公里。公园一贯的理念是"Let nature be nature"，让大自然顺其自然，受保护的森林以自然的状态发展。园内有森林覆盖率高达 95% 的山脉，也有冰川湖泊，还有很多野生动物，为游客提供了 300 多公里步行道、近 200 公里自行车道和 80 公里滑雪道。

二、巴伐利亚森林国家公园环境教育

巴伐利亚森林国家公园在环境教育方面尤为突出，被联合国教科文组织授予了环境教育质量体系认证，并作为联合国可持续发展教育未来十年中的重要主题的组成部分和衡量标准。区域中有两大国家公园中心、森林历史博物馆、青年"森林之家"等教育配套设施。除了硬件设施外,更是通过一系列的活动计划,将国家公园打造成一所"没有围墙的教室"(见表5-6)。

表5-6 德国巴伐利亚森林国家公园行动计划

内容	"国家公园学校"计划	"少年游侠"计划	"自愿生态年"计划
年龄段	幼儿园、小学、初高中	11~18岁	16~26岁
运作机制	合作办学机制	开放式的商业运作	申请机制
内容形式	课程内容拓展	护林员角色扮演	环境教育机构的相关实习工作
组织机构认证联盟	巴伐利亚国家公园管理局	欧洲自然与国家公园	德国巴伐利亚环境部
发展意义	加强了国家公园和区域内学校的合作关系	加强了青少年的生态保护主人翁意识,促进了社区融合	促进了可持续发展教育

(一)"国家公园学校"计划

巴伐利亚森林国家公园2011年成立了"国家公园学校"项目,一直为来自弗赖永-格拉费瑙县(Freyung-Grafenau)和雷根(Regen)两个国家公园区的10多所学校提供独家合作项目,跨度为幼儿园、小学及初高中阶段。每个合作学校都由国家公园的一名教育工作者监督,该教师与教职人员的永久联系人一起制订和实施国家公园计划。计划根据不同年龄层开展生物、地理、自然仿生、文化艺术、设计创意等内容的学习,是学校课程的绝佳补充,每年约有1 500名儿童、青少年参加。国家公园管理局每年专门为合作学校的教师提供高级培训,拓展学校的课程设置。

(二)"少年游侠"计划

针对区域内11~18岁的青少年,巴伐利亚森林国家公园开展了"少年游侠"计划,由EUROPARC Federation组织统一认证。通过商业开放式运营招募青少年,以初级护林员和志愿者的角色扮演形式,由国家公园专业人士带领其开展5~7天的野外培训和拓展,让青少年以主人翁的姿态融入国家公园的生态保护中。其目标是通过环境教育和自然体验,向儿童和青少年传输国家公园的创意和生态价值,促进该地区国家公园的融合度,加强区域对话，教育年轻人。

（三）"自愿生态年"计划

针对 16~26 岁的年轻人，巴伐利亚森林国家公园开展了"自愿生态年"计划。年轻人可自愿申请在国家公园的环境教育机构中，进行为期一年的自然与环境保护相关的工作学习，内容涉及自然保护、物种保护、景观保护、环境教育、生态农业等方面。这项计划是联合国教科文组织可持续发展教育的重要组成部分，一方面为自然和生物多样性做贡献，另一方面也加强了社区和生态保护区的融合。目前巴伐利亚州有 3 个公益组织（德国天主教青年协会、巴伐利亚福音派青年协会以及联邦自然保护青年协会）执行运营，均已通过联合国环境教育质量标准认证，提供超过 200 个工作试点。

资料来源：节选自杨丹等《欧洲国家公园生态保护和环境教育体系及启示》（2020），有删改。

第六章

国家公园的游憩利用

学习目的

    了解国家公园的游憩利用的必要性和特殊性，熟悉国家公园的游憩资源分类，掌握国家公园游憩价值评估的基本理论与方法，能够简单设计国家公园游憩活动，以更好地满足游客在国家公园中的游憩需求、推动国家公园游憩资源的利用与开发、提高国家公园游憩价值的充分实现。

主要内容

- 国家公园游憩利用
- 国家公园游憩资源
- 国家公园游憩价值
- 国家公园游憩活动

第一节　国家公园游憩利用概述

一、国家公园游憩利用概念

国家公园坚持全民共享，着眼于提升生态系统服务功能，开展自然环境教育，为公众提供亲近自然、体验自然、了解自然以及作为国民福利的游憩机会；国家公园的首要功能是自然生态系统的原真性、完整性保护，同时兼具科研、教育、游憩等综合功能。

游憩利用是指人们进行各类户外游憩活动时对游憩资源和场所等的使用情况，既包括活动过程中对场所的具体利用，也包括活动之后的效果等。国家公园游憩利用指在生态保护优先前提下，为增进公众游憩福利与促进国民认同，允许访客进入国家公园内特定区域、开展特定游憩活动的资源利用方式。

国家公园游憩是一种体现"大综合、大学科、大投入"的大旅游。大综合是指涵盖吃、住、行、游、购、娱六要素，带动一大片区域，重点在转化，并且与生态资源相关的"高端服务业"。大学科是指国家公园的游憩与国家公园的使命相对应，其科普教育、爱国主义教育的要求使得科技维度、人文历史维度的环境教育必然是多学科交叉且很多内容是创新的。大投入是指国家公园要建立财政投入为主的多元化资金保障机制，加大政府投入，推动国家公园回归"公益属性"，也需要建立与非政府组织、学校、志愿者等的合作机制，体现全民公益性。

二、国家公园游憩利用的必要性和特殊性

（一）国家公园游憩利用的必要性

（1）有助于促进国家公园的保护。开展国家公园游憩利用，可以拓展国家公园保护经费来源，有效缓解政府的财政压力；有助于增强公众的保护意识，形成自觉保护国家公园的内生动力；有助于争取当地居民对国家公园保

护工作的认同和支持。

（2）实现国家公园综合功能的必由之路。为公众提供游憩场所和环境教育机会是国家公园与生俱来的重要功能。国家公园保护着原生性强的自然环境，蕴含着丰富的科普内涵，是进行环境教育的理想场所。发挥国家公园的教育和游憩功能，敞开国家公园的大门，允许公众入内参观、游览，使人们能得到休闲放松，获得环境知识，正是国家公园全民公益性的重要体现。

（3）实现国家公园人与自然和谐共生的重要手段。在国家公园开展游憩利用，通过特许经营为到访的游客提供所需的餐饮、住宿、购物、娱乐、交通乃至游览等服务，可为当地居民提供大量的就业机会和替代生计方式，有助于建立国家公园人与自然和谐共生的长效机制。

（4）带动社区发展的重要手段。国家公园有着巨大的游憩利用价值，适度发展旅游既能带来可观的旅游消费，又可带动相关产业的发展，当地居民也可因此获得经济收入，促进社区发展。

（二）国家公园游憩利用的特殊性

国家公园的游憩利用是彰显国家生态治理智慧、破解国家公园原生矛盾（保护与利用）的重要方面。以自然资源为主体的顶级旅游景区在资源价值方面与国家公园有共性，但在管理体制、发展理念和目标、具体工作内容等方面都存在明显区别。

（1）国家公园与旅游景区的管理体制差异巨大。国家公园体制承载的是全民公益事业，使命是"保护为主、全民公益性优先"；旅游景区（包括旅游度假区）则只能实行市场经济体制，使命是以旅游业态为主的区域整体开发。

（2）国家公园与旅游景区的发展理念和目标差异明显。尽管在资源价值评判上，旅游景区与国家公园有很多共同点，但在基础设施等可能影响生态保护的重要领域上，两者还是有巨大差异的。中国《旅游景区质量等级管理办法》的新标准中，将交通列为第一要素，尤其5A级旅游景区对交通要求相当高；而国家公园体制试点区中，交通往往是要改造的生态系统完整性和连通性的障碍，高等级公路更是生态完整性的大忌。

（3）国家公园与旅游景区定位不同、制度各异（见表6-1）。因为发展目标、管理体制和具体工作的差别，国家公园和旅游景区应当明确各自的定位，并配套相应的制度保障。在国家向生态文明的转型发展中，各类自然保护地的实际管理才得到规范，与保护地相关的法律法规和规章制度才从纸面落到了地面，中央用各种文件和行动明确了在生态文明建设中对待自然保护地的初心。

表6–1 国家公园游憩利用与传统旅游模式的区别

类别	国家公园游憩	传统旅游模式
业态属性	事业和产业双重属性，以事业形态为主	主要是产业形态，以营利为导向
业态特征	注重生态效益和社会效益，以生态系统保护为前提，强调全民公益性、区域发展的带动性	注重经济效益，以提高游客量、景区收入等为目标
制度保障	国家公园体制，政府投入为主的资金机制和特许经营机制	市场经济体制
定义依据	《建立国家公园体制总体方案》	《旅游法》《国民旅游休闲纲要（2013—2020年）》《国务院关于促进旅游业改革发展的若干意见》等

三、国家公园游憩利用规制

（一）国家公园游憩利用规制的本质

国家公园游憩利用规制是以约束规范为核心手段，以保障游憩品质、保护公众游憩权利为要务的保护性规制；是既需要通过游憩价格、进入资格、产权等经济性规制手段实现，也需要游憩环境、教育、安全等社会性规制手段的系统性规制，是规制加强而不是规制放松。

（二）国家游憩利用规制的基本目标

国家公园游憩利用规制应围绕三大目标：

（1）减少外部不经济性。根据适宜性和坚持保护性绿色发展原则匹配游憩项目，提高公众游憩体验质量、维护游憩资源价值。

（2）减轻替代效应。避免交叉补贴，提高游憩管理和资源利用效率。

（3）消除信息不对称。避免供需关系不畅导致的"逆向选择"和"道德风险"，提高游憩价值的国民认同。

（三）国家游憩利用规制的主要内容

（1）游憩利用产权规制。明确国家公园所有游憩利用活动涉及资源的所有权、管理权、经营权和使用权；避免模糊产权关系，问责难以指向。

（2）游憩利用资格规制。全面实施游憩项目资格规制（进入规制、退出规制），既要构建游憩项目经营者的进入标准，实行审批制，也要明确退出标准，实施淘汰制。

（3）游憩利用数量规制。严格实施游憩项目数量规制，实施特许派发制度，明确限定所有经营项目的内容、时间、地点；实施游憩项目访客数量控制，根据环境容量测算所有游憩接待点的最适接待能力，制订并实施详细的访客数量控制计划。

（4）游憩利用质量规制。建立国家公园服务设施生态化标准，严格根据适宜的游憩活动谱系开展游憩活动，提高游憩解说与教育服务质量，改善经营管理服务（包括特许经营），建立国家公园游憩项目质量标准体系，设立等级生态标签制度，进行游憩服务质量引导。

（5）游憩利用价格规制。以门票规制为核心，对特殊观景点、宿营地、野营设施、泊车（船）地或参加特定活动的进入费，以及涉及经营权转让的住宿、餐饮、导游、车船等服务的租赁费用进行规制。明确付费、退费、减免等游憩价格管理规则，实施听证制度。

（6）游憩利用环境规制。坚守生态保护第一的基本原则，实施全面的环境监测和监督反馈机制；引导管理者、经营者、参观者以及居民等主体的负责任的、生态友好的行为。

（7）游憩利用安全规制。坚守国家公园游憩服务的安全底线，重点作出三个方面的制度安排：一是游憩基础设施的安全规制。建立公园内的游览道路、休闲座椅、消防措施等基础设施的建设监测、定期排查和检修制度，明确安全责任和突发事件应急机制；二是访客安全规制。建立访客安全警示与标识制度，公园警示牌、游览手册需详列所有安全与威胁，并为访客提供应对安全与威胁的友情提示；三是卫生安全规制。建立与访客健康相关的餐饮卫生条件的监控与管制机制。

四、国家公园游憩利用适宜性评价与开发

（一）国家公园游憩利用适宜性评价指标体系

根据我国国家公园体制建设的本质要求，遵照主导因素、差异性和稳定性、地域性和可操作性原则，构建国家公园游憩利用适宜性评价指标体系。指标体系划分为目标层、准则层和指标层 3 个层级。目标层是国家公园游憩利用适宜性，准则层包括自然游憩资源适宜性、景观美景度、人文游憩资源适宜性、游憩利用能力、生态环境承载力、社会条件 6 个维度，指标层包括独特性、分布密度等 16 个指标（见表 6 - 2）。

表 6 - 2 国家公园游憩利用适宜性评价指标体系

目标层	准则层	指标层
国家公园游憩利用适宜性	自然游憩资源适宜性	独特性
		分布密度
		自然游憩资源所占比重
	景观美景度	景观美学质量
	人文游憩资源适宜性	资源品位
		分布密度
	游憩利用能力	土地利用类型与游憩活动匹配度
	生态环境承载力	高程
		坡度
		植被覆盖度
		生物丰度指数
		土壤侵蚀强度
	社会条件	交通通达度
		道路密度
		与主要居民点的距离
		游憩设施数量

（二）国家公园游憩利用适宜性评价方法

在进行国家公园游憩利用适宜性评价时，需确定各项评价指标的标准值。指标要素的性质复杂性决定了评价标准的多样性。评价系统采用的评价

标准类型包括：国家、行业或具有典型代表性的地方已颁布实施的各类标准；类比标准，即参照旅游资源评价、其他保护地适宜性/敏感性评价、环境质量评价等相应指标，通过类比确定质量等级；背景值或本底值标准，即以研究区域未受人类活动干扰或干扰程度较低的水平参数为标准。

在上述指标层因子得分标准化后，根据各标准的分级结果及各因子的权重逐级归并，得出国家公园游憩利用适宜性的评价结果，计算公式为：

$$E_n = \sum_{i=1}^{p} w_i e_i$$

其中，E_n 为指标 n 的游憩利用适宜性分值；p 为指标 n 包含的下一层级指标数；w_i 为指标 i 的权重；e_i 为指标 i 的游憩利用适宜性标准值。

第二节　国家公园的游憩资源

一、国家公园的游憩资源概念

游憩资源是国家公园建设的基本内容，包括自然游憩资源和人文游憩资源两个方面。自然游憩资源一般包括气候、地形、水文、地质地貌、生物五个方面，比如温泉、森林、高山峡谷、瀑布、野生动植物等；人文游憩资源具有更突出的科学教育功能，旅游者的衣食住行都包括在内，一般分为人文景物、文化传统、民情风俗、体育娱乐四大类。游憩资源对旅游者的吸引力，不仅包括旅游地的游憩资源，还包括当地的基础设施与服务。自然界和人类社会凡能对旅游者产生吸引力，可以为旅游业开发利用，并可产生经济效益、社会效益和环境效益的各种事物现象和因素，均称为游憩资源。国家公园游憩资源是指在国家公园内凡能对旅游者产生吸引力，可以为旅游业开发利用，并可产生经济效益、社会效益和环境效益的各种事物现象和因素，均称为国家公园的游憩资源。

国家公园的游憩资源具有以下特点：一是天然性和原始性，即国家公园游憩资源通常都以天然形成的环境为基础，以天然景观为主要内容，人为的建筑、设施只是为了方便而添置的必要辅助。二是珍稀性和独特性，即国家公园游憩资源具有国家独特性和代表性，并在国内，甚至在世界上都有着不可替代的重要而特别的影响。

二、国家公园的游憩资源分类

按照国家公园景观类型划分，国家公园的游憩资源可以分为自然景观游憩资源、生态景观游憩资源以及人文景观游憩资源。自然景观游憩资源是以山、林、水景、古树名木、特殊气象气候景观、奇花名石、珍稀动物等自然界现存或者生产的旅游资源。生态景观游憩资源主要包含新鲜空气、空气微生物、空气负离子、地表的水环境等旅游资源。而人文景观游憩资源主要是指历史形成的、与人的社会性活动有关的景物构成的风景画面，它包括建筑、道路、摩崖石刻、神话传说、人文掌故等旅游资源（见表6－3）。

表6－3　　　　　　　　按照景观类型划分的国家公园游憩资源

划分标准	类别	主要内容
景观类型	自然景观	山、林、水景、古树名木、特殊气象气候景观、奇花名石、珍稀动物等
	生态景观	新鲜空气、空气微生物、空气负离子、地表的水环境等
	人文景观	建筑、道路、摩崖石刻、神话传说、人文掌故等

三、国家公园的游憩资源评价

（一）评价流程

游憩资源评价是国家公园开发和管理的前提和基础。从流程来看，国家公园游憩资源评价的完整流程包括方案设计、数据收集、资源评价和结果输出。

（1）方案设计是国家游憩资源评价实施之前的准备工作。根据游憩资源评价的对象和目的，对评价工作的各个环节进行统筹安排，建立国家公园游憩资源评价时间表、明确调查任务、设计评价体系、确定评价手段、组织人力物力。

（2）数据收集是游憩资源评价工作开展的过程。按照评价方案中规定的流程和内容，有计划地在国家公园搜集游憩资源信息，主要使用问卷法、访谈法、遥感监测等方法。

（3）资源评价。根据方案设计中确定的指标体系和评估方法，结合已经获取的国家公园的游憩资源数据，对其进行整体性或者局部性的评价，既包含定性评价，也包含定量评价。

（4）结果输出。将资源评价结果用文字、图表的形式表现出来，以形成资源评价结论。

（二）评价标准

按照国家公园对"特殊生态系统和地形地貌景观"的保护目标、生态完整性原则以及游憩利用的功能定位，结合自然人文游憩资源特点，可将国家公园资源的评价标准分为科学保护性、游憩性和遗产性3大类，分别针对自然资源、游憩资源和人文资源。其中，科学保护性可细分为代表性、完整性、多样性、独特稀有性和脆弱性5个指标，游憩性评价可参考当前中国旅游资源评价标准，遗产性指标可从历史性和原真性2个指标判别（见表6－4）。

表6－4 国家公园资源评价标准

评价指标	评价因子	评价内容
科学保护性	代表性	国家公园内的自然资源在全球、全国或同一生物地理区内具有代表意义；人文资源在全国、区域或同民族文化习俗中具有代表意义
	完整性	动植物的栖息地及其生态系统
	多样性	代表着生物多样性的最大限度多样性（如生境多样性），包含遗传多样性、物种多样性和生态系统多样性等在内的生物资源，民族、文化多元性的人文资源的相对多度与丰度
	独特稀有性	国家公园内的自然与人文资源的保护情况
	脆弱性	特有物种、群落、自然遗迹及生境对环境改变或干扰的敏感程度
游憩性	按旅游资源评价标准	自然或文化资源特征，以及资源独特组合的整体性具备公众利用、欣赏及开展游憩活动的条件

续表

评价指标	评价因子	评价内容
遗产性	历史性	与中国历史上重大事件有联系的资源，可通过资源利用让公众产生敬意；与重要历史人物有密切联系的资源；能反映中国人民伟大思想或理念的资源；拥有某种特色和特殊价值的建筑资源；可揭示特定文化或某时期人类活动足迹的具有重大价值的资源原真性遗产的形式与设计、材料与实质、利用与作用、传统与技术、位置与环境、精神与感受要保持相对的真实性，体现遗产传承人类文明、反映自然界演化史
	原真性	遗产的形式与设计、材料与实质、利用与作用、传统与技术、位置与环境、精神与感受要保持相对的真实性，体现遗产传承人类文明、反映自然界演化史

（三）评价方法与指标体系

国家公园的游憩资源既可以根据国家公园游憩资源的实物进行测量，又可以根据游客的游憩感知收益进行评价，主要使用以下几种方法。

（1）定性系统分析。在 RIVERS 模型基础上的定性系统分析方法，综合考虑"内部"（地形）和"外部"（景观与人类活动间联系）景观特征，并通过绘制一般景观图、土地利用图和不利因素分布图来综合考虑内外部景观所造就的资源特性和等级。

（2）空间分析法。伴随着遥感和地理信息系统技术的发展，基于遥感影像的空间分析法已成为国外国家公园资源评价和管理的重要技术支撑。通过遥感影像获取包含土地利用、地质植被、人文的综合信息，呈现出涵盖复合信息的分布图，并通过各种指标测定来分析评价自然资源的利用程度。同时，这种方法也可以用来监测游客在国家公园中的活动轨迹以及对资源环境的影响程度。

（3）重要性-表现性分析。重要性-表现性分析方法（Importance-Performance Analysis，IPA）是评价游憩资源的重要方法，旨在通过分析游客对旅游资源的重要性和满意度之间的关系，实现改进国家公园游憩资源质量和服务的目标。这种方法的基本原理如表6-5所示。

表 6-5　　　　　　　　　　　重要性 – 表现性分析矩阵

H　　　　　　　　　　　　　　　　　　　　　　　　　　L

象限 2：可能浪费区 低重要性 – 高满意度	象限 1：优势保持区 高重要性 – 高满意度
象限 3：缓慢改进区 低重要性 – 低满意度	象限 4：重点改进区 高重要性 – 低满意度

满意度（左侧纵向）

L　　重要性　　　　　　　　　　　　　　　　　　　　　　　H

（4）吸引力评价。游憩资源吸引力受目的地客体拉力要素、旅游者主体推力要素以及中介桥梁连通作用的共同影响。笔者初步构建了国家公园游憩资源吸引力评价体系，共包含 7 个一级指标，45 个二级指标（见表 6-6）。

表 6-6　　　　　　　　　国家公园游憩资源吸引力评价表

要素类别	一级指标	指标编号	二级指标
拉力因素	资源多样性与独特性（共 11 项）	X1	独特的生物景观与生物多样性
		X2	独特的水文景观与水体形态多样性
		X3	独特的地文景观与地貌多样性
		X4	多样且独特的天象与物候景观资源
		X5	多样且独特的宗教历史文化资源
		X6	多样且独特的古村落文化资源
		X7	多样且独特的民俗文化资源
		X8	多样且独特的户外游憩活动
		X9	多样且独特的餐饮美食
		X10	多样且独特的旅游商品
		X11	独特优良的生态环境资源
	资源原真性与代表性（共 5 项）	X12	生物资源天然原始，保护力度大，效果好
		X13	生物资源具有区域代表性，美学、科考价值高
		X14	地文、水文资源价值高，保护较好，具有区域代表性
		X15	人文资源价值高、具有代表性，保护力度大、效果好
		X16	生态环境资源具有区域代表性，保护力度大、效果好

要素类别	一级指标	指标编号	二级指标
拉力要素	游憩服务与设施（共7项目）	X17	人流量合适、拥挤度不高
		X18	管理高效、工作人员服务态度好
		X19	当地居民热情好客
		X20	商业接待设施完善
		X21	游憩服务设施完善
		X22	游憩活动设施安全且完善
		X23	环境教育设施完善
中介桥梁要素	旅游形象（共3项）	X24	国家公园知名度高
		X25	国家公园美誉度高
		X26	电视、网络等媒介宣传力度大
	全民公益性与可进入性（共5项）	X27	交通费用合理
		X28	到达目的地交通工具多，时间花费合理
		X29	门票价格合理
		X30	食宿价格合理
		X31	游憩整体消费合理
推力要素	游憩意愿（共3项）	X32	愿意将自己一部分收入用于旅游
		X33	愿意前往开发较少、偏自然的区域旅游
		X34	愿意一定程度上约束自己的行为，以保护生态环境
	游憩动机（共11项）	X35	观赏/拍摄特色动植物或写生
		X36	欣赏美景、放松身心
		X37	感受特色民俗文化
		X38	避暑或享受高负氧离子的生态环境
		X39	户外游憩、康体健身
		X40	因好奇国家公园慕名而来
		X41	探亲访友
		X42	科学考察/项目调研/公务会议需要
		X43	参加宗教/民俗等特色文化或节庆活动
		X44	学习新知、增加见闻
		X45	增进与家人/朋友感情

第三节　国家公园的游憩价值

一、国家公园的游憩价值内涵与分类

国家公园的游憩价值是指游客在国家公园中能够看到、听到、感觉或接触到的游憩资源具有的服务功能而产生的效益。根据当前比较公认的环境资产价值分类标准，本书将国家公园游憩资源产生的游憩价值分为使用价值和非使用价值两大类（见表6-7）。游憩资源的使用价值是指旅游者在国家公园从事各种观光活动，从使用或利用游憩资源当中获得的效益。使用价值又分为直接使用价值和间接使用价值。前者是指游客在进行旅游活动中，通过对游憩资源的直接使用而获得的效益；后者是指游客在从事游憩活动当中，以间接的方式使用游憩资源从中获得的效益。非使用价值是指旅游者当前对国家森林公园没有进行任何使用（包括直接或间接使用）也可对旅游者产生的效益。这可能包括选择价值、存在价值和遗产价值。其中，选择价值是从森林公园游憩环境的不确定性出发，保留待将来直接或间接使用的价值；存在价值是游客认定的游憩资源本身存在就具有的价值，它与游客对游憩产品的选择使用无关；遗产价值是为了保证游憩产品利用的代际公平，为子孙后代保留的使用或非使用价值。

表6-7　　　　　　　　　　国家公园的游憩价值分类

大类	小类	服务或者功能
使用价值	直接使用价值	徒步野营、观赏采摘、垂钓狩猎、森林康养等
	间接使用价值	固碳释氧、净化空气、增进降水等
非使用价值	选择价值	生态维持、生物多样性等
	存在价值	物种资源、地形地貌、美学价值、文化价值
	遗产价值	可供未来子孙享用的价值

二、国家公园的游憩价值评价方法

从 20 世纪 60 年代逐步开始对游憩资源的价值进行评估，直到 80 年代初，在福利经济学对消费者剩余、机会成本、非市场化商品与环境等公共产品价值进行思考的基础上，才逐步建立起自然资源价值评估的基础理论体系，并形成了相应的评估技术和方法。国外旅游资源游憩价值核算时使用的代表性方法有旅行成本费用法（travel cost method，TCM）、条件价值法（contingent valuation method，CVM）以及选择实验法（choice experiment method，CEM）。

（一）旅行费用法

TCM 是通过测算游憩商品的消费者剩余来评估旅游资源经济价值的一种技术方法，是消费者剩余理论的创造性应用。根据旅行费用与游客人次或旅游率来推定游憩需求函数，以此用于测度消费者剩余（sample consumer surplus，SCS）并换算成货币价值。该模型的具体化是经过众多研究者所做的理论推理和实证研究而发展起来的。最初，TCM 主要被用于户外生态旅游区游憩资源经济价值评价研究，如今已被广泛应用于森林旅游等游憩资源的价值评估。

TCM 主要有区域旅行费用法（zonal TCM）和个人旅行费用（individual TCM）法两种。随着研究的深入，在基本模型的基础上，旅行费用区间分析法（travel cost interval analysis，TCIA）、随机效用模型（random utility models，RUM）以及内涵旅行费用模型（HTCM）等新型的旅行费用法层出不穷。ZTCM 是用某一区域人群娱乐活动的总计值当作统计模型，而 ITCM 是把单个人的娱乐活动作为评估值的统计模型。众多学者认为，ZTCM 在空间转移方面不如 ITCM 有效；但是，ZTCM 推导的精确度和稳定性要明显优于ITCM。与陈述性偏好法相比，无论是区域旅行费用法还是个人旅行费用，可以克服"搭便车"的缺点，因而具有信赖性更高的优点，但其缺点是不能评价游憩资源的非使用价值。

旅行费用法作为显示性偏好的非市场价值物品的评估方法，假设游憩资源的收益取决于某种需求函数，采用问卷调查的方式计算游客的旅行费用，以此作为游客对旅游目的地的支付价格，然后建立旅游需求率和旅行费用之间的函数关系，并求出游憩资源的需求曲线，从而得到消费者剩余，最终计算游憩资源的使用价值。

TCM 主要有三种基本的模型，分别是区域旅游费用法、个人旅游成本法和旅行费用区间分析法。旅行费用区间分析法可以解决区域旅游费用法的"来自同一区域游客旅行费用相等"这一具有较强的限制性假设，同时可以解决个人旅行费用法中样本选择带来的计算结果有偏的问题，因此 TCIA 的计算基础更符合现实状况并且具有较高的精度，因此被逐渐运用到旅游资源的评估中。

TCIA 假设每个区间内的游客都具有相同或近似的旅行费用，根据旅行费用高低将问卷调查总样本数为 N 的游客分配在不同区间内。游客消费者剩余的计算步骤是：首先将总样本 N 分为 $[TC_0, TC_1]$，$[TC_1, TC_2]$，$\cdots$，$[TC_i, TC_{i+1}]$，$\cdots$，$[TC_n, +\infty]$，共 $n+1$ 个区间，每个区间的人数分别为 N_0，N_1，$\cdots$，N_i，$\cdots$，N_n，那么样本总的游客数 $N = \sum_{i=0}^{n} N_i (0 \leq i \leq n)$。假定第 i 个区间的每个游客都愿意在旅游费用价格为 TC_i 时进行旅游，则当旅游费用为 TC_i 时，愿意进行旅游的游客还应包括愿意支付更高旅游费用的游客，因此，此时的旅游需求为：

$$M_i = \sum_{j=i}^{n} N_j，定义 Q_i = M_i / N，$$

其中，Q_i 表示旅游费用为 TC_i 时样本游客的意愿旅游需求率。

然后，利用 OLS 方法对 TC_i 和 Q_i 进行回归拟合，即可以得到游客个人的意愿需求曲线 $Q = Q(TC)$。在此基础上，可以得出第 i 个区间每位游客的消费者剩余为：

$$SCS_i = \int_{(TC_i + TC_{i+1})/2}^{+\infty} Q(TC) dTC，$$

则样本的总消费者剩余为：

$$SCS = \sum_{i=0}^{n} N_i \times SCS_i$$

旅游景点的游憩价值为：

$$RV = [(SCS + STC)/SN] \times TTN$$

其中，STC、SN、和 TTN 分别为样本游客的旅行费用、样本数和游客总人数。

（二）条件价值法

CVM 作为一种典型的陈述偏好的价值评估方法，不仅可以测算旅游资源的使用价值，也可以测算出游憩资源的非使用价值，被广泛应用于经济学、生态与环境科学中各种非使用价值的评估。虽然 CVM 是可以测算出资源全部价值的唯一的方法，但是源于埃克森诉讼引发的对 CVM 评估的有效性的质疑，使 CVM 研究重心经历从案例调查报告向研究方法自身的有效性等理论问题的转化。CVM 有效性的质疑主要分为两个方面：由于市场虚拟性的存在，受访者支付意愿或接受意愿可能更偏向于偏好表达，并非真实购买意愿或接受意愿；CVM 所评估环境物品非使用价值的可测度性。CVM 效度（validity）即有效性，它是指运用 CVM 能够准确测出所需测量的事物的程度，具有三种不同的形式：内容效度、准则效度以及结构效度。内容效度旨在系统地检验 CVM 设计的问题是否能够代表所要测量的内容；CVM 调查的内容效度检验标准包括抗议性回答比例、不完整调查比例、奉承偏差等。

条件价值法在应用中又分为基于补偿意愿（WTA）的评价法和基于支付意愿（WTP）的评价法两类。基于 WTP 的 CVM 评价方法应用较多。下面以 WTP 为例介绍 CVM 评价的具体步骤。

CVM 核心估值问题的常见的引导技术有开放式问卷（open – ended，OE）、支付卡问卷（payment card，PC）和二分式问卷（dichotomous choice，DC）。开放式问卷容易产生不回答或零支付的问卷，容易低估 WTP 值；二分式问卷实施步骤烦琐，容易高估 WTP 值；支付卡问卷法作为 WTP 的诱导方式，实施简单、易于理解，可以有效解决公共物品赋值的难度。

利用支付卡问卷法估计国家公园游憩价值的步骤如下：

第一，利用支付卡问卷获得样本游客的支付意愿 pay。

第二，根据支付意愿的频率分布，计算得到游客 WTP 的均值：

$$E(WTP) = \sum_{i=1}^{n} p_i pay_i$$

其中，p_i 为某个支付值发生的概率，pay_i 为游客的支付意愿值。

第三，运用 Spike 模型处理调查样本中存在零支付意愿的问题，计算调整得到比较精确的人均支付意愿：

$$E(WTP)^* = E(WTP > 0) \times r$$

其中，$E(WTP)^*$ 为非负样本均值；r 为有效样本的非零支付意愿率。

（三）选择实验法

CEM 是在传统的 CVM 基础上发展起来的，可以说是 CVM 的一种扩展或变体。选择实验被越来越多地应用于自然资源环境领域的非市场价值评估。CEM 的理论框架可以追溯到特征需求理论和随机效用理论。随机效用理论假定个体会选择备选项提供的幸福程度或效用最大的那一项。选择实验法通过构造选择的随机效用函数，将选择问题转化为效用比较问题，用效用的最大化来表示受访者对选择集合中最优方案的选择，以达到估计模型整体参数的目的。

CEM 的基本思想是创造一个假设的市场环境，通过问卷让受访者在几个备选项之间进行选择来得到人们对某一环境物品的偏好。问卷备选项由环境物品的一系列属性和不同状态值组成。选择实验需要精心设计选择任务，这个选择任务必须有助于揭示影响选择的各种因素。而且，选择实验方法包括构建选择方案的统计设计理论的使用，通过这个统计设计理论能够得到不受其他因素影响的参数估计。CEM 设计中包括的模型结构能将环境政策的生态结果表达得更为精确，并具有选择行为分析等特点。因而，该方法不仅具备极强的理论基础，同时该方法的结果是以既定环境政策生态结果的不同特征为变量的效用函数，这个结果在理论上很适合用于效益转化（benefit transfer）研究。选择实验法不仅扩充了陈述偏好法的实践范围，而且克服了 CVM 中的一些缺陷，必须通过一些以个人行为和选择模型为基础的间接技术推断出货币化价值。

假设受访者 n 面临一个情形 t 下有 j 个选项的选择，这时适用的混合对数模型（mixed logit model）形式是：

$$U_{ntj} = \beta_n x_{ntj} + \varepsilon_{ntj}$$

其中，系数 β_n 的概率密度为 $f(\beta_{jn}/\theta^*)$，表示由于人的个体特征所引起的不可观测的因素。θ^* 是这个分布真正的参数。这时，在 t 情形下受访者 n 选择 j 选项的可能性是：

$$L_{nj}(\beta_j/\eta_{nj}) = \frac{\exp(\beta_n x_{nj})}{\sum_j \exp(\beta_n x_{nj})}$$

利用隐含价格表达 WTP 的形式：

$$WTP = -\left(\frac{\beta_A}{\beta_M}\right)$$

其中，WTP 为每种属性的边际支付意愿；β_A 和 β_M 分别为间接效用函数估计中非市场环境属性项和价格项的系数，该部分价值的公式提供了价格变化和属性之间的边际替代比例。

第四节　国家公园的游憩活动设计

一、国家公园游憩活动概念与类型

游憩活动是指个人或群体在闲暇时间里从事的休闲活动，以获得精神上的愉悦且具有一定的社会意义。国家公园游憩活动主要是指以国家公园游憩资源为依托，以达到精神愉悦目的，人们利用闲暇时间在国家公园边界内从事休闲活动。游憩活动包含三个方面的要素：闲暇时间，即游憩是在社会必要劳动时间之外的可自由支配时间内从事的活动；满足自我，即游憩是一种获取愉悦和心理需求满足的体验过程；休闲活动，即游憩是一种轻松闲适的休闲活动。

二、国家公园游憩活动设计原则与方法

（一）国家公园游憩活动设计原则

（1）以生态保护为前提。国家公园的大部分区域处于自然生态系统的顶级状态，生态重要程度高、景观价值高，应该设置生态保护区，严格禁止游客或当地居民进入，影响区域内动植物生息。国家公园必须把坚持生态保护放在首位。

（2）以生态教育为目标。在不影响公园内动植物生息的前提下，开发国家公园的科普功能，将科学知识的普及和趣味性的阅读结合起来，教育和引导公众尊重大自然、自觉履行保护自然环境的义务。

（3）以生态旅游为核心。在兼顾生态保育的前提下，在科普游憩区和传统利用区合理开发各类游憩活动，以增进公众的环境保护知识和技能，在公

众参与各类活动，感受生态之美的同时，唤起公众对于自然环境的关心，进而提升对自然环境保护及生态资源保育的意识，达到保护自然、服务公众的初衷。

（4）以生态共管为准则。各项设施的设计建设应该遵循国家公园功能分区的限制，以合理适度为原则，严格控制体量和规模，将对国家公园的生物多样性和自然生态系统的伤害降至最低。

（二）国家公园游憩活动设计理论与方法

游憩机会谱（recreation opportunity spectrum，ROS）最早由美国林务局于 19 世纪 70 年代提出，它既是一个概念，又是一个编制资源清单、管理游憩经历及游憩环境的规划框架，它由游憩需求、游憩环境、游憩活动和游憩体验这 4 部分组成（见图 6-1）。不同的游憩者有着不同类型的游憩活动需求，应该促进游憩机会的多样性，提供多序列的游憩机会。在该框架中，管理者应从游憩者的需求出发，结合游憩环境的自然、社会和管理特征，对游憩环境进行合理划分，为每种环境类型提供合适的游憩机会。管理者对这些游憩机会的环境进行特定的目标管理，游憩者最终以游憩活动来实现游憩体验，提高游憩环境的游憩价值。

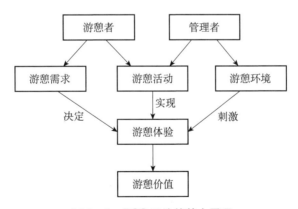

图 6-1　ROS 理论的基本原理

综合考虑自然化程度、偏远程度、游客密度、管理强度，对国家公园进行分区，一般可以划分为严格保护区、生态保育区、科普游憩区以及传统利用区（见表 6-8）。

表6-8   国家公园游憩机会谱

ROS 等级	严格保护区	生态保育区	科普游憩区	传统利用区
自然化程度	自然化程度极高，无人工建筑和设施，植被和道路均为自然状态，无铺装的路面	自然化程度很高，人工建筑和设施少，植被和景观原始，自然、人工痕迹少，铺装道路所占比例少	自然化程度高，人工建筑和设施较多，植被人工抚育痕迹轻，低标准的、自然式铺装的道路和小径	自然化程度很低，人工建筑和设施极多，经过人工改造，植被经人工修剪，维护的痕迹很重，水泥铺装路面
偏远程度	远离国家公园出入口，交通很不方便，无公交	远离国家公园出入口，交通不太方便，无公交	离国家公园出入口很近，交通方便，公交系统完善	远离国家公园出入口，交通很不方便，无公交
游客密度	没有游客，与其他使用接触的水平很低，安静，远离喧嚣	游客密度低，游客接触水平低，很少遇见大的团队，安静，远离喧嚣	游客密度高，相遇水平偏高，有较多大团队	游客密度很高，随处可见，游客集中，有很多团队，喧嚣
管理强度	对游客的约束和要求极多，管理人员极少，无基本的设施和服务，禁止车辆进入	对游客的约束和要求很多，管理人员较少，有少量基础设施和服务，不允许车辆进入	对游客的约束和要求较多，管理人员较多，有基本的设施和服务，但数量较少，只允许内部车辆进入	对游客的约束和要求较少，管理人员最多，有大中型停车场等设施，允许机动车进入

　　严格保护区是自然生态系统保存最完整和核心资源分布最集中、自然环境最脆弱的区域，该区域内的生态系统必须维持自然状态，禁止任何人为活动干扰和破坏。严格保护区远离国家公园出入口，自然化程度极高，人迹罕至，通常无任何游憩设施，除科研人员和森林巡护人员外，通常禁止游客进入探险，保护生态系统的多样性和原真性，以免对生态系统的演替过程形成干扰。对游客的约束和要求极多，管理人员极少，无基本的设施和服务，禁止车辆进入。

　　生态保育区作为严格保护区的缓冲区域，保护级别稍弱于严格保护区，是国家公园范围内维持较大面积的原生生态系统或者已遭到不同程度破坏而需要自然恢复的区域，可以从事科学研究、实验监测、教学实习以及驯化、繁殖珍稀濒危野生动植物等游憩活动。该区域远离国家公园出入口，交通不太方便，无公交，游客密度低，游客接触水平低，很少遇见大的团队，安静，远离喧嚣，对游客的约束和要求很多，管理人员较少，有少量基础设施和服务，不允许车辆进入。

科普游憩区是展示自然风光和人文景观的区域。作为大众游憩的主要展示区域，在满足最大环境承载力、不破坏自然资源等条件下，允许机动车进入，适度开展观光娱乐、游憩休闲、餐饮住宿等游憩服务。游憩设施尽可能地减少利用面积，禁止开展与保护方向相悖的游憩项目。游客密度高，相遇水平偏高，有较多大团队；对游客的约束和要求较多，管理人员较多，有基本的设施和服务，但数量较少，只允许内部车辆进入。

传统利用区是援助居民生产、生活集中的区域。允许原住居民开展适当的生产活动，或者建设公路、停车场、环卫设施等必要的生产生活、经营服务和公共基础设施。对控制区内的居民建设及风貌要利用传统的方式进行维护，不能大搞开发建设。游客密度很高，随处可见，游客集中，有很多团队，喧嚣；对游客的约束和要求较少，管理人员最多。

根据对游憩环境变量的重要性分析及在严格控制区、生态保育区和传统利用区这 3 种游憩环境类型下游客对于游憩环境变量偏好程度的分析，结合武夷山国家公园的性质特点，研究确定了根据游憩环境、游憩活动和游憩体验而设计的武夷山国家公园游憩机会谱（见表 6-9）。

严格保护区：不能开展游憩活动。

生态保育区：适合开展以科学考察为主的游憩活动。游客可以对国家公园的濒危、珍稀动植物进行科学考察研究，使游客获得探奇求知、寻求真理的游憩体验。

科普游憩区：适于开展以生态观光、文化体验、休闲度假和科普教育为主的游憩活动。这些游憩活动的开展应让游客感受到大自然的鬼斧神工，领略到国家公园独特的文化内涵，享受体验新奇、消闲求知和丰富阅历的游憩体验。

传统利用区：适于开展以民俗文化体验为主的游憩活动。游客在不影响原住居民生活和生产活动的前提下，开展少量的民俗文化体验活动。这些游憩活动的开展不仅可以让游客感受到地域民俗文化特色，还可以拉近游客与社区居民之间的距离，让游客真正体验到原汁原味的乡村生活，领略新奇的游憩体验。

表6-9 武夷山国家公园游憩机会谱

功能分区	游憩活动	游憩体验
严格保护区	无	无
生态保育区	自然教育类（科学考察）	寻求真理，探奇求知
科普游憩区	观赏游览类、运动健康类、自然教育类等	放松身心，感受大自然的鬼斧神工，领略国家公园独特的文化内涵，享受体验新奇、消闲求知和丰富阅历的游憩体验
传统利用区	文化体验类和休闲娱乐类	感受原住居民生活和生产活动，探知民俗风情，领略新奇

三、国家公园游憩活动（产品）类型

国家公园可以开展多种类型的游憩活动。部分游憩活动类型如表6-10所示。

表6-10 国家公园可以开展的部分游憩活动类型

观光型
——观花
——观山石
——观云海
——观林海
——观鸟
——观兽
——观蝶
——观看地方节日活动
——观看山村风貌
运动型
——背包运动
　（1）临时性的
　（2）远征性的
——登山
　（1）娱乐登山
　（2）登山运动
　（3）技术登山
——攀岩
——徒步穿越山林
——骑自行车
——骑马

——蹦极
——速降
——速滑
——跳伞
——探险
——滑翔
——打球
——游泳
——跑步
——滑雪
——划船
　（1）划独木舟
　（2）划小皮艇
——划水
——滑冰
——潜水
——驾快艇
——漂流
——冲浪
——打高尔夫球
休闲娱乐型
——散步

——林中小憩
——品茶
——对弈
——垂钓
——野炊
——野餐
——烧烤
采摘尝购型
——采花
——采果
——品尝野味
　（1）野生动物
　（2）野菜
　（3）野山菌
——购买地方特产
狩猫捕捉型
——狩猎
——捕蝉
——捉虫
疗养度假型
——森林浴
——练功

——露营
　（1）住帐篷
　（2）住小木屋
　（3）住竹楼
科普艺术型
——野生动物保护
——了解昆虫习性
——辨识植物
——植树
——制作标本
——摄影
——写生
文化体验型
——民俗文化欣赏
　（1）观赏地方戏曲
　（2）参观文化遗址
　（3）参加艺术展览活动
——民俗文化体验
　（1）参加民俗节庆
　（2）参加民事活动
　（3）住民宿

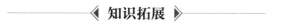

◀ **复习与思考题** ▶

1. 简述国家公园游憩利用的意义。
2. 简述国家公园游憩资源类型。
3. 简述国家公园游憩资源评价方法。
4. 简述国家公园游憩活动设计的原则与方法。

◀ **知识拓展** ▶

知识拓展 **6-1** ━━━━━━━━━━━━━━━━━━━━━━━━━━━━━━

武夷山国家公园游憩资源非使用价值评估

　　武夷山国家公园是我国第一批入选的国家公园，游憩资源具有极高的使用价值和非使用价值。准确评价武夷山国家公园的游憩资源价值对于游憩资源开发与利用具有重要的意义。本部分利用条件价值法对该公园游憩资源的非使用价值进行评估。

　　一、调查对象基本信息

　　2019 年 7~8 月，对武夷山国家公园的游客进行抽样调查。调查范围主要为武夷山国家保护区、九曲溪上游保护地带、武夷山国家风景名胜区；共发放问卷 300 份，回收 279 份，回收率为 93.00%。根据问卷整理结果，风景名胜区游客的男女比例相当，分别为 50.94% 和 49.06%；年龄集中在 18~44 岁，老年人较少；文化程度普遍较高，大多为中专、本科学历；职业企业职工、个体、学生这三个群体较多；月收入方面，多数在 4 001~6 000 元区间。九曲溪地带男女游客比例为 55.00% 和 45.00%；年龄上，以 14~44 岁的游客最多，为样本总数的 46.67%；文化程度上，大专的人数最多，占比为 48.33%；游客中最多为学生；大多数游客月收入在 2 000 元以下，10 000 元以上的游客占比仅为 1.67%。保护区中男性游客较多，占到总样本数的 68.33%；游客多为中青年群体，但是 60 岁及以上的人群占比是三个区域中比例最高的，达到 20.00%；文化程度上多为高中和大专，达到总人数的一半；职业方面，离职退休人群较多，占比为 13.33%，符合游客的年龄特征；月收入大多在 2 001 ~ 4 000 元之间，样本占比为 35.00%。

二、游客的支付意愿与 WTP 值

首先询问游客是否愿意支付，然后对愿意支付的游客通过支付卡法询问游客的最大支付意愿，在 5 元到 500 元范围（数据处理时，500 元以上按 500 元处理）内设置了 17 个不同层次的支付额度。WTP 值设置在游客可接受的合理范围内，并对相关疑问进行解释，以得到最真实的支付值。

三、支付意愿

调查结果表明，有 109 名游客愿意为保护风景名胜区支付一定费用，支付意愿为 68.55%；九曲溪上游保护地带有 49 人愿意支付，支付意愿为 81.67%；对武夷山国家保护区愿意支付的游客为 51 人，支付意愿为 85.00%。总体上看，大部分游客愿意贡献自己的力量投身到保护武夷山国家公园旅游资源的行动中，产生这种现象的原因主要有两个方面，一是在调查对象中福建省内游客较多，距离武夷山国家公园较近、了解程度较深，对研究区域有较强的私人感情，二是受到生态文明、"绿水青山就是金山银山"观念的积极影响，公众的生态环境保护意识增强，随着社会经济发展，居民可支配收入提高，游客有积极性、有能力参与到生态环境保护当中。

四、人均 WTP 值的统计

对于人均 WTP 的计算，采取平均值还是中位值，理论上一直有争议。本次调查中，游客 WTP 值差距较大，采取平均值会引起较大误差，因此，采用中位值作为计算标准，所谓中位值指的是累计频度达到 50.00% 时的支付额度。选择愿意支付的游客会继续选择愿意支付金额，问卷中给出了不同额度支付金额，从 5.00 ~ 500.00 元，经过计算得出，风景名胜区的人均支付额为 28.53 元，九曲溪上游的人均支付额为 25.02 元，保护区的人均支付额为 27.53 元。

五、非使用价值估算

对于人口样本数的选择是估算总 WTP 的一个难点，直接关系到游憩资源非使用价值估算的准确度。目前多数学者认为以城镇职工为样本比较合理，武夷山国家公园的游客来自全国各地，且此类人群有稳定的收入和节假日，出游动机较强；因此，本书采取认可度较高且符合实际的全国城镇就业总人口数作为计算依据。基于问卷调查，对国家统计局《中国统计年鉴》的收集、整理和处理，"人均 WTP 中位值"依据"人均 WTP 值"的统计，风景名胜区的人均支付额为 28.53 元，九曲溪上游的人均支付额为 25.02 元，保护区的人均支付额为 27.53 元；全国城镇就业总人口数来源于国家统计局发布的《中国统计年鉴》，取值为 43 419.00 万人；"支付率"根据"游客的支付意愿"，风景名胜区游客的支付意愿为 68.55%，九曲溪上游游客的支付意愿为 81.67%，保护区游客的支付意愿为 85.00%。通过计算：得出武夷山国家风景名胜区非使用价值为 84.92 亿元，九曲溪上游保护地带非使用价值为 88.73 亿元，武夷山国家保护区非使用价值为 101.60 亿元。武夷山国家公园非使用价值为 275.25 亿元。

资料来源：刘青．武夷山国家公园游憩资源价值评估和旅游生态补偿问题研究[D]．福州：福建师范大学，2020.

知识拓展 6-2

班夫国家公园开展的游憩活动

加拿大班夫国家公园（Banff National Park）成立于 1885 年，是加拿大第一个国家公园，以山湖之旅著称。公园内云天、冰雪、山岩、林木倒映在湖面上，春夏时丰艳绝伦，秋冬时典雅娴静，构成了画家和摄影家们梦寐以求的画面。

目前，班夫国家公园已成为著名的旅游胜地，国家公园内根据天气条件不同，制定了冬夏不同的旅游活动项目。

（一）冬季旅游活动项目

1. 滑冰及滑雪。班夫国家公园内有大量的滑冰地，最著名的要数路易斯湖，是冬天滑冰爱好者的天堂。滑雪也是国家公园内受欢迎的项目，同时公园内还有带向导的穿雪鞋徒步旅游活动。

2. 雪崩景观欣赏。雪崩是班夫国家公园常见的现象。观赏雪崩景观也是冬季受欢迎的项目。游客徒步到达班夫国家公园的偏远山区，沿途观赏具有一定风险的雪崩场景。

3. 冰面上跑步。游人在冰面上跑步，体验与路面上跑步不同的快感，见证令人难以置信的雪山，古老的冰川，冰覆盖的湖泊和冬天的野生动物，享受惊人的美丽。

4. 攀登瀑布冰。在班夫国家公园的瀑布冰攀登为冰攀登者提供了无与伦比的攀登经验。漫长的季节使加拿大落基山脉成为世界上首要的瀑布爬冰目的地之一。

（二）夏季旅游活动项目

1. 徒步。徒步旅游也是班夫国家公园内游人喜欢的旅游活动，游人可选择时间长短不同的徒步项目，从有向导的一日远足到多日的背包游、观野生动物游及"午夜太阳"之旅都应有尽有。

2. 骑车。游人可以骑常规自行车，也可以骑着胖胎自行车，在平地、山中小径或岩石道路上骑行，欣赏沿途美景。

3. 泛舟漂流。班夫国家公园内有许多商家提供半天、一天或多天的泛舟漂流活动。其中泛舟最好的地点是路易斯湖，面积虽小，但由于背靠雪山，风景怡人，泛舟其上俨如置身仙境里。

4. 帐篷露营。无论在冬天还是夏天，公园内的隧道山村二号村全年开放露营地，供游人露营使用。游人可以带上一辆房车，也可以打包一个帐篷，在冬天的一层新雪下或夏季的露珠下享受公园。

5. 潜水。在夏季，班夫国家公园在明纽安卡湖为潜水爱好者提供潜水活动项目。潜水项目是专业性非常强且危险系数较高的一项运动，因此，公园对安全性非常重视，对潜水活动进行了非常严格的规定。如要求所有潜水员都要经过认可组织的培训并获得潜水员认证。而且学员必须在认证潜水教练的监督下进行培训，永远不能独自潜水。

资料来源：根据加拿大班夫国家公园官网（https：//parks. canada. ca/ pn – np/ab/banff）资料整理。

第七章

国家公园的生态保育

学习目的

　　了解国家公园生态保育相关概念，熟悉我国的生态保育机制，掌握环境影响评估的基本理论与方法，了解国家公园生态保育的基本措施。

主要内容

- 国家公园的生态保育理念
- 国家公园的生态保育机制
- 国家公园的环境影响评估
- 国家公园的生态保育措施

第一节 国家公园的生态保育概述

一、生态保育的概念

生态保育（ecosystem conservation）是以保护地球上的生物单一物种群体单位，乃至数个生物所依存的栖地，至扩展至整个生态系统维护，甚至栖地原住民文化维护的学科，它包含"保护"（protection，即针对生物物种与栖地的监测维护）与"复育"（restoration，即针对濒危生物的育种繁殖与对受破坏生态系统的重建）两个内涵。生态保育主要是从生态学的观点出发，结合其他学科的技术以维系生态系统的运行。"保护"与"复育"这两个内涵中，前者是针对生物物种与其栖息地的保存与维护，而后者则是针对濒危生物的育种、繁殖与对退化生态系统的恢复、改良和重建工作。生态保育又可区分为物种保育、栖地保育、迁地保育与环境复育等。

在其他一些国家和地区，虽然专业用语在字面上没有写明生态保育，但实际上都包含明确的生态保育内容，像日本的生态系统维护恢复规划，它是指采取预防性或适应性的系列科学措施来维护或恢复生态系统的系列规划。当预期来自其他区域的外来植物或动物会对当地生态系统产生破坏或已经发生损害时，例如，外来的鹿会破坏自然植被、棘皮动物会破坏珊瑚群落等，就应该采取相应措施消灭外来物种，保持和恢复自然生态系统。

二、国家公园生态保育理念

（一）美国国家公园的生态保育理念

美国国家公园建设注重荒野式的保护。国家公园建立之初，国家公园的宗旨为"保护国家公园中的风景、自然与历史遗产以及野生动植物，并以不损害后代享用的手段和方式，为民众提供愉悦，并保证其完好无损"。美国国家公园具有保护自然资源与提供游憩服务的双重使命。其生态保护反映了一种非消耗性利用自然的理念。然而，第二次世界大战之后，美国国民旅游需求激增，国家公园生态保护压力增大。进入 20 世纪 90 年代，国家公园的生态保护理念由全面保护转向保护区域生态完整性。进入 21 世纪，美国国家公园体系奉行可持续发展原则，继续关注区域生态完整性与生物多样性。除了为国民提供娱乐机会之外，美国国家公园还积极开展环境教育。

美国国家公园发展的主导思想是科学管理，国家公园保护的首要标准是其科学价值，而不是风景或者游憩价值。公园局拥有一大批科学家和研究人员，专门从事国家公园相关的科学研究，为国家公园管理提供科学基础。美国国家公园采取生态系统管理方法，以大生态系统为基础进行整体管理与全面保护。

从美国国家公园体系的发展历程来看，国家公园的保护重心从自然景观价值转向生态系统的完整性，其发展理念也从无序开发到有序利用，再到生态优先。可见，随着美国国家公园体系的逐步完善，国家公园的生态保护理念经历了从人类中心主义思想到生态中心主义思想的转型，从而有效地保护了美国宝贵的自然与文化遗产。

（二）一些典型国家的国家公园生态保育理念

各国国家公园的生态保育理念较为相似，皆坚持生态保护优先原则。但由于各国国情不同，国家公园管理体制不同，生态保育理念仍然存在一定的差异。如加拿大注重原始自然景观的保护，严格控制历史遗留设施规模。澳大利亚注重自然环境与生物多样性保护。新西兰兼顾了生态环境保护与经济发展、公众游憩的需求。欧洲大部分国家对国家公园实行严格的管理和保护，如法国、德国等，但英国将国家公园的首要目标设定为公众游憩场所和自然环境保护，对保护地管理的严格程度有所降低。韩国在法律法规上对国家公园实现严格管控，并赋予国家公园警察较高的权力，对破坏国家公园自然资源的人进行严厉处罚。非洲国家公园的建设更加注重野生动物和自然景观的保护。

（三）中国国家公园的生态保育理念

2017 年 7 月 19 日，中央全面深化改革领导小组第 37 次会议审议通过了《建立国家公园体制总体方案》。其中明确提出了"国家公园理念"，为国家公园体制的建立提出了具体举措。会议强调，建立国家公园体制，要在总结试点经验基础上，坚持生态保护第一、国家代表性、全民公益性的国家公园理念，坚持山水林田湖草是一个生命共同体，对相关自然保护地进行功能重组，理顺管理体制，创新运营机制，健全法律保障，强化监督管理，构建以国家公园为代表的自然保护地体系。

"坚持生态保护第一"符合建立国家公园的目的。建立国家公园是为了保护自然生态系统的原真性、完整性，始终突出自然生态系统的严格保护、整体保护、系统保护，把最应该保护的地方保护起来。

"坚持生态保护第一"是生态文明建设的宗旨，也是建立国家公园体制的核心宗旨。国家公园的建设是建设生态文明的重要组成部分。国家公园区域内的资源和生态系统通常是具有国家或国际意义的景观、生态系统及生物多样性资源，这些自然资源是经过千百年，甚至千万年的沧桑变迁形成的，是中华民族的宝贵财富，一旦遭到破坏将造成无可挽回的损失。国家公园是我国自然保护体系中最重要的类型，属于国家主体功能区和国土空间规划中的禁止开发区，纳入生态保护红线管控范围，实行最严格的保护。因此，国家公园的首要功能是保持重要自然生态系统的完整性、原真性，同时兼具科研、教育、游憩的综合功能，要杜绝一切与保护目标不一致的开发利用方式和行为，更不能借国家公园之名进行开发区、旅游区建设。2015年9月，中共中央、国务院印发的《生态文明体制改革总体方案》第十二条明确要求："国家公园实行更严格保护，除不损害生态系统的原住民生活生产设施改造和自然观光科研教育旅游外，禁止其他开发建设，保护自然生态和自然文化遗产原真性、完整性。"2016年1月26日，习近平总书记在主持召开的中央财经领导小组第十二次会议上明确指出，要着力建设国家公园，保护自然生态系统的原真性和完整性，给子孙后代留下一些自然遗产。要整合设立国家公园，更好保护珍稀濒危动物。①

"坚持生态保护第一"的理念，并不是将国家公园的功能仅限于生态保护，国家公园除了保护，也允许适度开展环境教育和游憩。通过对国家公园进行科学合理的功能分区，国家公园的核心区和生态保育区严格禁止人为活动，在保护第一的前提下，可以考虑在可接受的范围内拿出极小比例的面积作为游憩展示区，进行最低限度的必要设施建设。但是始终要强调，建立国家公园的目的，是加强国家自然生态保护，维护国家生态安全，而不是旅游

---

① 习近平主持召开中央财经领导小组第十二次会议［EB/OL］.（2016-01-26）［2024-05-16］. http://www.xinhuanet.com/politics/2016-01/26/c_1117904083.htm.

开发。如果抱着以旅游开发为主要目的，必然适得其反，对自然生态造成无法估量、无法挽回的破坏。要始终把保护作为第一要务，在保护好自然资源的前提下，综合考虑国家公园生态承载力，适度、有限地利用国家公园资源，将国家公园打造成自然资源保护、人与自然和谐的典范。

三、生态保育的目标与原则

（一）生态保育的任务与目标

生态保育的任务就是对已受破坏或污染的生态环境，进行修复与重建的工作，以维系生态系统的正常功能。其目标是应用相关技术对受破坏或污染的生态系统进行修复，配合生态学技术对物种健康、族群繁衍、族群迁徙情形等进行监测，尽可能对生态系统诸变异因子进行了解和量化，以期重建被破坏的生态系统。

（二）生态保育的原则

1. 整体性原则。在国家公园的生态系统管理中要遵循系统的整体性原则，切忌人为活动对生态系统完整性的破坏与影响。

2. 系统性原则。根据自然生态系统整体性、系统性的内在规律要求，采取系统保护，全面保护国家公园及其周边的自然生态系统的完整性，从整体上综合考虑采取的保护措施。同时，将自然资源和人文资源作为一个整体进行保护。

3. 动态性原则。国家公园划分生态系统管理边界时必须综合考虑，合理划分自然保护管理小区，有助于实现生态系统的功能监测和管理目标。

4. 区域选择实施原则。根据《国家公园总体规划技术规范》（GB/T 39736 – 2020）中对生态保育区的界定：生态保育区主要是对退化的自然生态系统进行恢复，维持国家重点保护野生动植物的生境，以及隔离或减缓外界对保护区的干扰。该区域以自然力恢复为主，必要时辅以人工措施。从国家公园实际出发，集中有限的人力、物力解决国家公园生态保育区内所面临的最突出的矛盾和问题，采取有效的保护措施对其进行生态保育工作。

5. 保护第一原则。坚持保护第一的原则，即国家公园内一切工程设施均不得破坏国家公园自然景观与保护对象的生存栖息地，在国家公园内从事的一切活动均要符合国家公园管理的有关规定。对于基础设施建设等对生态系统造成的不能避免的损害，尽量减少到最低程度，使开发建设项目处于生态环境的承受范围之内，实现人与自然和谐共处。生物多样性的保护并不是简单地增加物种数目的问题，维护国家公园生物多样性是生态系统管理中不可缺少的组成部分。

在中共中央办公厅、国务院办公厅印发的《建立国家公园体制总体方案》中提到"坚持生态保护第一。建立国家公园的目的是保护自然生态系统的原真性、完整性，始终突出自然生态系统的严格保护、整体保护、系统保护，把最应该保护的地方保护起来。"可见生态保育的重要程度。

6. 平衡性原则。分析和计算国家公园生态系统各项功能指标（承载力、功能极限、环境容量等），合理管理，减缓外界压力，保持生态系统的健康和平衡。

7. 社区居民参与保护原则。社区的参与是保护措施得以顺利施行的保障。国家公园管理部门通过让社区居民参与保护方案的决策、实施和评估，与国家公园共同管理自然资源；通过科学指导社区自然资源的合理利用，使社区在经济发展中能持续利用自然资源，减少对自然资源的破坏，达到保护资源的目的。

四、生态保育规划的内容

生态保育是一项复杂的系统工程，需要进行科学合理规划，科学确定生态保育规划内容，确定生态保育的范围、对象、措施等。

（一）生态保育范围和对象

生态保育的范围和对象主要包括国家公园内人工植被、采石场、边坡、未成林造林地及占用林地的耕地等。在遵循物种多样性、景观多样性、生态多样性的原则下，对需要重点恢复、培育、抚育、涵养、保持的人工植被、采石场、未成林造林地，采取必要的技术措施与设施，逐步进行国家公园景观改造，恢复其公园内顶级群落。限制游人和居民活动，不得安排与其无关的项目与设施，严禁进行对其不利的活动。通过采取生态保育、生态恢复的技术措施以及景观改造，使现有的次生植物群落及野生动物栖息的场所得到保护，增加物种的多样性、景观多样性和生态系统的多样性。

（二）生态保育措施

国家公园植被由于受到人为因素的干扰，原有的植被景观受到一定的影响，不利于整体生态功能的发挥。在遵循保护生物多样性的原则下，根据国家公园的现状植被、功能区分布特征，细分场地类型，并采取相应的措施，达到最终的保育目标。从生态保育区的总体要求和需要出发，在保持好现有植被的基础上，调整植物结构，改善生态环境。国家公园内景观改造遵循以下原则：以保持现有的自然状态为基础，采用人工促进天然更新为主、人工补植为辅的方法，采取补植、套植等措施，以乡土树种为主，乔、灌、草相结合，最后形成多树种、多层次、多结构的顶级植物群落。

（三）修复受损生态系统

在物种、种群、群落和生态系统多个层次，使用当地植被中的标志、优势物种，尊重自然规律，重新构建受损生态系统的物种结构和空间结构，增加环境友好成分，建构正向演替的生态系统结构，提高受损生态系统的生命支撑功能和生态服务功能。

另外，鼓励国家公园内的农地采取混农林种植技术和坡耕地治理技术，以减少水土流失。或者进行产业规划，以景观的理念发展农业，将农业发展成观光农业，吸引访客进入社区观光，增加当地就业和创收机会。

（四）加强生态廊道建设

如果国家公园内天然植被或者关键物种（keystone species）种群的栖息地因人类活动而破碎化，物种交流的通道就会被阻断。规划建设生态廊道，以生态友好的方式连通生物重要栖息地，消除生境碎片化、孤岛化现象，增加物种传播和迁移的可能性，是极为必要的。

第二节　国家公园的生态保育机制

一、生态保育机制的内涵和性质

生态保育的重要性在于维系地球生物环境的永续共存。它不只是维护其他生物的基本需求，也是维护人类本身的基本需求，保护当代与后代人同样的基本需求，包括人们的健康、生活物资的不虞匮乏、干净健全的自然环境等。

纵观 140 余年间欧美自然保护地发展历程，以国家公园为主体的自然保护地建设模式经历了从单纯强调空间规划与游憩开发到注重保护生态环境的思路转变，而环境伦理观的萌芽、发展与成熟贯穿其中。19 世纪欧美国家的环境保护运动，迫使人们从哲学高度来反思工业革命所引发的人与环境间的矛盾冲突，直接推动了现代环境伦理观与自然保护地研究的结合。环境伦理学之父——霍尔姆斯·罗尔斯顿提出的自然价值论认为，人类对自然不应仅仅索取，还应承担义务。其"荒野哲学"为自然保护地生态保育提供了理论基础，并在美国等国家的自然保护地建设中得到传承。以环境伦理观为理论基石，美国、英国、加拿大等欧美国家将生态保育提升至自然保护地制度设计层面，并致力于相关机制的完善，如环境监测机制、游客管理机制、社区参与机制等。生态保育机制的完善，是自然保护地生态环境良性运转的基础条件。

朴素的环境伦理观在中国古已有之，从孟子"适时""顺性"而"合一"的生态理想，到儒家文化中的"天人合一"，再到以生态实践为原则的本土化环境伦理观的建构，中国的环境伦理观产生于长期的生态保育实践，展示出人作为主体对于周遭环境的关怀意识。我国自然保护地种类丰富、数量众多，制度建设经历了从抢救式保护到环境治理和生态保护的方式转变。党的十九大以来，我国生态文明建设迈入新阶段，通过相关主管部门的资源清查、生态监测、完善立法、部门协调、社区共管、特许经营等生态保育手段，自然保护地生态环境的完整性得到最大程度的保护。

二、建立生态保育机制的基本原则

（一）生态保护科学性原则

以自然恢复为主，辅以必要的人工措施，分区分类开展受损自然生态系统修复。重要栖息地恢复等生态修复活动应当坚持以自然恢复为主，确有必要开展人工修复活动的，应当经科学论证。建设生态廊道、开展重要栖息地恢复和废弃地修复。加强野外保护站点、巡护路网、监测监控、应急救灾、森林草原防火、有害生物防治和疫源疫病防控等保护管理设施建设，利用高科技手段和现代化设备促进自然保育、巡护和监测的信息化、智能化。为管理队伍配置技术装备，逐步实现规范化和标准化。

对自然保护地进行科学评估，将保护价值低的建制城镇、村屯或人口密集区域、社区民生设施等调整出自然保护地范围。依法清理整治探矿采矿、水电开发、工业建设等项目，通过分类处置方式有序退出；根据历史沿革与保护需要，依法依规对自然保护地内的耕地实施退田还林还草还湖还湿。

（二）生态系统真实性和完整性原则

生态环境最重要的诉求就是保持自身的完整性和原真性以及生物多样性的维持，这也是我国自然保护地建设的重要目标。对生态环境的建设与规划活动应遵从环境本身的生态进化过程，遵循"让自然作设计"的原则，避免总是在事后被动地参与环境治理，兼顾生产、生活、游憩的需求，促进自然保护地生态环境持续、稳定以及生物多样性可持续发展。

国家公园包括我国自然生态系统最重要、自然景观最独特、自然遗产最精华、生物多样性最富集的区域，被称为"最美国土"。《国家公园空间布局方案》在全国遴选出 49 个国家公园候选区，遴选出的国家公园候选区（含正式设立的 5 个国家公园），包括陆域 44 个、陆海统筹 2 个、海域 3 个。这些区域总面积约 110 万平方公里，其中陆域面积约 99 万平方公里、海域面积约 11 万平方公里，占陆域国土面积的 10.3%。它们覆盖了森林、草原、湿地、荒漠等自然生态系统。在这些地域中，分布着 5 000 多种野生脊椎动物和 2.9 万多种高等植物，保护了 80% 以上的国家重点保护野生动植物物种及其栖息地；同时也保护了众多大尺度的生态廊道，保护了国际候鸟迁飞、鲸豚类洄游、兽类跨境迁徙的关键区域。生态保育就要求对这些自然生态系统进行保护，保护原生态的自然环境，对生物物种与栖息地进行监测维护与复育，即针对濒危生物的育种繁殖与对受破坏生态系统的重建。所以我们无法忽略生态系统当中的每一个组成要素。

（三）自然资源合理利用原则

按照标准科学评估自然资源资产价值和资源利用的生态风险，明确自然保护地内自然资源利用方式，规范利用行为，全面实行自然资源有偿使用制度。依法界定各类自然资源资产产权主体的权利和义务，保护原住居民权益，实现各产权主体共建保护地、共享资源收益。制订自然保护地控制区经营性项目特许经营管理办法，建立健全特许经营制度，鼓励原住居民参与特许经营活动，探索自然资源所有者参与特许经营收益分配机制。对划入各类自然保护地内的集体所有土地及其附属资源，按照依法、自愿、有偿的原则，探索通过租赁、置换、赎买、合作等方式维护产权人权益，实现多元化保护。

三、国家公园生态保育机制

生态保育机制的建构要站在环境伦理观的高度，从顶层制度设计层面至具体政策的颁布，需符合人与自然、人与人之间和谐发展的伦理原则。国家公园生态保育机制可沿以下路径实现良性发展。

（一）政府引导机制

1. 国家公园生态保育法律保障体系。法律机制的运转应从环境治理的思维桎梏中解脱出来，立法、司法与执法思维应该变环保思维为生态保育思维，将"促进生态系统持续健康、景观资源培育充分、人与自然和谐共生"作为法律机制优化的目标。通过构建以生态保育思想为核心的自然保护地法律体系，健全相关自然保护地法律法规以及部门规章，做好法律之间的衔接，避免在内容上、执行上出现相互交叉的现象，在相互制约的基础上充分保障自然保护地的自主权。重视环境司法的作用，落实生态环境权利，包括清洁空气权、清洁水权、景观权等公益性环境权和采光权、通风权、安宁权等私益性环境权。推进以环境权为核心的自然保护地生态保育公益诉讼制度，并推进生态执法建设，维护环境司法执法公正。

例如，美国公园管理政策的主要关注点是对于野生动物的保护，尤其是濒危、本土物种。1916年颁布《组织建制法》，开始创建国家公园管理局，明确了国家公园生态保护和游憩利用两项功能。1970年颁布的《总局法》明确了各公园由国家公园管理局统一指导。1978年颁布的《红木法》中提到公园资源的管理是重要责任。加拿大国家公园立法以将自然景观作为共同利益为前提，政策制定围绕保护和开展旅游业，并作为国家经济发展的手段。加拿大公园管理局是世界上首个国家公园管理机构。加拿大国家公园法律体系分为两个层次，一是顶层法律，主要包括《国家公园法》和《国家公园管理局法》。这两部法律分别规定了国家公园和国家公园管理机构的相关内容，是制定其他国家公园相关法律法规的依据。二是国家公园管理法规。在上述顶层法案之下，加拿大制定了国家公园相关的各种法律法规近30

个之多。完善的法律保障体系为国家公园的保护提供了有力的支撑力量。

2. 层级明晰的生态保育管理制度。整合国家公园内相关机构提出的国家公园管理机构方案，包括机构级别、管理层级、管理模式等。明确国家公园管理机构主要职责，主要包括国家公园及其毗邻自然保护地全民所有自然资源资产管理，园区内生态保护修复工作，特许经营管理、社会参与管理、宣传推介以及履行自然资源、林业草原等领域相关执法或综合执法职责等。

自然保护地管理层级的设立既要统一，又要根据不同地区管理现状和特点区别对待，防止"一刀切"，以焕发保护地活力。通过整合保护地管理部门、减少权力来源，避免管理过程中各部门之间产生激烈冲突。管理层级应更明晰，国家级自然保护地统一由国务院设立的专职部门管理，地方自然保护地由地市级人民政府设立专门机构管理，并在保护地当地成立相关专职管理部门，使其与国务院专职部门形成上下级隶属关系。明确管理部门职权，舍弃条例式管控思维，加强各地方管理部门的协同合作，避免部门间各自为政。在管理中重视生态保育职能的发挥，设立保护地生态保育监管部门，各管理部门职能不仅要体现对环境的公正、正义，也应全面协调自然保护地利益群体，体现管理的公平性。

3. 可持续发展的生态保护体系。国家公园范围内自然生态系统保存完整、代表性强，核心资源集中分布，或者生态脆弱需要休养生息的区域应当划为核心保护区。国家公园核心保护区以外的区域划为一般控制区。政府处于领导性的位置，就需要对于国家公园的生态保育提供政策指引，为国家公园生态保育的工作开展提供有力支持。

生态环境的发展是一个动态过程，生态系统不断演替与更新。要维护这种过程、避免系统退化，就必须注重自然保护地动态环境监测机制的建立，通过优化生态监控措施和技术对生态环境进行动态监测，重视生态环境监测数据的收集与整理，进而建立相关信息数据库，使生态环境在适度的规划管理之上拥有自我发展、修复的空间。在这当中，可持续性的表现主要是在生态监测和预防分析中，利用远程监测和野生动植物库的数据，来确定保护地中重要的生态系统，并及时对小气候等生态环境的变化进行预测。气候变化影响预报需要评估区域气候变化，评估野生动植物对气候变化响应的脆弱程度，评估其对生态系统的影响程度，并以此为依据，对不同时段的生物多样性和生态系统的脆弱程度进行预报，从而为后续的保护目标制定提供依据。

（二）公众参与机制

1. 共建共享的生态保育数字化平台。共建共享的概念来源于西方全民参与的理念，建立国家公园生态保育的共建共享平台是为了能够促进生态系统保护与当地社区之间的可持续发展，当然不仅仅是当地社区，这样的发展关系可以连接到任何一个国家公园的游客。

生态保育理念的宣传可以从数据共享的角度出发，将各种类型的保护地空间定位、生态监测以及相关的研究成果，建立一个互动的平台，让公众可以在这个平台上选择一些独立的利益点并进行互动，其中包含了保护地环保活动的报名、公众意见和建议的反馈等，从而不断地提升公众对保护地的认识，为规划和管理提供公共支持。例如，加拿大国家公园非常重视国家公园的公众教育功能，为提高公众参与程度，加拿大国家公园创建了地理信息在线交流互通平台。不同于传统的宣传方式，交互形式允许公众在国家公园网站中更为明晰地了解现有国家公园地理区位及一定周期内的现场监测照片，了解国家公园建设的进展。公众可以选择自己对于国家公园的兴趣点，寻找到相关领域的研究内容，进行进一步的探索，有效增强了公众对于国家公园建设的关注度和主动认知的积极性。

2. 公民监督制。在保护的前提下，在自然保护地控制区内划定适当区域开展生态教育、自然体验、生态旅游等活动，构建高品质、多样化的生态产品体系。完善公共服务设施，提升公共服务功能。扶持和规范原住居民从事环境友好型经营活动，践行公民生态环境行为规范，支持和传承传统文化及人地和谐的生态产业模式。推行参与式社区管理，按照生态保护需求设立生态管护岗位并优先安排原住居民。例如，加拿大《国家公园行动计划》规定，必须使民众获得机会参与到国家公园决策、管理规划制定的过程之中。加拿大的国家公园局就十分重视与研究机构、私营企业及原住民充分合作，共同致力于国家公园的生态完整性保护。一系列相关政策都保证了国家公园的建设集公众力量于一身。自然保护是全社会的公共事业，以政府管理为主是国际保护地管理的主要模式，民众也需要参与其中共同保护自然，公众的参与和监督对国家公园的生态保育工作来说有重要意义。

第三节　国家公园的环境影响评估

从国家公园的定义和属性出发，国家公园总体规划主要内容应为有利于生态环境保护的项目。在规划过程中可能存在对生态环境有不利影响的基础设施工程，因此，对近期规划中明确实施的基础设施工程进行环境影响评估尤为重要。

一、国家公园环境影响评估的相关概念

（一）环境影响评估的概念

环境影响评估是指人们在实施可能造成重大环境影响的决定和承诺之前，通过充分的调查研究，对规划和建设项目实施后可能造成的环境影响进行分析、预测和评估，提出预防或者减轻不良环境影响的对策和措施、进行跟踪监测的方法与制度。按照社会经济与环境保护协调发展的原则，作出决策，并在行动之前制定出消除或缓解不良影响的措施。环境影响评估分为规划影响评估和建设项目影响评估。

对环境影响评估定义的解读，首先是环境影响评估的进行时间。应当在计划开发之前从开发行为给环境方面带来的所有的影响角度进行调查、预测公开其结果，并听取关系人的意见，在此基础上评价开发计划的可行性，决定是否实施开发。其次是环境影响评估的对象。环境影响评估的对象为规划和建设项目。环境影响评估的内容包括现状调查、分析环境要素、预测环境后果、提出建议措施、制订跟踪评价计划、公众参与和商议。

在我国，国家公园总体规划属于国土空间规划体系的专项规划，环境影响评估的技术指导参照《规划环境影响评价技术导则》（HJ 130—2019）执行。

（二）环境影响评估的目的和原则

国家公园环境影响评估应以改善国家公园环境质量和保障生态安全为目标，论证规划方案的生态环境合理性和环境效益，提出规划优化调整建议；

明确不良生态环境影响的减缓措施，提出生态环境保护建议和管控要求，为规划决策和规划实施过程中的生态环境管理提供依据。

由于环境影响评估需要通过大量的调查研究对国家公园内的生态资源风险进行预估和测量，并提出缓解措施或可替代方案，为国家公园建设工作提供可靠依据。在环境影响评估的过程中应秉承以下三点原则：

1. 早期介入、过程互动。评估应在规划编制的早期阶段介入，在规划前期研究和方案编制、论证、审定等关键环节和过程中充分互动，不断优化规划方案，提高环境合理性。

2. 统筹衔接、分类指导。评估工作应突出不同类型、不同层级规划及其环境影响特点，充分衔接"三线一单"成果，分类指导规划所包含建设项目的布局和生态环境准入。

3. 客观评估、结论科学。依据现有知识水平和技术条件对规划实施可能产生的不良环境影响的范围和程度进行客观分析，评估方法应成熟可靠，数据资料应完整可信，结论建议应具体明确且具有可操作性。

（三）评估范围

国家公园的规划和建设是一个长期且复杂的过程，对其进行环境影响评估应按照规划实施的时间维度和可能影响的空间尺度来界定评估范围。时间维度上，应包括整个规划期，并根据规划方案的内容、年限等选择评估的重点时段。空间尺度上，不仅包括规划空间范围，对受到规划影响的周边区域也需评估。周边区域确定应考虑各环境要素评估范围，兼顾区域流域污染物传输扩散特征、生态系统完整性和行政边界。

二、国家公园环境影响评估的流程

（一）工作流程

规划环境影响评估应在规划编制的早期阶段介入，并与规划编制、论证及审定等关键环节和过程充分互动，互动内容一般包括：

1. 在规划前期阶段，同步开展规划环评工作。通过对规划内容的分析，收集与规划相关的法律法规、环境政策等，收集上层次规划和规划所在区域战略环评及"三线一单"成果，对规划区域及可能受影响的区域进行现场踏勘，收集相关基础数据资料，初步调查环境敏感区情况，识别规划实施的主要环境影响，分析提出规划实施的资源、生态、环境制约因素，反馈给规划编制机关。

2. 在规划方案编制阶段，完成现状调查与评估，提出环境影响评估指标体系，分析、预测和评估拟订规划方案实施的资源、生态、环境影响，并将评估结果和结论反馈给规划编制机关，作为方案比选和优化的参考和依据。

3. 在规划的审定阶段，一是进一步论证拟推荐的规划方案的环境合理性，形成必要的优化调整建议，反馈给规划编制机关。针对推荐的规划方案提出不良环境影响减缓措施和环境影响跟踪评估计划，编制环境影响报告书。二是如果拟选定的规划方案在资源、生态、环境方面难以承载，或者可能造成重大不良生态环境影响且无法提出切实可行的预防或减缓对策和措施，或者根据现有的数据资料和专家知识对可能产生的不良生态环境影响的程度、范围等无法作出科学判断，应向规划编制机关提出对规划方案作出重大修改的建议并说明理由。

4. 规划环境影响报告书审查会后，应根据审查小组提出的修改意见和审查意见对报告书进行修改完善。

5. 在规划报送审批前，应将环境影响评估文件及其审查意见正式提交给规划编制机关。

（二）技术流程

国家公园环境影响评估的具体流程如图7-1所示。

三、国家公园环境影响评估的内容与方法

（一）环境影响评估的内容

1. 规划分析。规划分析包括规划概述和规划协调性分析。规划概述应明确可能对生态环境造成影响的规划内容；规划协调性分析应明确规划与相关法律、法规、政策的相符性，以及规划在空间布局、资源保护与利用、生态环境保护等方面的冲突和矛盾。

2. 现状调查与评价。通过调查评价区域资源利用状况、环境质量现状、生态状况及生态功能等，说明评价区域内的环境敏感区、重点生态功能区的分布情况及其保护要求，分析区域水资源、土地资源、能源等各类自然资源利用水平现状和变化趋势，评价区域环境质量达标情况和演变趋势，区域生态系统结构与功能状况和演变趋势，明确区域主要生态环境问题、资源利用和保护问题及成因。对已开发区域进行环境影响回顾性分析，说明区域生态

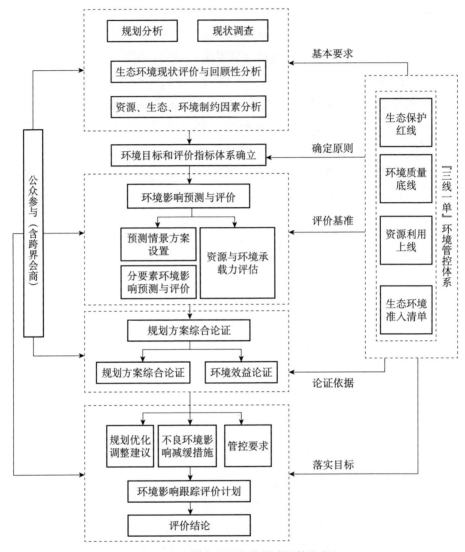

图 7-1 国家公园环境影响评估流程

环境问题与上一轮规划实施的关系。明确提出规划实施的资源、生态、环境制约因素，具体调查内容参见表 7-1。

表 7-1	资源、生态、环境现状调查内容
调查要素	主要调查内容
自然地理状况	地形地貌，河流、湖泊（水库）、海湾的水文状况，水文地质状况，气候与气象特征等

续表

调查要素		主要调查内容
环境质量现状	地表水环境	1. 水功能区划、海洋功能区划、近岸海域环境功能区划、保护目标及各功能区水质达标情况； 2. 主要水污染因子和特征污染因子、水环境控制单元主要污染物排放现状、环境质量改善目标要求； 3. 地表水控制断面位置及达标情况、主要水污染源分布和污染贡献率（包括工业、农业、生活污染源和移动源）、单位国内生产总值废水及主要水污染物排放量； 4. 附水功能区划图、控制断面位置图、海洋功能区划图、近岸海域环境功能区划图、水环境控制单元图、主要水污染源排放口分布图和现状监测点位图
	地下水环境	1. 环境水文地质条件，包括含（隔）水层结构及分布特征、地下水补径排条件、地下水流场等； 2. 地下水利用现状、地下水水质达标情况、主要污染因子和特征污染因子； 3. 附环境水文地质相关图件、现状监测点位图
	大气环境	1. 大气环境功能区划、保护目标及各功能区环境空气质量达标情况； 2. 主要大气污染因子和特征污染因子、大气环境控制单元主要污染物排放现状、环境质量改善目标要求； 3. 主要大气污染源分布和污染贡献率（包括工业、农业和生活污染源）、单位国内生产总值主要大气污染物排放量； 4. 附大气环境功能区划图、大气环境管控分区图、重点污染源分布图和现状监测点位图
	声环境	声环境功能区划、保护目标及各功能区声环境质量达标情况，附声环境功能区划图和现状监测点位图
	土壤环境	1. 土壤主要理化特征、主要土壤污染因子和特征污染因子、土壤中污染物含量、土壤污染风险防控区及防控目标，附土壤现状监测点位图； 2. 海洋沉积物质量达标情况
生态状况及生态功能		1. 生态保护红线与管控要求； 2. 生态功能区划、主体功能区划； 3. 生态系统的类型（森林、草原、荒漠、冻原、湿地、水域、海洋、农田、城镇等）及其结构、功能和过程； 4. 植物区系与主要植被类型，珍稀、濒危、特有、狭域野生动植物的种类、分布和生境状况； 5. 主要生态问题的类型、成因、空间分布、发生特点等；

续表

调查要素		主要调查内容
生态状况及生态功能		6. 附生态保护红线图、生态空间图、重点生态功能区划图及野生动植物分布图等
环境敏感区和重点生态功能区		1. 环境敏感区的类型、分布、范围、敏感性（或保护级别）、主要保护对象及相关环境保护要求等，与规划布局空间位置关系，附相关图件； 2. 重点生态功能区的类型、分布、范围和生态功能，与规划布局空间位置关系，附相关图件
资源利用现状	土地资源	主要用地类型、面积及其分布，土地资源利用上线及开发利用状况，土地资源重点管控区，附土地利用现状图
	水资源	水资源总量、时空分布，水资源利用上线及开发利用状况和耗用状况（包括地表水和地下水），海水与再生水利用状况，水资源重点管控区，附有关的水系图及水文地质相关图件
	能源	能源利用上线及能源消费总量、能源结构及利用效率
	矿产资源	矿产资源类型与储量、生产和消费总量、资源利用效率等，附矿产资源分布图
	旅游资源	旅游资源和景观资源的地理位置、范围和开发利用状况等，附相关图件
	岸线和滩涂资源	滩涂、岸线资源及其利用状况，附相关图件
	重要生物资源	重要生物资源（如林地资源、草地资源、渔业资源、海洋生物资源）和其他对区域经济社会发展有重要价值的资源地理分布、储量及其开发利用状况，附相关图件
其他	固体废物	固体废物（一般工业固体废物、一般农业固体废物、危险废物、生活垃圾）产生量及单位国内生产总值固体废物产生量，危险废物的产生量、产生源分布等
社会经济概况		评价范围内的人口规模、分布，经济规模与增长率，交通运输结构、空间布局等； 重点关注评价区域的产业结构、主导产业及其布局、重大基础设施布局及建设情况等，附相应图件

续表

调查要素	主要调查内容
环保基础设施建设及运行情况	评价范围内的污水处理设施（含管网）规模、分布、处理能力和处理工艺、服务范围；集中供热、供气情况；大气、水、土壤污染综合治理情况；区域噪声污染控制情况；一般工业固体废物与危险废物利用处置方式和利用处置设施情况（包括规模、分布、处理能力、处理工艺、服务范围和服务年限等）；现有生态保护工程及实施效果；环保投诉情况等

3. 环境影响识别与评价指标体系构建。识别规划实施可能产生的资源、生态、环境影响，初步判断影响的性质、范围和程度，确定评价重点，明确环境目标，建立评价的指标体系。

4. 环境影响预测与评价。设置多种预测情景，估算不同情景下规划实施对各类支撑性资源的需求量和主要污染物的产生量、排放量以及主要生态因子的变化量。预测与评价不同情景下规划实施对生态系统结构和功能、环境质量、环境敏感区的影响范围与程度，明确规划实施后能否满足环境目标的要求。根据不同类型规划及其环境影响特点，开展人群健康风险分析、环境风险预测与评价。

5. 规划方案综合论证和优化调整建议。根据规划方案的环境合理性和环境效益论证结果，对规划内容提出明确的、具有可操作性的优化调整建议，明确优化调整后的规划布局、规模、结构、建设时序，给出相应的优化调整图、表，说明优化调整后的规划方案具备资源、生态和环境方面的可支撑性。将优化调整后的规划方案，作为评价推荐的规划方案。说明规划环评与规划编制的互动过程、互动内容和各时段向规划编制机关反馈的建议及其被采纳情况等互动结果。

具体需优化调整的情形如下：

（1）规划的主要目标、发展定位不符合上层次主体功能区规划、区域"三线一单"等要求。

（2）规划空间布局和包含的具体建设项目选址、选线不符合生态保护红线、重点生态功能区以及其他环境敏感区的保护要求。

（3）规划开发活动或包含的具体建设项目不满足区域生态环境准入清单要求、属于国家明令禁止的产业类型或不符合国家产业政策、环境保护政策。

（4）规划方案中配套的生态保护、污染防治和风险防控措施实施后，区域的资源、生态、环境承载力仍无法支撑规划实施，环境质量无法满足评价目标，或仍可能造成重大的生态破坏和环境污染，或仍存在显著的环境风险。

（5）规划方案中有依据现有科学水平和技术条件，无法或难以对其产生的不良环境影响的程度或范围作出科学、准确判断的内容。

6. 环境影响减缓对策和措施。规划的环境影响减缓对策和措施是针对评价推荐的规划方案实施后可能产生的不良环境影响，在充分评估规划方案中已明确的环境污染防治、生态保护、资源能源增效等相关措施的基础上，提出的环境保护方案和管控要求。应具有针对性和可操作性，内容上包括生态环境保护方案和环境管控要求。

7. 环境跟踪评价计划。结合规划实施产生的主要生态环境影响，拟订跟踪评价计划，监测和调查规划实施对区域环境质量、生态功能、资源利用等的实际影响，以及不良生态环境影响减缓措施的有效性。跟踪评价取得的数据、资料和结果应能够说明规划实施带来的生态环境质量的实际变化，反映规划优化调整建议、环境管控要求和生态环境准入清单等对策措施的执行效果，并为后续规划实施、调整、修编，完善生态环境管理方案和加强相关建设项目环境管理等提供依据。跟踪评价计划应包括工作目的、监测方案、调查方法、评价重点、执行单位、实施安排等内容。

8. 公众参与和会商意见处理。收集整理公众意见和会商意见，对于已采纳的，应在环境影响评价文件中明确说明修改的具体内容；对于未采纳的，应说明理由。

9. 评价结论。评价结论是对全部评价工作内容和成果的归纳总结，应文字简洁、观点鲜明、逻辑清晰、结论明确。在评价结论中应明确以下内容：

（1）区域生态保护红线、环境质量底线、资源利用上线，区域环境质量现状和演变趋势，资源利用现状和演变趋势，生态状况和演变趋势，区域主要生态环境问题、资源利用和保护问题及成因，规划实施的资源、生态、环境制约因素。

（2）规划实施对生态、环境影响的程度和范围，区域水、土地、能源等各类资源要素和大气、水等环境要素对规划实施的承载能力，规划实施可能产生的环境风险，规划实施环境目标可达性分析结论。

（3）规划的协调性分析结论、规划方案的环境合理性和环境效益论证结论、规划优化调整建议等。

（4）减缓不良环境影响的生态环境保护方案和管控要求。

（5）规划包含的具体建设项目环境影响评价的重点内容和简化建议等。

（6）规划实施环境影响跟踪评价计划的主要内容和要求。

（7）公众意见、会商意见的回复和采纳情况。

（二）环境影响评估的方法

规划环境影响评价各工作环节常用方法参见表7－2。开展具体评价工作时可根据需要选用，也可选用其他已广泛应用、可验证的技术方法。

表7－2　规划环境影响评价的常用方法

评价环节	可采用的主要方式和方法
规划分析	核查表、叠图分析、矩阵分析、专家咨询（如智暴法、德尔菲法等）、情景分析、类比分析、系统分析
现状调查与评价	现状调查：资料收集、现场踏勘、环境监测、生态调查、问卷调查、访谈、座谈会。环境要素的调查方式和监测方法可参考HJ2.2、HJ2.3、HJ2.4、HJ19、HJ610、HJ623、HJ964 和有关监测规范执行：专家咨询、指数法（单指数、综合指数）、类比分析、叠图分析、生态学分析法（生态系统健康评价法、生物多样性评价法、生态机理分析法、生态系统服务功能评价方法、生态环境敏感性评价方法、景观生态学法等，以下同）、灰色系统分析法
环境影响识别与评价指标确定	核查表、矩阵分析、网络分析、系统流图、叠图分析、灰色系统分析法、层次分析、情景分析、专家咨询、类比分析、压力—状态—响应分析
规划实施生态环境压力分析	专家咨询、情景分析、负荷分析（估算单位国内生产总值物耗、能耗和污染物排放量等）、趋势分析、弹性系数法、类比分析、对比分析、供需平衡分析
环境影响预测与评价	类比分析、对比分析、负荷分析（估算单位国内生产总值物耗、能耗和污染物排放量等）、弹性系数法、趋势分析、系统动力学法、投入产出分析、供需平衡分析、数值模拟、环境经济学分析（影子价格、支付意愿、费用效益分析等）、综合指数法、生态学分析法、灰色系统分析法、叠图分析、情景分析、相关性分析、剂量—反应关系评价。环境要素影响预测与评价的方式和方法可参考 HJ2.2、HJ2.3、HJ2.4、HJ19、HJ610、HJ623、HJ964 执行
环境风险评价	灰色系统分析法、模糊数学法、数值模拟、风险概率统计、事件树分析、生态学分析法、类比分析可参考 HJ169 执行

四、国家公园环境影响评估的成果编制

环境影响评价文件的成果编制应包含环境影响报告书、环境影响图件、规划环境影响篇章（或说明）三个部分。规划环境影响评价文件应图文并茂、数据翔实、论据充分、结构完整、重点突出、结论和建议明确。

（一）环境影响报告书应包括的主要内容

（1）总则。概述任务由来，明确评价依据、评价目的与原则、评价范围、评价重点、执行的环境标准、评价流程等。

（2）规划分析。

（3）现状调查与评价。

（4）环境影响识别与评价指标体系构建。

（5）环境影响预测与评价。

（6）规划方案综合论证和优化调整建议。

（7）环境影响减缓对策和措施。

（8）如规划方案中包含具体的建设项目，应给出重大建设项目环境影响评价的重点内容要求和简化建议。

（9）环境影响跟踪评价计划，说明拟订的跟踪监测与评价计划。

（10）说明公众意见、会商意见的回复和采纳情况。

（11）评价结论。归纳总结评价工作成果，明确规划方案的环境合理性，以及优化调整建议和调整后的规划方案。

（二）环境影响报告书中图件的要求

（1）规划环境影响评价文件中图件一般包括规划概述相关图件，环境现状和区域规划相关图件，现状评价、环境影响评价、规划优化调整、环境管控、跟踪评价计划等成果图件。

（2）成果图件应包含地理信息、数据信息，依法需要保密的信息除外。

（3）实际工作中应根据规划环境影响特点和区域环境保护要求，选取提交表7-3、表7-4中相应图件。

表 7 - 3 基础图件要求

	图件名称	图件和属性数据要求	图件类型
规划数据	规划范围图	规划范围（面积）	面状矢量图
	规划布局图	规划空间布局，各分区范围（面积）；规划不同时期线路走向（针对轨道交通等线性规划）	面状矢量图或线状矢量图
	规划区土地利用规划图	规划范围内各地块规划用地类型（用地类型名称、面积）	面状矢量图
环境现状和区域规划数据	生态保护红线分布图	评价范围内各生态保护红线区范围（红线区名称、面积）	面状矢量图
	环境管控单元图	评价范围内大气、水、土壤等环境管控单元图（管控单元名称、面积）	面状矢量图
	全国/省级主体功能区规划图	评价范围内全国/省级主体功能区范围（主体功能区类型名称）	
	全国/省级生态功能区划图	评价范围内全国/省级生态功能区范围（生态功能区类型名称）	
	城市大气环境功能区划图	评价范围内大气环境功能区范围（功能区类型和保护目标）	
	城市声环境功能区划图	评价范围内声环境功能区范围（功能区类型和保护目标）	
	城市水环境功能区划图	评价范围内水环境功能区范围（功能区类型和保护目标）	
	土地利用现状和规划图	规划所在市（县）土地利用现状和规划（用地类型）	
	城市总体规划图	规划所在市（县）城市总体规划（各功能分区名称）	
	环境质量（水、大气、噪声、土壤）点位图	评价范围内环境质量（水、大气、噪声、土壤）监测点位置（监测点经纬度、监测时间、监测数据、达标情况）	
	主要污染源（水、大气、土壤）分布图	评价范围内水、大气、土壤主要污染源位置（污染物种类、排放量、达标情况）	
	其他环境敏感区分布图	评价范围内自然保护区、风景名胜区、森林公园等除生态保护红线外其他环境敏感区范围（名称、级别、面积、主要保护对象和保护要求）	
	珍稀、濒危野生动植物分布图	评价范围内珍稀、濒危野生动植物分布位置（名称、保护级别）	

表7-4   评价图件要求

图件名称		图件和属性数据要求	图件类型
现状评价成果	规划布局与生态保护红线区位置关系图	规划功能分区或具体建设项目与生态保护红线区位置关系（最小直线距离或重叠范围和面积）	
	规划布局与除生态保护红线外其他环境敏感区位置关系图	规划功能分区或具体建设项目与除生态保护红线外其他环境敏感区位置关系（最小直线距离或重叠范围和面积）	
	规划区与全国/省级主体功能区叠图	规划区所处主体功能区位置（功能区名称）	
	规划区与全国/省级生态功能区叠图	规划区所处生态功能区位置（功能区名称）	
	环境质量评价结果图	评价范围内各环境功能区达标情况	
	生态系统演变评价结果图	评价范围内生态系统演变情况，如土地利用变化情况、水土流失变化情况等（评价时段、变化范围和面积等）	
	环境质量变化评价结果图	评价范围内环境质量变化情况（评价时段、各环境功能区环境质量变好或恶化）	
环境影响评价成果	水环境影响评价结果图	规划实施后水环境影响范围和程度（各规划期水环境影响范围、面积或长度，规划实施后各环境功能区达标情况）	
	大气环境影响评价结果图	规划实施后大气环境影响范围和程度（各规划期大气环境影响范围、面积，规划实施后各环境功能区达标情况）	
	土壤环境影响评价结果图	规划实施后土壤环境影响范围和程度（各规划期土壤环境影响范围、面积）	
	噪声环境影响评价结果图	规划实施后噪声环境影响范围和程度（各规划期噪声环境影响范围、面积，规划实施后各环境功能区达标情况）	
规划优化调整成果	规划布局优化调整成果图	规划布局调整前后对比（边界变化情况、面积变化情况）	面状矢量图
	规划规模优化调整成果图	规划规模调整前后对比（各规划期规模变化情况，对应规划内容建设时序调整情况）	面状矢量图

续表

图件名称		图件和属性数据要求	图件类型
环境管控成果	环境管控成果图	规划范围内环境管控单元划分结果（各管控单元空间范围、面积、管控要求、生态环境准入清单）	面状矢量图
跟踪评价计划成果	监测点位布局图	跟踪监测方案提出的大气、水、土壤、生态等跟踪监测点位分布情况（位置、监测频率、监测内容）	点状矢量图

（三）规划环境影响篇章（或说明）应包括的主要内容

（1）环境影响分析依据。重点明确与规划相关的法律法规、政策、规划和环境目标、标准。

（2）现状调查与评价。

（3）环境影响预测与评价。

（4）环境影响减缓措施。

（5）根据评价需要，在篇章（或说明）中附必要的图、表。

第四节　国家公园的生态保育措施

一、构建生态保护管护体系

（一）完善管护的前期建设工作

对国家公园的生态保护涉及范围广，工作开展复杂，应做好前期建设工作以保证管护工作的开展。对规划建设进行严格的管控，严格规划建设管控，除不损害生态系统的原住民生产生活设施改造和自然观光、科研、教育、旅游外，禁止其他开发建设活动，国家公园区域内不符合保护和规划要求的各类设施、工矿企业等逐步搬离，建立已设矿业权逐步退出机制。

对管护需要的基础设施，可加强野外保护站点、巡护路网、监测监控、应急救灾、森林草原防火、有害生物防治和疫源疫病防控等保护管理设施建设，利用高科技手段和现代化设备促进自然保育、巡护和监测的信息化、智能化。为管理队伍配置技术装备，逐步实现规范化和标准化。

（二）健全严格保护管理制度

完善的保护管理制度是国家公园管理和保护工作能够有效开展的基础。

在前期规划阶段需做好自然资源情况调查和生态系统监测，统筹制定各类资源的保护管理目标，着力维持生态服务功能，提高生态产品供给能力。对国家公园的生态修复，应秉承以自然恢复为主、人工干预为辅的生态修复理念，制订生态修复的时间节点计划。

国家公园开展管护工作需配备专职巡护人员，强化日常巡护管理，巡护管理包括日常巡护、稽查巡护、监测巡护等类型。在国家公园内定期或不定期开展生态环境和生物多样性监测工作，建立早发现、早制止、严厉打击的工作机制。我国的国家公园管护体系内包括管护机构、管护站点和检查哨卡，明确各部门功能职责、责任落实能够确保国家公园内管护工作的高效运行。

（三）实施差别化保护管理方式

国家公园的生态系统类型众多，根据不同国家公园主要保护对象的不同，国家公园保护管理的侧重有所不同。同一国家公园内，按照自然资源特征和管理目标不同，不同区域开展保护工作的力度也不同。因此对国家公园实行差别化保护管理，能够更好地对国家公园进行保护和利用，发挥其生态价值。

如我国的大熊猫国家公园将其功能区划分为核心保护区和一般控制区，纳入生态保护红线管理，实行差别化用途管制。核心保护区为维护以大熊猫为代表的珍稀野生动物种群正常生存、繁衍、迁移的关键区域，采取封禁和自然恢复等方式对自然生态系统和自然资源实行最严格的科学保护。一般控制区是指实施生态修复、改善栖息地质量和建设生态廊道的重点区域，也是大熊猫国家公园内原住居民、管理机构人员生产生活的主要区域，是开展与大熊猫国家公园保护管理目标一致的自然教育、生态体验服务的主要场所。

（四）完善责任追究制度

强化国家公园管理机构的自然生态系统保护主体责任，明确当地政府和相关部门的相应责任。严厉打击违法违规开发矿产资源或其他项目、偷排偷放污染物、偷捕盗猎野生动物等各类环境违法犯罪行为。严格落实考核问责制度，建立国家公园管理机构自然生态系统保护成效考核评估制度，全面实行环境保护"党政同责、一岗双责"，对领导干部实行自然资源资产离任审计和生态环境损害责任追究制。对违背国家公园保护管理要求、造成生态系统和资源环境严重破坏的要记录在案，依法依规严肃问责、终身追责。

（五）探索公众参与的管护机制

探索公众参与的管护机制，让公众参与到国家公园的保护责任分担和经营成果分享中，鼓励了预期的受益人参与到有关自己利益的发展中，这不仅能提高国家公园内生态保育工作的效率，也更能唤醒人们对生态环境保护重要性的意识。加强公共服务设施的完善，提升公共服务功能，规范和支持原住民从事环境友好型经营活动，践行公民生态环境行为规范，并积极传承和支持传统文化以及人地和谐的生态产业模式。实施参与式社区管理，设立生态管护岗位以满足生态保护需求，并优先考虑原住民就业。建立志愿者服务体系，完善自然保护地社会捐赠制度，鼓励企业、社会组织和个人积极参与自然保护地的生态保护、建设和发展。

二、开展生态环境的综合治理

（一）建立监测体系

应完善国家公园等自然保护地生态环境监测制度，制定相关技术标准，建设各类各级自然保护地"天空地一体化"监测网络体系，充分发挥地面生态系统、环境、气象、水文水资源、水土保持、海洋等监测站点和卫星遥感的作用，开展生态环境监测。依托生态环境监管平台和大数据，运用云计算、物联网等信息化手段，加强自然保护地监测数据集成分析和综合应用，全面掌握自然保护地生态系统构成、分布与动态变化，及时评估和预警生态风险，并定期统一发布生态环境状况监测评估报告。对自然保护地内基础设施建设、矿产资源开发等人类活动实施全面监控。

（二）开展生态环境治理工作

国家公园的环境治理涉及对水环境、大气环境、声环境等方面的治理，各国家公园应针对所在区域的生态问题，依法开展环境整治工作。

以钱江源国家公园为例，在钱江源国家公园建设初期，由于钱江源国家公园地域与周边原住民有联系紧密的特殊性，农村垃圾问题一度成为建设过程中的棘手问题，钱江源国家公园把农村垃圾治理工作作为公园内生态文明建设的重要内容之一。建立数字化"钱江源国家公园垃圾革命"工作平台支持环境整治工作；推行垃圾兑换超市创新模式，提高公众参与环境整治积极性；完善整治工作机制，将垃圾分类推进工作列为综合争先考核重要内容。通过一系列措施并行，其环境问题整治的效果不仅管住了农村"脏、乱、差"，更实现了环境"洁、净、美"，引领了完美蝶变，实现了多重效益。

（三）加强生态环境监督考核

实行最严格的生态环境保护制度，强化自然保护地监测、评估、考核、执法、监督等，形成一整套体系完善、监管有力的监督管理制度。加强评估考核。组织对自然保护地管理进行科学评估，及时掌握各类自然保护地管理和保护成效情况，发布评估结果。适时引入第三方评估制度。对国家公园等各类自然保护地管理进行评价考核，根据实际情况，适时将评价考核结果纳入生态文明建设目标评价考核体系，作为党政领导班子和领导干部综合评价及责任追究、离任审计的重要参考。

三、加强生物多样性保护

（一）生态系统多样性保护

国家公园以保护具有国家代表性的自然生态系统为主要目的，对包括森林生态系统、草原生态系统、湿地生态系统等，海洋生态系统和淡水生态系统，湖泊生态系统在内的自然生态系统开展系统性保护。我国的国家公园体制试点建设主要以陆地生态系统为依托，对生态系统的恢复手段以自然恢复为主，辅以必要的人工措施，分区分类开展受损自然生态系统修复，如建设生态廊道、开展重要栖息地恢复和废弃地修复。

（二）物种多样性保护

在保护最珍贵、最重要生物多样性集中分布区中，国家公园处于主导地位。生物多样性包括了生态系统多样性、物种多样性和遗传多样性。国家公园重点关注物种多样性的保护，对物种多样性的保护一般有就地保护、迁地保护等。

1. 就地保护。就地保护是生物多样性保护的最有效的措施，是通过立法，将有价值的自然生态系统和珍稀濒危野生动植物集中分布的天然栖息地保护起来，限制人类影响，确保区内生态系统及其物种的繁衍，维持系统内的物质循环和能量流动等生态过程。

国家公园就地保护在范围划定时需充分考虑旗舰物种、珍稀濒危物种的分布和生境现状，对保护物种采取针对性保护措施，设立严格保护区以满足其繁衍进化的基本空间需求，推进生态廊道建设，确保生境连续性，增加物种间的基因交流，防止种群隔离。

2. 迁地保护。迁地保护又叫作易地保护，指将濒危动植物迁移到人工环境中或易地实施保护，如设立人工繁育中心。迁地保护是在就地保护无法进行情况下的补充，其具有人工环境下物种自然竞争无法形成，容易出现近亲繁殖及繁殖力降低、物种衰退，不能完全保持物种的自然活力的缺点。但是，当物种丧失在野生环境中生存的能力或即将灭绝时，迁地保护无疑提供了最后一套保护方案，因此，迁地保护的保护对象往往为珍稀濒危物种。

国家公园迁地保护常通过建立珍稀濒危物种繁育基地来确保范围内珍稀濒危物种的繁育。我国的大熊猫国家公园就是典型的案例，通过大熊猫繁育基地建设，改善人工繁育环境和条件，通过一代代的繁育和科研，历经多年，在人工繁育大熊猫的理论与实践中取得了巨大成就。

（三）遗传多样性保护

遗传多样性即生物基因的多样性，国家公园建设中通常通过建立种质资源库对物种种质资源进行保护。

种质资源是生物遗传多样性中的重要概念，指包含生物全部遗传信息的繁殖体材料，如植物的种子、组织物，动物的生殖细胞、胚胎、组织、血样和微生物菌种。离体保护是保护遗传多样性的主要手段。

离体保护是指使用现代技术手段使基因资源在没有动植物实体的状态下长期保存。建立种子库、精子库、基因库、胚胎库，对生物多样性中的物种和遗传物质进行离体保护。建立基因资源库，将生物组织和细胞、孢粉、动物的精液、卵子和胚胎以冷冻储存形式（在－196℃的液氮环境中）或用培养液进行长期保存。

如我国的大熊猫国家公园建立了野生大熊猫个体基因数据库，依托全面调查、专项调查和巡护监测等工作收集能用于 DNA 检测的大熊猫粪便、毛发等样品，分批次进行处理并提取 DNA 信息，逐渐收集并掌握全部野生大熊猫个体遗传多样性信息，建立野生大熊猫个体基因数据库，使野生大熊猫保护管理在种群数量与结构、物种分布、遗传编码等方面实现分子水平跨越。

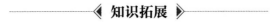

◀ **复习与思考题** ▶

1. 简述国家公园生态保育的概念。
2. 简述我国的国家公园生态保育机制。
3. 国家公园环境影响评估的编制成果需包括哪些文件？
4. 简述国家公园生态保育的措施。

◀ **知识拓展** ▶

知识拓展 **7-1**

大熊猫国家公园生态保育经验

自试点工作开展以来，四川针对生态保育规划进行了有益的探索。2017年8月，大熊猫国家公园体制试点工作推进领导小组印发了《大熊猫国家公园体制试点实施方案（2017—2020年)》，从创新生态保护管理体制、编制总体规划、完善生态与资源保护制度、实施大熊猫栖息地生态修复、探索长效资金保障机制等多方面初步明确了试点区生态价值试点的主要任务。2019年10月，国家林业和草原局印发了《大熊猫国家公园总体规划（征求意见稿)》，明确到2035年将试点区建成生态价值实现先行区域，并对上述相关任务进行了细化。

值得借鉴的是，大熊猫国家公园建立了系统化、标准化的野生动物监测体系并持续完善。生物多样性监测是国家公园保护的核心基础之一。得益于20世纪60年代以来国家与国际社会对大熊猫这一旗舰物种及其栖息地保护的大力投入，国家公园试点启动之前，试点区范围内已建立起以自然保护区为主要类型的众多自然保护地，在秦岭、岷山、邛崃山等片区已经形成相互连片的区域性自然保护区群。以这些大熊猫保护地为基础，结合历次全国大熊猫调查结果，该区域建立了较为系统的针对野生大熊猫种群、栖息地及伴生动物的监测体系。试点区也是我国最早开展大规模野生动物红外相机监测的地区；经过十多年的发展，在国家公园试点实施期间，试点区内已经建立起较为标准化的红外相机监测网络，目前布设有红外相机近1万台。以大熊猫保护区公里网格监测规程为核心的监测方案经整理、完善后，以行业地方标准的形式正式发布，即《野生动物红外相机监测技术规程》（DB51/T2287—2016），为国家公园标准化野生动物监测体系的构建奠定了基础。这样的监测体系建设，不仅为区内的生物多样性编目与监测构建了可靠的基础，也在近年来诸多科研成果的产出中起到了关键的作用，同时为保护地的保护成效评估、景观廊道规划、保护管理决策等提供了科学的支撑。

知识拓展 **7-2**

钱江源国家公园生态巡护社区、网格林长管理办法（试行）

根据全面推行林长制工作部署，为更好地保护钱江源国家公园自然资源和生态环境，及时掌握人类活动和资源动态变化情况，进一步加强"网格化"生态巡护管理，特制定本办法。

一、巡护职责

各"社区林长"和"网格林长"是责任网格区域生态巡护的第一责任人，要严格履行《钱江源国家公园林长制工作细则》职责要求，优化日常巡护，落实周二巡护，开展联合巡护，及时处置并报告有关破坏自然资源和生态环境等情况，确保钱江源自然生态系统原真性、完整性保护，共建清洁美丽国家公园。

二、巡护要求

（一）日常巡护："网格林长"每周至少开展2次生态巡护，森林防火期必须每天巡林巡查，关键时段要重点巡护。

（二）周二巡护：每周二为钱江源国家公园"生态巡护日"。各执法所要统筹安排，组织落实周二"生态巡护日"活动，充分调动"社区林长"和"网格林长"统一行动，共同参与生态巡护各项工作；"社区林长"要加强日常巡护的督导，每季度至少完成一次责任网格全域巡护，不留死角，营造"国家公园是我家，生态环保靠大家"的浓厚氛围。

（三）联合巡护：各执法所要根据实际情况，每季度至少组织一次片区"网格林长"联合巡护，探索相邻网格交叉巡护，相互学习，交流经验，提高生态巡护的针对性和有效性。

三、巡护范围

《钱江源国家公园林长制工作细则》确定的林长责任网格区域为"社区

林长""网格林长"生态巡护的责任范围。

四、巡护内容

（一）自然资源

及时发现并制止乱砍滥伐森林树木，乱采滥挖兰花、草药、花卉、树苑等野生植物的破坏自然资源行为，并第一时间报告执法所。

及时发现并制止非法侵占林地开垦种地、乱搭乱建、开挖山体、取土采石等破坏自然生态的行为，并报告执法所。

及时发现并制止乱捕滥猎野生动物和干扰野生动物栖息繁育的行为，深入网格山林、田间地头、动物栖息地摸排铁夹、猎套、电猫、木吊、鸟网等盗猎工具，并第一时间报告执法所。

及时发现不明原因受伤死亡野生动物、枯死林木和外来入侵物种等异常现象，并拍照录像报告执法所。

及时发现并制止非法捕捞、非法采砂等破坏河道生态环境的行为，并报告执法所。

（二）森林防火

加强森林防火宣传，做好野外火源管控，强化社区重点人员一对一盯防管理。巡护中发现火灾隐患应及时消除，对一切违规野外用火行为要立即制止，并将处置情况及时报告执法所。

发生森林火警应立即报告执法所，并采取措施迅速扑救，争取"打早、打小、打了"，协助案件查处。

（三）管护设施

做好社区保护点办公场所日常管理工作，保持环境整洁卫生，设备用品齐全完好。加强管护设施巡检，确保网格区域内巡护道路、通信基站、红外相机、视频监控、高空云台、林火报警等管护设施运行正常，标识标牌完好整洁，界碑界桩完整清晰，在巡护中如发现问题应及时进行处置，并将相关情况报告执法所。

（四）生态环境

全面捡拾清理责任网格区域的白色垃圾，包括林区作业、驴友活动、访客游玩、工程建设以及清明、冬至等祭拜行为产生的塑料袋、饮料瓶、工程废弃包装物、祭祀品；农户生产生活产生的废弃塑料桶（盆）、塑料薄膜、违章临时设施、农药瓶、驱赶鸟兽的假人衣物等。

及时制止在田间地头使用剧毒和限制性农药，宣传不用或少用农药、化肥，倡导无公害、绿色、有机农产品的生产。

及时发现和制止在网格区域内乱焚乱烧、乱排乱倒、污染环境等行为，并报告执法所。

（五）社区宣传

结合村社实际，创新方式方法普及国家公园建设理念，形式多样宣传生态保护政策法规，每月至少开展一次社区专项宣传活动，让资源保护、森林防火、自然生态、环境整治等方面的具体要求，家喻户晓，深入人心。

五、组织保障

（一）执法所具体负责本片区的资源保护生态巡护工作，要进一步严肃工作纪律，制订工作目标，明确工作思路和举措，落实管护措施。

（二）片区林长每月至少组织召开1次林长工作会议，落实上级林长工作要求，安排具体管护工作任务，分析解决生态保护相关问题，加强业务培训和应急演练。结合各片区实际，明确具体化、可量化的考核实施细则，按期完成"社区林长""网格林长"生态巡护工作巡查和考核排名。

（三）巡护人员要统一穿着巡护服装、戴红袖套，佩戴使用巡护终端和对讲机，携带水壶、毛巾、手套、环保袋等必需用品。每次巡护结束，要在《巡护记录本》上认真记录时间、地点、路线、天气、巡护情况、发现问题和处置结果等内容。

（四）为进一步激发"社区林长""网格林长"生态巡护的积极性主动性，倡导"比学赶超、勇争第一"的工作作风，强化落实"工分+排名"考核。严格按照《钱江源国家公园生态管护员考核办法》相关要求，将"总林长"督查、"片区林长"检查、"网格林长"互查、"周二巡护"联查、群众举报、巡护App、视频监控、林火监测、卫星遥感、无人机巡检等相关数据信息，作为记工分、排名次的重要依据，客观公正，奖惩结合，每月进行考评，年度综合排名，不断推进钱江源国家公园生态巡护工作有序有效。

第八章

国家公园的经营管理

学习目的

　　了解国家公园特许经营管理、游憩管理、门票管理和智慧管理的概念，了解国外国家公园的经营管理动态与前沿信息，掌握中国国家公园的经营管理制度，更好地实现国家公园的生态保护与生态价值。

主要内容

- 国家公园的特许经营管理
- 国家公园的游憩管理
- 国家公园的门票管理
- 国家公园的智慧管理

第一节　国家公园特许经营

一、国家公园特许经营的概念

特许经营（franchise）指在签订合同的前提下，特许人将经营资源授予给被特许人使用，被特许人向许可者支付特许经营费，获得资源的特许经营权，主要在商业领域使用。国家公园特许经营指国家公园管理机构依法授权特定主体在国家公园范围内开展经营活动。与一般的特许经营相比，国家公园特许经营行为具有如下特点。

第一，国家公园特许经营本质上是政府行政许可。国家公园特许经营涉及的是公共资源，只有国家政府才能进行许可授权。因此，国家公园特许经营本质上是一种政府行政许可。

第二，国家公园特许经营项目具有环境公益优先性。保护国家公园生态系统的原真性和完整性是国家公园的首要目标，是全民的共同利益。公园的特许经营是对公共利益和个人利益的兼顾。如果特许经营项目经营的经济利益与国家公园的生态保护相矛盾，经济利益必须让位于生态保护，生态环境保护的公益永远处于第一位。

第三，国家公园特许经营兼具行政法与私法双重属性。国家公园特许经营首先属于政府特许经营，属于行政许可。在国家公园特许经营权的许可程序、特许经营活动过程中的监管机制以及救济程序等方面体现了浓厚的行政法色彩，包括受许方主体资格的确定、特许经营范围、准入及退出标准等。同时，国家公园特许经营也具有私法性。在特许合同订立和执行阶段，双方之间为平等的民事法律关系，体现了较强的私法性。特许人、受许人在国家公园特许经营活动中是平等的法律关系主体。

二、典型国家公园的特许经营实践

特许经营在较多国家的国家公园管理中已经有悠久的历史，在长期实践中形成丰富的运营经验。由于各个国家的国家公园的管理体制不同，特许经营的运行实践也不相同。下面以美国为代表的中央集权型，以澳大利亚为代表的地方自治型，以加拿大、日本等国为代表的综合管理型 3 种国家公园管理模式为对象，分析它们的特许经营管理实践。

（一）特许经营目的

世界各国均实施不同的特许经营方式，其主要目的是提供服务和增加收入。因此，各国对特许经营的定位主要有两个：一是在符合国家公园宗旨的前提下，为访客欣赏和理解国家公园提供必要的服务和设施，维持国家公园的功能多样性，推动公园的可持续健康发展，为顾客提供称心如意的服务；二是承担部分国家公园运营成本，实现国家公园核心资源和价值的保护，强调资源的有偿利用，减轻资金负担，拓宽地区和公园周边社区的经济基础，分担运营和保护国家公园的责任，具体如表 8 – 1 所示。

表 8 – 1　　　　　　　　　各国国家公园特许经营目的比较

国家	特许经营目的
美国	将私营部门作为公园经营的合作伙伴，拓宽地区和公园周边社区的经济基础
加拿大	通过合作伙伴创造新的和有创造力的机会帮助加拿大国民去发现、接触和保护加拿大的土地
澳大利亚	通过特许经营系统，产业和公众可以分担运营和保护国家公园的责任
日本	为了防止公害和保护、修护以及开发自然公园区域的自然环境，在提供环境保护信息的同时，通过对民间团体环保活动的支援，对生活环境的维持和改善以及自然环境的保全、产业的健全发展提供适当和有效率的实施策略
韩国	保护和稳定自然生态环境、自然景观以及重要的生物栖息地，促进其保存和可持续使用，为访客提供称心如意的服务

（二）特许经营法律依据

国家公园的特许经营项目是公共资源，其特许范围需要法律法规约束。各国国家公园的特许经营制度并非在一开始便已确立，而是在实践中不断完善。例如，美国在 1965 年通过了《国家公园管理局特许事业决议法案》，规定了有关特许经营的政策和程序；1998 年国会通过了《改善国家公园管理局特许经营管理法》。少数国家出台国家公园特许经营的专门法律法规，多数国家则没有针对国家公园特许经营的专门法律，而是在其他相关法律法规中涉及国家公园的特许经营条款，具体如表 8 – 2 所示。

表 8 - 2　　　　　　　　　各国国家公园特许经营立法比较

国家	涉及国家公园特许经营的法律名称
美国	《改善国家公园管理局特许经营管理法》（1998）
澳大利亚	《环境保护和生物多样性保护法》（1999）
日本	《自然公园法》（2013）、《环境事业业务方法书》（1992）
韩国	《自然公园法》（2008）、《自然公园法实施细节》（2017）、《自然公园法实施令》（2017）
南非	《国家环境管理法》（2003）、《生物多样性法令》（2003）、《环境保护法令》（1976）、《国家公园法令》（1976）

资料来源：陈朋，张朝枝. 国家公园的特许经营：国际比较与借鉴［J］. 北京林业大学学报（社会科学版），2019，18（1）：80 - 87；谢畅. 国家公园特许经营法律制度研究［D］. 兰州：兰州理工大学，2022.

各国均从立法层面界定了特许经营的一系列行为规范，主要体现在三个方面：一是统一的项目开设原则。对于国家公园来说，项目"必要且必需""符合国家公园宗旨"是各国法律对国家公园特许项目开设规定的原则。二是明确的项目类型界定。可开设的项目类别主要涉及七个主要类型：公共设施、安保设施、体育设施、文化设施、交通运输设施、商业设施及旅游住宿接待设施或服务等。但是，各个国家在项目类别上也略有不同，例如，在国家公园解说服务方面，美国与其他国家略有区别。同时，各国法案也强调了禁止开展的行为，一般包括危害公共安全的行为、危害自然和文化环境保护和价值保护的行为等。三是严格控制与监督。各国对国家公园的特许经营项目进行严格的控制，对其实施进行严格的监督。

（三）国家公园特许经营的运行

在国家公园特许经营的运行中，各国都对受许人的选择程序、受许人的运行监督、特许费等进行了明确规定。

第一，受许人的选择程序。程序公平性是大多数国家对特许经营权申请的要求，强调通过"竞争性选择程序"选择经营者。受许人选择程序一般包括：在发布需求计划前公开征求与此类特许经营相关的建议；征集特许项目计划书；对计划书进行筛选；通知结果；授权。

第二，监督受许人。为确保特许经营项目在不破坏公园环境的前提下有效开展，相关法律法规对受许人的行为进行规范，并对其行为进行监督。各国国家公园机构均成立专门机构对特许经营项目进行跟踪监督。例如，美国《特许经营管理修正案》规定受许人应当在营业年度结束5个工作日内向管理部门提供与经营相关的文件、记录及其他材料。

第三，确定特许费率。特许经营费收入是国家公园收入的组成部分，为国家公园运营提供了资金支持。各国法律均宣称特许经营的最终目标是满足环境保护和资源利用的双重目的，为访客提供更好的公园体验。

第四，合同执行情况评估。各国国家公园机构成立的专门机构除了对特许经营项目的执行过程进行监督之外，在项目结束之后，还要对合同执行情况进行评估，包括实施效果、项目对公园自然和人文环境产生的影响及采取的应对措施等。

（四）国外国家公园特许经营管理经验

目前，一些生态环境资源丰富的发达国家、发展中国家经过不断探索，根据自身国情和地域特点形成较为完善的国家公园特许经营法律制度，在特许经营项目管理上积累了诸多经验。

第一，重视国家公园特许经营立法保障。各国国家公园特许经营制度能够取得成功，与各国完备的环境法律体系以及国家公园领域的专门立法密不可分。从上述各国国家公园特许经营相关立法看，各国大多利用高层次的法律规范对国家公园中一些经营性活动进行规制。一些国家虽未对国家公园进行专门立法，但非专门的法律规制也能覆盖包括国家公园特许经营制度在内的诸多环节，能够为国家公园特许经营制度提供法律保障。

第二，建立国家公园特许经营环境影响评价制度。特许经营环境影响评价是经营者进入到园区内开展特许经营的必要环节，大部分国外发展较好的国家公园都在园区设立了专门的环境影响评价机构，不仅在特许项目运行之前要签订环境保护合同，而且在特许项目运行结束还要对项目进行专业的环境影响评价，以确保特许项目不会对国家公园环境造成不利影响。

第三，注重特许项目的社区参与。国家公园特许经营中的社区参与是推动园区周围多方主体对国家公园共管共治的重要因素。利用国家公园特许经营项目带动社区参与能够实现生态环境、经济和社会效益平衡发展。上述各国国家公园对社区参与、原住民参与都较为重视。美国、澳大利亚、日本、南非的国家公园均通过相关政策，激励社区参加特许项目的竞争，以此带动社区和原住民的发展。

三、中国国家公园特许经营实践

（一）特许经营管理内容

截至 2021 年底，我国 10 个国家公园均出台了各自特许经营的管理办法或专项规划，考虑了特许经营范围、授权方式、项目监管、社区反哺等方面的内容与要求（见表 8－3）。部分国家公园如钱江源国家公园细化和明确了特许经营的项目清单，规定了禁止开展特许经营的内容范畴；绝大部分国家公园（试点）都明确了特许经营费用的缴纳和用途；部分国家公园（试点）明确了候选人的资格要求。

表 8－3　　　　　　　　我国国家公园特许经营管理规定

国家公园名称	经营范围	负面清单	项目清单	授权方式	候选人资格	经营期限	特许费收缴	特许费用途	项目监管	扶持政策	社区反哺
钱江源	√	√	√	√		√	√	√	√	√	√
武夷山	√			√		√			√		√
海南热带雨林	√	√		√		√	√	√	√		√
大熊猫	√	√	√	√		√	√		√		√
祁连山	√	√	√	√	√	√	√	√	√		
普达措	√	√	√	√		√	√	√	√		
三江源	√			√		√	√	√	√	√	
神农架	√	√		√		√	√	√	√		
南山	√			√		√			√		
东北虎豹	√		√	√		√	√		√		√

（二）特许经营管理机制

我国不同国家公园的特许经营管理虽然在一些方面有所差异，但呈现比较一致的系统化组织管理方式：合理规划→公平分配→有效监管。具体又可细分为两大类：前置型管理和后置型管理。

前置型管理主要以大熊猫、三江源、祁连山等国家公园为代表，这类特许经营管理机制强化了特许经营活动开展前期的特许经营范围、项目及实施方案的选取、编制、论证、可行性评估及多部门的反复监管审查环节，为中后期的特许经营者遴选及特许经营活动的落地实施奠定了坚实的政策导向保障，能够更好地引导和规制特许经营者的经营理念和经营方式。

后置型管理以普达措、武夷山、海南热带雨林国家公园为代表，这类特许经营管理机制更加重视特许经营活动落地实施后的评估、监督和管控，能够更为严格地监督管理特许经营活动中的各个环节，及时发现并纠正特许经营活动中出现的各种问题，并能高效、全面地对其经营活动的社会效益和环境效益开展评估。

（三）中国国家公园特许经营管理机制存在的问题

虽然中国国家公园特许经营管理机制呈现系统化，但国家公园特许经营在我国是一个全新的领域，在一些方面需要进一步优化。

第一，经营范围不明确。在缺乏专门法律法规及制度规范的前提下，国家公园关于特许经营的范围限定并不明确。各个国家公园对特许经营的具体范畴没有清晰的界定，甚至混淆商业特许经营和政府特许经营。

第二，经营目标不清晰，由于缺少国家层面上具体的法律法规的指导，各个国家公园对特许经营的目标定位不清晰，导致在处理特许经营费用的收取和使用、特许经营项目与国家公园生态保护的关系、特许经营项目与社区发展的关系等问题时比较困难。

第三，经营项目同质化。当前，国内国家公园开展的特许经营项目，基本以餐饮、住宿以及内容雷同的生态科普知识介绍为主，特色不突出。国家公园应当识别自身优势，通过提供差异化的产品，展现和挖掘国家公园的独特潜在价值，实现国家公园的生态和文化价值。

第二节　国家公园旅游管理

国家公园的生态系统具有典型性和代表性，在国家公园开展生态旅游和游憩活动，既是发挥生态系统服务功能的一种具体体现形式，也是国家公园全民公益性的体现形式。因此，旅游是国家公园的重要组成部分，是国家公园宗旨和目标得以实现的主要途径。

一、国家公园的旅游发展模式

（一）旅游发展定位

国家公园的旅游发展定位紧紧围绕各国国家公园的建立宗旨与目标而展开。美国国家公园创立于美国土地私有化迅速发展的年代。为使优美的自然生态环境免遭私人开发和破坏，国会用法律形式建立起国家公有的国家公园，公益性和制度性是美国国家公园的主要特征。在保证不受损害的条件下适度开发，为人们提供愉悦，供人们游憩度假和休闲娱乐，是美国国家公园公益性的主要体现形式。英国国家公园旅游发展定位为：在保护优化自然生态资源的基础上实现盈利，追求经济、社会和生态环境的和谐与可持续发展。新西兰国家公园建立的目的是保护和利用相结合。新西兰将旅游发展定位为国家支柱产业，国家公园旅游发展定位为：在保护的基础上进行旅游开发，推进旅游产业的发展；为游客提供丰富的体验和自然的教育，使有遗产价值的自然和文化资源得到可持续利用，实现环境保护和旅游发展的双赢。日本是亚洲最早建立国家公园的国家，早期旅游发展的定位是通过发展旅游增加外汇并提振经济，改变战后经济萧条的局面。20 世纪 70 年代之后，日本开始重视环境保护，国家公园旅游发展定位从最初的注重盈利转变为注重环境保护和服务的公益性旅游。

中国国家公园处于建设初期。根据 2017 年中共中央办公厅、国务院办公厅发布的《建立国家公园体制总体方案》，国家公园的首要功能是重要自然生态系统的原真性、完整性保护，同时兼具科研、教育、游憩等综合功能。因此，"生态保护"在中国国家公园中处于第一位，游憩利用必须在保护生态系统原真性和完整性的前提下开展。国家公园开展旅游必须坚持全民共享，着眼于提升生态系统服务功能，开展自然环境教育，为公众提供亲近自然、体验自然、了解自然以及作为国民福利的游憩机会。

（二）旅游开发策略

各国国家公园旅游发展的不同定位，决定了旅游开发的策略差异性。美国国家公园大多是在荒野的公共土地上建立的，旅游业的发展经历了无序开发、生态干预、生态学意识觉醒、生态保护等多个阶段，建立了"完全保护，适度开发"的旅游开发理念，形成了成熟的旅游开发与管理模式。英国的国家公园几乎都是在已被开发利用的私人土地上建立的。其旅游开发遵循三个目标：一是将保护与优化国家公园内的自然美景、野生生物、文化遗产等生态、文化资源放在首位；二是追求盈利，为公众了解和欣赏公园的特殊景观提供机会；三是实现经济社会与环境的可持续发展。英国国家公园非常重视旅游规划，其规划审批权不在地方政府而在国家公园管理部门。新西兰国家公园的旅游开发与环境保护齐头并进，互相促进，旅游业成为该国重要的支柱产业，并形成了独有的旅游绿色经济模式。新西兰在国家公园旅游开发中高度重视区域内的资源分区与环境保护，根据资源禀赋、区位条件和已有基础，详细地制定该区域的游憩和娱乐体验项目。

根据《建立国家公园体制总体方案》，中国国家公园的旅游发展策略可归纳为：第一，坚持保护第一，适度利用原则；第二，旅游项目运营实施特许经营制度，项目的管理权与运营权相分离；第三，坚持公众参与管理，广泛吸纳当地社区居民参与旅游发展。

（三）旅游管理体制

旅游管理体制受到国家公园管理体制的制约。美国国家公园是典型的中央集权式垂直管理体系，旅游管理秉持"环境保护为首"和"全民公益性至上"的理念，管理权与经营权分离。英国国家公园的土地私有特征决定了其多方协作共管的旅游管理体制，由自然保护委员会、乡村委员会和地区国家公园管理局共同管理。新西兰的国家公园旅游管理体制为垂直的、公众参与式的管理模式。新西兰国家环保部拥有对环境保护的强大权力，国家公园所在地的旅游局、法律部门及相关行政部门再对其行使具体的综合事务管理，当地公众与非政府的社区组织等有权进行参与式管理，并对政府和相关管理部门的行为进行监督。日本国家公园的土地国有率较低、归属复杂，在经历了20世纪中叶旅游经济高增速和环境破坏严重的发展进程后，形成了国家与地方政府共同管理的综合管理模式。

中国国家公园的旅游管理体制还未形成。建设科学的国家公园旅游管理制度是中国国家公园旅游健康发展的重要保障。目前，我国三江源、神农架等国家公园正在积极探索适合我国国家公园旅游发展的管理制度，各地也都在积极制定地方国家公园管理条例和地方国家公园项目经营管理办法等。

二、国家公园旅游管理理论

（一）旅游承载力理论

旅游承载力（tourism carrying capacity）的概念源自生态学中的承载力概念，是可持续发展理念下形成的一个概念。1991 年 IUCN 指出"地球或任何一个生态系统所能承受的最大限度的影响就是其承载力"。因此，旅游承载力一般指"一个旅游目的地或旅游景区在不至于导致当地环境质量和来访游客旅游经历的质量出现不可接受的下降这一前提之下，所能吸纳的外来游客的最大能力"（Mathieson & Wall，1982）。世界旅游组织（World Tourism Organization，UNWTO）也认为"旅游承载力是指一个地区在提供使旅游者满意的接待并对资源产生最小影响的前提下，能进行旅游活动的规模"。

对于一个区域或旅游景区来说，承载力又区分为生态环境承载力、物质环境承载力、旅游设施承载力和社会心理承载力。一个区域或旅游景区的承载力是生态环境承载力、物质环境承载力、旅游设施承载力和社会心理承载力的最小值。

由于国家公园的生态保护处于第一位，因此国家公园的承载力一般取决于生态环境承载力。

（二）可接受的改变极限理论

可接受的改变极限（limit of acceptable change，LAC）理论，是美国林务局在 20 世纪 80 年代提出的。LAC 理论认为，只要有游憩活动，就必然对生态环境造成影响或改变。因此，国家公园管理的核心是确定什么样的改变是可以接受的，什么样的改变是不可以接受的。LAC 框架由 4 个基本部分组成：

（1）确定可接受的并能实现的社会和资源标准。

（2）确定期望的与现实环境之间的差距。

（3）确定缩小这些差距的管理措施。

（4）监测与评估管理效果。

LAC 的运用共包括 9 个步骤，如表 8 - 4 所示。

表 8-4				LAC 运用步骤				
①区别出须特别重视和考虑的地区	②界定与描述游憩机会类别	③选择资源及社会状况指标	④全面调查资源及社会状况	⑤对调查资源及社会状况指标定出可接受的标准	⑥区别出各类游憩机会类别分派的竞选方案	⑦区别各种竞选方案的经营管理方式	⑧评估并挑选最佳方案	⑨付诸实施并持续监视资源及社会状况

LAC 理论以同类型游憩体验管理为出发点，通过非技术和吸纳多数人意见的方法制订决策。LAC 理论在国家公园实施的关键是确定什么样的生态改变是国家公园可以接受的，从而在这一可接受的条件下，确定可接受的最大游客规模，确定国家公园的承载力。

三、国家公园旅游管理技术

随着国家公园旅游发展，游人管理成为公园管理的重要问题。美国与加拿大建立国家公园较早，形成一系列游人管理框架，主要包括游人影响管理（visitor impact management，VIM）和游人活动管理过程（visitor activity management process，VAMP）。

（一）游人影响管理

游人影响管理理论是 20 世纪 90 年代由美国国家公园、保护区协会及一些院校研究人员共同提出的。它基于游憩承载能力理论，为公园和保护区管理人员提供一个必要的管理游人影响的方法。

VIM 过程由八个步骤组成，具体如下：

（1）评估前的资料基础检查，总结现在的条件。

（2）管理目标检查。对与立法要求和政策指南一致的目标进行检查。

（3）选择主要的影响指示物。确定可量化的社会和生态变量，选择与社会管理目标最相关的因子，列出指示物和管理单元。

（4）对关键影响指示物进行选择。

（5）标准和现在条件的比较。对社会和生态影响指示物进行实地评价，确定与所选择标准的一致性和不同点。

（6）确定可能的影响因子。检测反映不可接受影响的发生和严重程度的利用形式和其他潜在因子，描述引起管理注意的因子。

（7）确定管理战略。检测所有可能涉及游客影响原因的直接和间接管理战略，列出管理战略指示物。

（8）执行。

（二）游人活动管理过程

游人活动管理过程理论是由加拿大国家公园局和许多专家于 20 世纪 90 年代共同提出的。与其他理论框架相比，VAMP 是唯一一个以游人活动为中心的理论框架。该框架把一项特别活动与参与者的社会、人口统计特征联系起来，与该项活动的环境需求以及影响这些活动的趋势联系起来。

以越野滑雪为例，加拿大国家公园局所使用的游人活动形式由四个次级活动组成：娱乐性的日常滑雪、健身滑雪、竞技滑雪、边远山区滑雪。参与活动者的社会特征、人口特征、所用设备、动机以及这些活动的环境需求差异使涉及越野滑雪活动的各个次级活动彼此间差异明显。

VAMP 管理技术在美国、加拿大的国家公园管理中得到广泛应用。例如，加拿大普卡斯夸国家公园（Pukaskwa National Park）的管理者利用 VAMP 框架划分了两类游客：露营者和边远山区的徒步旅行者。两者在位置的选择、活动动机、活动内容、活动中使用的设备等许多方面存在明显的差别。进一步的研究表明，露营者可再划分为三类：目的地露营者、途中露营者和当地露营者，显而易见，这三类露营者的管理方式不同，如对首次或途中露营的游客的解说服务应用于当地露营者或回头客的解说服务就不合适。

第三节　国家公园的门票管理

一、国家公园门票收费的必要性

门票（admission tickets），又称入场费（entrance fee），是对国家公园进行管理的重要工具。门票收费可以有效调节游客数量、提高经营者服务和管理水平、降低人类对生态系统的影响、减轻国家财政资金负担。门票管理是国家公园运营管理的重要内容。

（一）有效调节游客数量

国家公园的建立除了保护典型的生态系统、独特的野生动植物物种以及丰富的生物多样性外，还要向公众提供亲近自然、体验自然、感受自然的机会，兼有生态体验、科普教育、休闲游憩等重要的社会功能。国家公园游憩机会相对于国民的使用具有稀缺性，向来访者收取一定比例的门票有助于调节和控制游客数量。

（二）合理补偿国家公园的管理成本

国家公园虽然具有公益性，所提供的生态产品和服务属于公共产品或公共资源，如果实行免费的方式，将可能造成"公地悲剧"，导致自然资源的无效利用和浪费。此外，国家公园的运营管理需要较大的成本，对于国家财政是一个较大的负担。通过对国家公园收取一定的门票，能够为国家公园的运营分摊部分成本，降低国家的财政负担。

（三）全民公益性的真正体现

国家公园建设的理念之一是全民公益性，即国家公园的建设和管理能造福于民，让全体国民均有机会享受国家公园带来的益处。如果国家公园对所有公民都免费，意味着国家公园的所有管理费用由财政承担，这对于那些没享受国家公园游憩服务的公众来说是不公平的。直接的消费者和受益者承担一定的运营成本，而未直接受益者不用承担成本，是公平性的体现。

（四）生态产品价值实现的重要途径

国家公园因其典型的生态系统和独特的生态环境为公众提供了清新的空气、优美的环境及生态体验等多种类型的生态产品。门票价格一定程度上体现了国家公园为来访者服务的价值。因此，国家公园向来访者收取一定的费用是国家公园生态产品价值实现的一种有效途径。

二、各国国家公园门票定价依据

国家公园向来访者收取一定的费用是多数国家的普遍做法。各国国家公园的门票收取与定价服务于国家公园的使命。各国国家公园一般根据其性质与定位对门票进行定价。在国家公园的全球实践中，各国对国家公园均有自己的定位，但都不同程度地体现了"全民公益性"。门票作为公园管理制度的一部分，世界各国国家公园收费、金额及收费管理均有明确的法律依据。如美国《联邦土地游憩促进法案》将国家公园门票界定为"经国家公园局或美国鱼类和野生动物管理局授权进入，由国家公园管理局征收的'游憩使用费'（recreation fee）"。规定游憩使用收费应与为游客提供的服务相当。澳大利亚的《环境保护与生物多样性保护法》规定环境与能源部部长可以在评估游客利用活动的影响后确定是否收费，并明确了收费额度制定的过程。加拿大的《国家公园局法》规定国家公园通过拨款或捐赠获得收入来源，门票收费不能超过其经营成本。

从世界范围看，除韩国、日本和法国实行国家公园免费外，其他收费国家均遵循"服务收费"原则制定门票价格，即根据所提供的服务进行相应的收费以弥补成本。国家公园的门票收费既体现了国家公园"公共产品"的属性，又遵循了国家公园"使用者付费"的原则。

三、国家公园门票定价策略

（一）免费策略

世界上所有国家都对国家公园采取了一定的免费策略，一般针对一些特殊地域、特殊人群或者特殊日期实行免费。

特殊地域免费。针对国家内的特殊地域的国家公园免费。如美国哥伦比亚特区内所有国家公园均为免费，大烟山国家公园也推行免费政策（除非从高速公路入园）。在阿拉斯加，《阿拉斯加国家利益土地保护法》第203条所涵盖的地区，除德纳利国家公园由于访客数量过多，收取门票以弥补设施维护费用外，其他国家公园实行免费。

特殊人群免费。在国家公园中，一些国家对部分特殊人群实行免费政策。如澳大利亚的国家公园土地属于原住民，原住民拥有对国家公园的管理和经营权利，所以对原住民免费；尼泊尔的6个国家公园对本国居民全部免费，但对外国人收费。此外，各国对青少年儿童也实施免票政策，但对免费年龄的规定不一样。如美国对15岁以下的青少年免门票，而加拿大对17岁以下的参观者实施免门票政策。澳大利亚、法国、日本和尼泊尔则把免门票年龄定为4岁、8岁、6岁和10岁。还有部分免费政策只针对一些特殊人群，如军人、老人、残疾人等。

特殊日期免费。一些国家公园在一些重要的周年庆祝日/年或节日对所有入园者实行免费政策。

（二）浮动定价

年票和联票制度。部分国家公园推行年票制度或联票制度，实现国家公园门票价格多元化。旅游年票是指有效期内（一年及以上）可在一定行政区域（地级市、省）内或跨行政区域的单个或多个景区（点）多次免费使用或享受一定折扣优惠的门票凭证，通常有国家年票、区域年票和单个公园年票。如美国国家公园年票（America The Beautiful National Parks and Federal Recreational Lands Pass）。

人群差异定价。一些国家公园针对境外游客进行差别定价，如尼泊尔对本国、南亚区域合作联盟国家游客（包括孟加拉国、不丹、马尔代夫、尼泊尔、印度、巴基斯坦、斯里兰卡等国家）、其他外国游客依次收取从低到高的门票价格，平均门票价格比率为 1:47:104。还有一些国家公园根据游客的年龄、职业、健康状况进行差别定价，例如，部分国家公园对老人、儿童、残疾人等推出优惠门票价格。

季节性差异定价。与大部分旅游服务设施一样，国家公园也根据旅游淡旺季实行季节性浮动定价。如美国 41 个收费国家公园中，有 17 个公园实行淡旺季浮动定价。2017 年 10 月，美国国家公园管理局提出在全美 17 个国家公园的旺季提高门票费用，旺季非商业私人用车为 70 美元/辆，摩托车为 50 美元/辆，自行车及步行为 30 美元/人。国家公园车辆门票均价为 21.25 美元/辆，旺季浮动为 229%。摩托车为 17.68 美元/辆，旺季浮动为 183%。行人为 13.91 美元/人，旺季浮动为 114%。加拿大 35 个收费国家公园中有 7 个公园施行门票淡旺季差异定价策略，成年人、老年人、家庭票三类票种淡旺季价格浮动在 20% ~ 100% 之间。

四、中国国家公园门票收费情况

中国国家公园处于建设初期，国家层面对于门票如何定价没有统一规定，一些国家公园基于原有景区的收费，制定了国家公园的收费标准，具体如表 8 - 5 所示。

表8-5 我国已正式设立国家公园当前门票收费标准

国家公园名称	面积(平方千米)	涉及省份、地区	门票收费标准	备注
三江源	190 700	青海	免门票	三江源国家公园内部分景区暂时不对外开放
大熊猫	22 000	四川、陕西、甘肃	免门票	
东北虎豹	14 100	吉林、黑龙江	免门票	
海南热带雨林	4 269	海南岛中部	黎母山景区：20元/人；五指山景区：50元/人；吊罗山景区：35元/人；霸王岭景区：50元/人；尖峰岭景区：60元/人	
武夷山	1 280	福建、江西	旺季全票（包括竹筏）：三日联票225元/人，二日联票215元/人，一日联票200元/人；旺季全票（不包括竹筏）：三日联票95元/人，二日联票85元/人，一日联票70元/人；竹筏票：130元/人	(1) 淡季门票有调整；(2) 对特殊群体有优惠；(3) 2024年全年免门票

资料来源：根据各个国家公园官网资料整理。

基于我国国家公园的定位，国家公园门票制定应体现以下原则。

第一，体现"公共产品"属性原则。国家公园具有公益性，是公共产品。因此国家公园门票定价不能以利润最大化为目标。

第二，体现"公平性"原则。国家公园作为全国人民的共同资源，国家公园的使用要体现出公平性，应该为每位公民提供相同的机会。考虑到我国人口众多，国家公园供给相对稀缺，因此应将门票作为控制访客量的一个重要工具。通过合理的门票收费控制游客量，同时对于经济相对困难者给予门票费用减免。

第三，体现价值原则。门票价格是国家公园提供服务的重要体现，因此门票的定价应与所提供的国家公园的生态服务价值一致。国家公园生态服务价值越高，门票定价也应越高。

第四节　国家公园的智慧管理

随着信息技术和大数据的发展，国家公园的智慧管理将成为未来的管理趋势。国家公园的智慧管理是指依托大数据、物联网、云计算等新一代信息技术，通过实时收集数据信息，智能分析公众需求、交互利益相关者信息并及时发布、处理，实现国家公园高效管理的信息化管理模式。

一、国家公园智慧管理体系

国家公园要实现智慧化管理，首先需要建立智慧管理体系，为国家公园的智慧管理提供设施、技术等支撑。

（一）智慧管理体系建设原则

1. 市场导向原则。智慧国家公园管理体系建设需要遵循市场规律，根据市场导向，以合理配置资源、提升自身综合的竞争力为主线。智慧国家公园管理体系应能协调好与国家公园各部门、各利益相关群体、企业之间的关系，实现各方的互利共赢和公园的长久发展，能够实现国家公园的智慧化管理，提高国家公园管理效益和效率。

2. 可持续发展原则。智慧国家公园管理体系建设应坚持科学发展观，重视国家公园可持续发展原则。可持续发展是国家公园健康发展的根本之道，应保护国家公园资源环境，改善国家公园的基础设施配置，及时应对国家公园自然灾害等，确保国家公园能够持续健康发展。

3. 安全可靠性原则。智慧国家公园管理体系通过同一信道、独立授权信息安全传输方式与模式，实现了物理安全设施、技术安全措施和管理安全策略的全覆盖，平台数据信息为基础硬件设施的稳定持续运行提供了保障。平台数据库应注重安全域管理、身份认证、权限控制、日志审计、数据加密、数字认证、入侵检测、病毒防治等安全管理。

（二）国家公园智慧管理体系框架

该体系可以归纳为"三大平台、五大应用系统"，如图8-1所示。三大平台分别是信息基础设施平台、数据基础设施平台和信息共享服务平台。三大平台通过感知、收集、分析、归纳、整合等操作，对海量数据做处理，形成有效信息，为五大应用系统提供技术和信息服务。

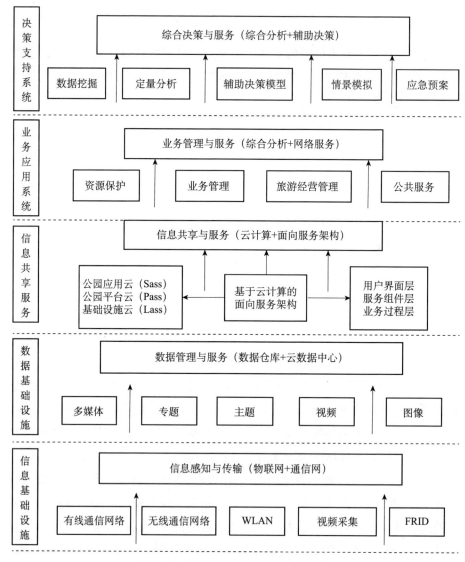

图8-1　国家公园智慧管理体系框架

五大应用系统包括资源保护系统、业务管理系统、旅游经营管理系统、公共服务系统和决策支持系统。五大应用系统充分整合、协同运作，实现公园科学、瞬时、有效管理，为公园提供智能监控、车辆诱导、资源管理、市场营销等智慧服务；为管理部门提供应急处理、资源配置、环境监测等智慧服务；为游客提供导览、导游、导购、导航等智慧服务。

二、国家公园智慧管理的应用范围

国家公园的智慧管理主要应用于资源保护与环境监测、公园办公管理、公园游客管理、门禁票务管理、景区交通管理和公共服务等。

（一）资源保护与环境监测智慧管理

生态保护是国家公园的第一目标，国家公园必须对生态环境实施实时监控。RFID 技术在资源保护和环境监测领域中的应用包括环境质量监测、环境容量监测、环境应急指挥系统和火灾报警。

1. 环境质量监测。国家公园作为一个景区，环境质量监测主要是实时感知景区自然环境（水、大气、土壤、植被等）和人工环境（建筑物温度、湿度等）的动态变化。景区环境监测系统主要应用 RFID、3S 等技术，利用通信网络实现数据的采集和传输，建立并完善资源数据库，实时监测并分析景区环境的动态变化，为景区管理人员的合理决策提供数据支持。环境质量监测系统主要是由空气质量在线监控系统、噪声自动监测系统、污水在线监测与预处理系统组成。

2. 环境容量监测。公园环境容量是在不造成国家公园环境变化的情况下，一定时间内可以承受的最大游客数量。景区游客分布不均是景区管理中的难点和亟须解决的问题。智慧管理技术的应用将为国家公园的环境容量控制提供技术支持。GPS 定位功能是个很好的选择，但是，对于普通游客来说，GPS 携带不方便、成本较高、使用难度较大、没有很好的普适性。RFID 技术很好地解决了这个问题，RFID 成本相对 GPS 较低、携带方便。同时，RFID 电子门票内嵌定位功能且对游客透明，可以建立环境容量实时监控管理平台，实时统计景区游客人数、控制并及时疏导热门区域游客，避免造成拥堵，实现公园生态保护和游憩的协调发展。

3. 环境应急指挥系统。在公园以及周围存在严重的环境污染危机时，突发性环境污染事故时有发生。公园景区环境应急指挥系统以通信网络、RFID

定位、智能监控技术为基础，构建了各类环境应急管理信息系统，对空气质量、噪声、污水检测数据进行分析和超标预警，为指挥调度、现场处理、灾后评估等方面的工作提供了信息化支持。公园环境应急指挥系统与公园公共发布平台进行联动，能够第一时间内将信息传达到公园的各个角落，便于游客的疏散。

4. 火灾报警。公园范围比较大、地形复杂，需要保护的资源、设施设备分布广、类型多，消防工作必不可少。为了避免发生火灾，应用智能监控、智能识别火焰等技术，预防火灾的发生。

（二）公园办公智慧管理

1. 公园办公自动化。自动化办公，主要针对目前公园管理机构办公工作中公文及会议繁多、请示汇报程序复杂、重复劳动量大等缺点，通过建设智慧化办公管理平台，实现信息的快速获取、数据智能分析、资源同步共享、辅助科学决策，从而达到以下效果：通过网上办公实现无纸化办公，实现网络收文、文件签发、文件存档等，减少或缩短办事流程；减少信息流转环节，提高信息发布速度；降低办公成本，提高办公效率。

2. RFID 电子考勤。随着公园信息化建设程度越来越高，信息安全程度也越来越被管理部门重视。基于 RFID 技术的工作牌具有唯一性、安全性、便捷性。具有如下功能：通过管理权限对办公系统功能模块进行分级授权，保障权限的安全性、合法性；记录考勤数据，自动查询、分析、导出；提交工作计划、审核用户信息，提高行政规范和严肃性；公文流转过程中引入 RFID 身份确认机制，取代手写签名，提高公文流转的安全性和透明化程度。

（三）公园游客智慧管理

公园游客智慧管理主要包括游客信息管理、游客流量管理、游客救援管理、电子导游管理。

1. 游客信息管理。游客信息管理主要是对 RFID 电子标签信息的管理，包括添加、修改、删除以及查询功能。通过将游客基本信息与 RFID 电子编码一对一绑定，实现游客信息采集。

2. 游客流量管理。游客流量管理是利用 RFID 电子门票实时统计分析景区游客容量，实时对景区游客进行疏导与控制，协调国家公园游憩利用与生态环境保护之间的关系。

3. 游客救援管理。游客救援管理主要是利用 RFID 电子门票实现对游客行为的实时监控，对处于危险中的游客及时发现，及时救援。

4. 电子导游管理。电子导游管理是利用 RFID 电子标签具备 LBS 基于位置服务的功能，在热门景点以及标志物等地方配置一定数量的读写器，实现对游客目前所处位置定位并为游客提供当前景点的自动讲解功能。

（四）门禁票务智慧管理

国家公园利用电子门票替代传统的纸质门票，实现门禁票务的智慧化管理。电子门票将游客的主要信息和信用卡绑定到电子门票上，用于游客在景区的食、住、行、游、购、娱等所有消费活动。电子门票的应用实现游客自助购票、检票，避免了游客的排队，节约了购票时间；门票与游客信息的绑定，避免高价票、黄牛票；电子门票的使用，使售票、检票、统计、报表均由系统自动完成，节约了公园人力成本，信息传递及时、出错率低。

（五）景区交通智慧管理

1. 一卡通。利用车辆一卡通实现公园车辆智能化管理。所有入园车辆利用一卡通能自助实现停车空位识别、停车时长计算、停车费用结算。

2. 停车管理。利用 RFID 实现视频监控，有效实现远距离自动识别、不停车收费、车辆智能引导、车位自动控制、视频找车等功能，为游客消除停车烦恼，解决找车困难等难题，提升旅游过程中的满意度。

3. 车辆追踪。使用 RFID 技术，识别车辆身份信息，绘制车辆行驶路线，实现防止盗窃丢失以及事后追踪功能，提高景区车辆管理的安全性。

（六）公共服务智慧管理

1. 对接电商平台，通过平台完成线上对接微信、携程和美团等第三方电商平台，线下对接自助售取票机、智能检票闸机和便携手持机等电子票务系统的闭环，便于游客提前进行旅游规划，也便于公园对游客数量、日程安排有所了解后，预先作出合理的安排。

2. 电子地图与互联网打车。通过平台实现与百度地图、高德地图等的合作，便于国家公园为游客提供更优质、独一无二的服务。如预先向游客展示国家公园的 360° 全景图，方便游客通过平台获取实时路况、周边服务、路线、位置共享等信息。

3. 特色食宿与休闲娱乐。国家公园游客流量较大，公园可以结合园区特色，打造特色主题酒店或园区文化餐厅，为游客在园区食宿提供多种选择。

休闲娱乐项目应能让游客体验大自然，走进大自然，如通过 VR 动感国家公园体验 1:1 真实场景，实现多维展示游览，可以满足游客的好奇心，也可以让游客身临其境，感受国家公园美景。

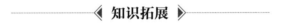

◀ 复习与思考题 ▶

1. 国家公园为什么要实施特许经营制度？
2. 国家公园特许经营制度如何兼顾社区发展？
3. 当前国家公园的游人管理有哪些理论？
4. 国家公园门票定价应遵循哪些原则？
5. 试列举国家公园实施智慧管理的应用场景。

◀ 知识拓展 ▶

知识拓展 8-1

美国国家公园的特许经营制度

1998 年，美国国会通过了《国家公园综合管理法》（National Parks Omnibus Management Act of 1998），其中第五部分"国家公园特许经营管理"（National Park Service Concessions Management）成为当前特许经营制度的法律基础。主要内容为：

一、管理结构

国家公园特许经营相关的主体分为四个部分。

（1）美国国家公园管理局。它是美国国家公园管理的核心部门和最高决策机构，对国家公园的保护与开发活动拥有绝对权威，负责制定特许经营的相关制度和条例。

（2）地方国家公园管理局。它是落实国家公园管理政策的执行机构，是与特许经营者接触的行政主体，即美国国家公园特许经营权的授权主体，负责特许经营的管理执行。

（3）特许经营者。它是特许经营的授权客体，也是美国国家公园中商业服务设施的经营主体，受到联邦和地方国家公园管理机构的监管。特许经营者需要缴纳一定的费用来维持获得的特许经营权，同时还需要按照相关法律法规向地方管理局上报相应的运营计划，以备审核。

（4）特许经营管理顾问委员会。为有效保障公共参与，《国家公园综合管理法》还要求内政部设立特许经营管理顾问委员会，作为特许经营的第三方监督主体，定期向内政部秘书处提供有关特许经营管理的咨询建议。

二、授予方式与流程

特许经营权授权，主要采取公开竞标的方式。有历史业绩和专业能力、满足最低要求的投标人才能提交申请提案，如果提案不符合国家公园的保护宗旨和经营目标，管理部门有权否决提案。国家公园管理部门汇集提案后，会从保护措施、向游客提供的服务价格、业绩背景、融资能力、特许经营费等方面进行审核和比较，确定最佳申请者，选择出最佳提案，并提请美国国会进行公告。地方管理局与申请人签订特许经营合同，授予其特许经营权。之后，地方管理局每年对操作计划的执行情况进行监管，依据其表现，确定在执行期间是否需要中止合同。合同到期后，该局还要对合同期内特许经营者的表现和未来的计划进行整体的考虑，来确定未来是否与其续约。特许经营合同的相关规定如下。

（1）合同期限。根据美国的相关法案，国家公园政府特许经营的范围被严格限制在提供与消耗性地使用自然资源无关的服务内。特许经营合同的期限一般为10年以下，最长不超过20年。联邦法规明确强调，地方国家公园局不得与被特许人签订长期合同（50年以上）。对于不履行合同规定或达到特许经营合同中明确规定的终止条件时，该管理局有权终止特许经营合同。

（2）特许经营费的收取与使用。特许经营者根据合同的价值向政府支付特许经营费。按照相关法律法规规定，特许经营费基于净利润水平设置且与资本投资和合同义务有关，包括对于公园的保护和以合理的费率为游客提供必要且适当的服务等义务。在所投资金的合理净利润和合同的义务基础上，评定应向政府缴纳的特许经营费或其他货币补偿，费率大约为投资人投资项目年收入的3%～5%，但各公园可以根据实际情况适当提高和变动。所有特许经营费和其他货币补偿将存入财政部的特别账户。特许经营费的80%将留在公园里，并以再投资的方式保持特许经营在公园的有效运行。剩下的20%特许经营费用于NPS商业服务项目的整体管理。

（3）监督管理。获得许可的经营者每年需提交一份运营计划书，包含对一系列管理要求，如产品质量、解说系统、产品经营定价、景观资源管理、环境管理、食品安全管理和金融管理等的反馈性内容。地方国家公园管理局将对计划书的内容、实施情况、实施效果进行全方位审核、监督，并给予经营者相应的反馈。在运营监管方面，经营者在风险、公众健康、环境管理及整体合同实施情况（包括经营规模、经营质量、价格水平等）等方面必须接受管理者的监管。特许经营项目每年评估的等级和结果将作为续约的重要参考因素，决定特许经营合同是否需要进一步更新。

资料来源：吴健，王菲菲，余丹，等．美国国家公园特许经营制度对我国的启示[J]．环境保护，2018，46（24）：69-73.

知识拓展 8-2

美国黄石国家公园的门票定价

根据美国《联邦土地娱乐促进法案》，进入黄石国家公园的每一位游客都必须支付门票费。但美国国家公园为游客提供了多种类型的门票及收费标准。

一、个人入园门票类型与收费标准

黄石国家公园根据游客入园乘坐的交通工具和入园时间，制定了多种收费标准供游客选择。各类入园收费标准具体如表8-6所示。

表8-6　　　　　　黄石国家公园个人入园门票收费标准

通行类型	持续时间	通行费（美元）	解释说明
年度通行	12个月	70	持证人及同一车辆内的乘客，或持证人及最多三人，可在一年内（截至购票当月）无限次入场
私家车通行	7天	35	自购票之日起，一辆车及所有乘客连续7天内无限制进入。车辆必须是私人的、非商业的，并且座位不超过15个

续表

通行类型	持续时间	通行费 （美元）	解释说明
摩托车/雪上汽车通行	7 天	30	自购票当日起，允许一名司机和一名乘客连续 7 天无限次入场
行人／单车通行	7 天	20	16 岁及以上游客可以步行、骑自行车、滑雪等方式连续 7 天无限次入场

二、组织或企业入园门票类型与收费标准

除了针对个人入园制定门票收费标准外，黄石国家公园根据组织或团体进入公园的情况，也提供了多种类型的门票与收费标准。具体如表 8 – 7 所示。

表 8 – 7   组织或团体进入美国黄石国家公园的门票类型与收费标准

通行类型	持续时间 （天）	通行收费 （美元）	解释说明
非商业群体（16 人以上）	7	20	非商业团体（如教会团体、童子军）乘坐可容纳 16 人或以上的车辆，费用是每人 20 美元。自购票之日起，一辆车及所有乘客连续 7 天内无限制进入
商业用小轿车（1～6座位）	7	20	商业旅游被定义为由一个或多个人按照休闲或娱乐目的而由一个组织打包、定价或出售的行程组成，该组织通过提供这种服务来实现经济利益。费用是 25 美元＋每人 20 美元。只要是同一个旅行团，通票七天有效
商业用小型面包车（7～15 座位）	7	125	根据车辆的总容量，可以运载 7～15 名乘客，而不管实际乘客人数。商业旅游被定义为由一个或多个人按照休闲或娱乐目的而由一个组织打包、定价或出售的行程组成，该组织通过提供这种服务来实现经济利益。只要是同一个旅行团，通票七天有效

续表

通行类型	持续时间（天）	通行收费（美元）	解释说明
商业旅游团用小型客车（16~25座位）	7	200	根据车辆的总载客量，可以搭载16~25名乘客，而不考虑实际乘客人数。商业旅游被定义为由一个或多个人按照休闲或娱乐目的而由一个组织打包、定价或出售的行程组成，该组织通过提供这种服务来实现经济利益。只要是同一个旅行团，通票七天有效
商业旅游团用长途汽车（26及以上座位）	7	300	根据车辆的总容量，可以搭载26名或更多的乘客，而不考虑实际乘客人数。商业旅游被定义为由一个或多个人按照休闲或娱乐目的而由一个组织打包、定价或出售的行程组成，该组织通过提供这种服务来实现经济利益。只要是同一个旅行团，通票七天有效

三、免费进入公园的日期

黄石国家公园在一些特殊的日期对公众免费。以下日期将对所有进入公园的游客免除所有费用：

2023年1月16日：马丁·路德·金纪念日

2023年4月22日：国家公园周的第一天/国家少年护林员日

2023年8月4日：伟大的美国户外法案纪念活动日

2023年9月23日：全国公共土地日

2023年11月11日：退伍军人纪念日

资料来源：根据美国黄石国家公园官网资料整理。

第九章

国家公园与社区关系

学习目的

　　了解国家公园与社区的关系，了解实现国家公园与社区协调发展的主要措施。掌握社区共管、社区参与、生态移民、生态补偿等概念。

主要内容

- 国家公园与社区的关系
- 国家公园社区参与
- 国家公园社区生态补偿
- 国家公园生态移民

社区（community）是指"有共同地域基础、共同利益和归属感的社会群体"。国家公园社区指居住在国家公园内部或周边，能够影响国家公园保护管理目标的实现或者受该目标实现所影响的社会群体。国家公园实行严格保护，社区的利益可能会因此受到影响。协调好国家公园与社区的关系对于国家公园建设至关重要。

第一节 国家公园与社区的关系

一、国家公园与社区的依存关系

社区居民长期生活在国家公园的生态环境中，其生产和生活与国家公园的稳定的依存关系。具体可分为以下几个方面。

第一，地理依存。国家公园与社区的地理依存指空间分布上的关系。社区包括位于国家公园范围内的社区，也包括分布于国家公园边缘的社区。社区与国家公园的地理依存关系使国家公园成为社区生计资料的提供者，社区成为国家公园资源、生物多样性的重要影响者与调控者。

第二，经济依存。地理依存关系的存在，决定了社区与国家公园的经济依存。社区依赖国家公园的自然资源获得生计收入，并形成以国家公园自然地理环境和自然资源为主要生产要素的经济活动和经济产业。国家公园为社区提供维持生计的生产资料。如武夷山国家公园为当地社区提供了适宜茶叶种植的生态环境和毛竹生产环境，以及供游客休闲娱乐的优美生态环境。社区依托国家公园生态环境发展茶产业、竹产业、旅游业，这些收入成为社区居民的主要收入来源。

第三，文化依存。国家公园与社区的地理依存和经济依存经过长期的发展，形成两者之间的文化依存。与国家公园自然地理和生态环境相适宜的社区生产生活方式形成独具特色的地域文化。这些地域文化既离不开国家公园的自然地理环境，又离不开社区居民的生产生活活动。如武夷山国家公园内及周边社区文化主要有茶文化、竹文化、宗教文化、建筑文化、饮食文化等众多文化，也有相对应的系列民俗节庆和活动。社区居民和武夷山国家公园之间通过文化连接紧密依存。

二、国家公园对社区居民的影响

社区居民作为国家公园的直接接触者，其各方面利益都会受到国家公园的影响，主要表现为以下方面。

第一，社区居民的生产生活方式受到约束。在国家公园建立之前，人们对国家公园地理区域内生态环境保护的要求较低，居民按照个人经济利益最大化原则开发利用资源和环境，形成了生活习惯和生产方式。国家公园设立之后，国家公园资源和环境需要相对比较严格的保护，社区的生活和生产行为如果不利于国家公园的生态环境保护，将被禁止或受到限制。如居民用木材烧火煮饭，给农作物施用化肥、农药等都会造成国家公园的生态环境污染，这些行为将被禁止。居民在国家公园内进行农业种植的规模受到限制。

第二，居住在国家公园内的居民数量受到限制。居住在国家公园保护范围内的社区居民，其日常生活行为、生产行为会对公园生态环境造成一定的不利影响。如果这一影响超过了生态环境的承载力，将会造成不可逆的结果。因此，国家公园对其内部居民的居民数量有严格的限制，如果超过了这个限制，需要迁离出国家公园。

第三，国家公园对居民未来发展带来的影响。国家公园的建立，使得当地社区居民可能遭受生计资源的丧失、资源所有权的改变。由于国家公园的建立，部分居民不仅要迁移出国家公园，一些集体土地可能要置换为国有土地。如武夷山国家公园建立之前，保护区内较多林地和茶园属于社区居民，社区依赖林地和茶园种植毛竹、茶叶作为生计收入来源。国家公园建立之后，集体林地要置换为国有林地，社区居民不得不停止毛竹生产和茶叶生产，改变生计方式。

第四，社区居民的生活环境得到改善。国家公园的建立使周边生态环境得到较大改善，基础设施得到优化。如三江源国家公园在建立之前，道路设施较差，当地社区居民出行极为困难。国家公园建立之后，道路、水、电等设施得到较大改善，生活在周边的社区居民的生活质量得到较大提升。

第五，生态产业对居民生活产生利益带动。较多国家公园结合资源条件开发生态产业，如生态农业、生态旅游业。生态产业的发展带动了周边居民的就业变化,为社区居民带来可观的经济效益,使生计得到改善。

三、社区对国家公园的影响

社区居民对创建国家公园的态度很大程度上影响着国家公园的顺利建设与日常运行,主要表现在以下三个方面。

第一,社区居民有可能成为国家公园生态环境的潜在破坏者。社区居民的生活、生产等活动都会对国家公园的生态环境造成一定的干扰。当这种干扰超过生态系统承载力时,会导致部分动物栖息地和植物物种的消失,破坏国家公园生态系统的完整性。居民在公园内大规模的产业开发和生产活动会导致生态系统物种改变或动植物景观改变,造成生态系统原真性的破坏。

第二,社区居民有可能成为国家公园生态环境的维护者。社区居民长期生活在国家公园周边,对国家公园所在地理区域充满感情,他们爱护着国家公园区域的一草一木。而且,他们长期生活在国家公园区域,积累了宝贵的保护生态环境的知识。如果进行适当的激励,他们最有可能最有资格成为国家公园生态环境的保护者、捍卫者。

第三,社区居民的生活、生产等活动是国家公园文化的重要构成。居民的生活场景、生产活动以及长期形成的生活生产方式经过历史沉淀,一旦形成特色或文化,将成为游客的吸引物,有助于提升国家公园的文化价值。如武夷山国家公园居民日常种植茶叶的劳作景观、茶园以及茶饮文化等形成了武夷山国家公园的特色文化景观和文化,形成了该国家公园的重要文化特色。

四、国家公园与社区的协同发展

国家公园与社区相互之间既有积极影响,又有消极影响。如何实现国家公园与社区的协同发展是当前国家公园需要考虑的重要问题。根据中国《建立国家公园体制总体方案》(2017 年),以及国外国家公园的发展实践,主要有如下措施。

第一,建立社区共管机制。根据国家公园功能定位,明确国家公园区域内居民的生产生活边界,相关配套设施建设要符合国家公园总体规划和管理要求,并征得国家公园管理机构同意。周边社区建设要与国家公园整体保护目标相协调，鼓励通过签订合作保护协议等方式，共同保护国家公园周边自然资源。引导当地政府在国家公园周边合理规划建设入口社区和特色小镇。

第二，健全生态保护补偿制度。建立健全森林、草原、湿地、荒漠、海洋、水流、耕地等领域生态保护补偿机制，加大重点生态功能区转移支付力度，健全国家公园生态保护补偿政策。鼓励受益地区与国家公园所在地区通过资金补偿等方式建立横向补偿关系。加强生态保护补偿效益评估，完善生态保护成效与资金分配挂钩的激励约束机制，加强对生态保护补偿资金使用的监督管理。鼓励设立生态管护公益岗位，吸收当地居民参与国家公园保护管理和自然环境教育等。

第三，完善社会参与机制。在国家公园设立、建设、运行、管理、监督等各环节，以及生态保护、自然教育、科学研究等各领域，引导当地居民、专家学者、企业、社会组织等积极参与。鼓励当地居民或其开办的企业参与国家公园内特许经营项目。建立健全志愿服务机制和社会监督机制。依托高等学校和企事业单位等建立一批国家公园人才教育培训基地。

第二节　国家公园与社区参与

社区参与指当地居民参与国家公园的保护、建设与管理。社区参与被认为是实现国家公园发展目标、解决国家公园和社区冲突及矛盾的重要途径。

一、社区参与国家公园的重要性

国家公园作为最重要的生态保护地不仅对生物多样性保护重要，对于赖以生存的社区居民也同样重要。社区居民被认为是生态保护的直接利益相关者。由联合国环境与发展会议制定的《21世纪议程》《生物多样性公约》明确承认当地社区应充分参与生物多样性管理。第四届世界公园大会号召保护原住民的利益，包括考虑和维持他们传统的生产生活和土地利用方式，充分发挥他们在国家公园保护中的作用并平等享受国家公园带来的收益。2003年9月举行的第五届世界公园大会在宣言、行动计划和建议中承认当地社区和土著居民在保护地发展中所承担的成本，呼吁土著人民充分参与保护地管理。社区参与保护地管理被视为减少社区居民、保护地管理者之间冲突和摩擦的有效方式。社区参与的重要性体现在以下方面。

第一，维持和提高国家公园的文化价值。社区文化是国家公园文化价值的重要构成。社区参与能够使国家公园文化得到更好的保护和传承，维持和提高国家公园的文化价值。如武夷山国家公园中的茶文化是由当地社区居民的茶种植活动、茶种植产品、茶种植知识、茶饮文化等构成，如果当地社区不参与国家公园，茶文化价值将大大降低。

第二，解决社区冲突。国家公园的建立和管理如果没有社区的参与，社区的利益将得不到充分考虑和合理照顾，社区冲突不可避免。世界上有60%~70%的国家公园内有原住民，国家公园的建立由于没有考虑社区的参与，导致社区和国家公园的严重冲突。社区参与将有助于合理解决和化解冲突。

第三，接受地方性知识体系的价值。当地社区居民长期生活于国家公园生态环境中，创造、积累、形成了丰富的地方性知识，这些知识成为调节人类与当地环境相互作用的最有效手段。如果社区不能参与国家公园，国家公园将无法获取这些宝贵的地方性知识体系的价值。

第四，提高管理效率。社区居民参与国家公园的管理，将有助于提高社区对政策的遵守程度，实现保护地可持续发展；反之，如果社区不参与国家公园管理，他们将破坏性地使用资源，甚至有意破坏国家公园的资源和设施，增加管理成本，降低管理效率。

第五，实现可持续生计。社区发展是国家公园设立的目标之一。国家公园的设立切断了当地社区居民与国家公园的既有关系，改变了当地社区既有的生活方式、生产方式和收入来源。社区通过参与国家公园管理，使他们的经济来源有了保障，家庭生计得以维持。

二、社区参与的典型模式

根据社区参与的实践探索以及参与的具体内容，将社区参与的模式归纳为如下类型。

（一）社区共管模式

社区共管模式（community co-management model）指社区共同参与国家

公园的资源管理、决策制定、实施和评估的整个过程，又称为参与性管理、合作管理等。越南广平省丰芽—格邦（PhongNha‑KeBang）国家公园采用的共存管理模式（co‑existing management model），类似于共管模式，强调社区在管理体系中的重要性。

中国在《建立国家公园体制总体方案》中提出建立社区共管机制，中国三江源国家公园、云南纳版河流域国家级自然保护区在社区共管方面进行了较好的探索。

（二）公园咨询委员会模式

该模式指由纯环境保护组织、原住居民社区、资源使用者群体、商户组织、地方政府纳税人代表、土地拥有者组成公园咨询委员会（park advisory committee，PAC），参与公园的管理决策。这种非政府组织共管国家公园的模式能够实现管治的核心理念——相关利益单位的互动和达成共识，为社区居民提供了发声渠道。加拿大国家公园（布鲁斯半岛国家公园和五尺深国家海洋公园）的社区参与属于这一模式。相对于共管模式，这一模式中，社区只有公园管理决策的咨询权，而没有管理决策权，参与程度相对于共管模式较低。

（三）社区特许经营模式

社区参与国家公园的特许经营项目具有多种价值，是社区参与国家公园的重要途径。国外一些国家公园直接将一些项目的经营权授予社区。如埃及穆罕默德国家公园（Ras Mohammed National Park）是世界上 10 个管理最有效的海洋生态系统之一，当地社区在该保护地内拥有独家旅游特许经营权。在纳米比亚，政府将保护地的特许经营权授予社区组建的保护委员会，社区可以通过保护委员会与经营商组建联营企业开展旅游活动，也可以将特许经营权授予独立的社区项目公司开展经营。

社区参与不一定要求社区居民亲自参与国家公园资源保护或管理行动，而是作为知情者、决策影响者、监督者存在。社区成员参与的内容和所扮演的角色，决定了其在国家公园中的参与程度（见表9‑1）。

表9‑1　　　　　　　　社区参与的内容与角色

参与内容	角色	参与程度
信息投入	决策参与者	高

续表

参与内容	角色	参与程度
生产资料投入	投资者或经营者	中
劳动投入	国家公园和相关企业从业人员	中
行为投入	传统社区居民	低

三、社区参与国家公园的机制

国家公园的社区参与虽然对于国家公园的可持续发展非常重要，但在实践中，由于社区缺少参与的动机和能力，导致社区参与的效果较差。完善社区参与机制对于提高参与效果尤为必要。

（一）拓宽产业带动的社区参与渠道

渠道是参与的基础和前提。如果社区没有参与国家公园的渠道，公园不为当地居民提供实实在在的社区参与渠道，社区参与不具有实际意义。因此，在拓宽国家公园的社区参与渠道方面，我国应坚持以产业带动来解决居民就业问题，丰富社区居民参与的途径和方式。从中国国家公园发展实践来看，社区参与渠道主要有两类。

第一类，生态农业。在坚持最严格保护的生态原则下，在国家公园内部和周边发展生态农业，为社区居民提供参与国家公园的机会。

第二类，生态旅游产业。生态旅游产业是展示和实现国家公园文化价值的途径。通过发展生态旅游产业，一方面为公众提供休闲娱乐和欣赏世界自然和文化遗产的机会，实现国家公园的文化价值，另一方面为社区提供参与国家公园的机会，增加社区就业和收入。

（二）完善生态发展的社区参与保障机制

要提高社区参与的积极性，应从多方面完善国家公园生态发展的社区参与保障机制，主要包括资金、法律、政策、制度四个方面。资金保障方面，经费短缺作为我国保护地发展的最大障碍，严重制约了生态补偿作用的发挥。国家公园应采取多渠道、多方式的资金筹措模式，建立科学高效的资金保障机制，满足社区参与和生态保护的资金需求。法律保障方面，国家公园社区参与需要形成完整统一的法律保障体系，从国家层面用法律法规明确社区参与的重要性及社区参与的方式、范围，保障居民参与中应有的权利，促使居民积极参与到国家公园建设中来。政策保障方面，政府公布与国家公园周边居民利益和社区发展目标息息相关的政策，形成政策优势，吸引居民参与；规范社区参与行为，奖励居民参与国家公园保护和建设，提高当地政策对参与的扶持力度，形成政策保障。制度保障方面，设立专门的国家公园社区管理部门，由政府直接安排或在当地社区选举产生领导成员，组建形成完整的社区事项管理队伍，处理社区内部与外部事项，为居民参与形成规范管理和制度保障。

（三）提高国家公园的社区参与能力

社区居民参与能力是影响其参与效果的重要因素。国家公园的社区参与能力包括管理和服务等综合能力。提高社区居民参与能力，其一，要制订培训计划，定期开展集中培训活动，提高社区居民对国家公园的理论认识水平、专业知识水平和实践管理能力。其二，政府要重视国家公园周边社区的教育问题，积极采取措施，提高国家公园周边地区的教育水平，通过开展教育活动为国家公园建设培养当地人才，提高当地居民自身的综合素质和参与能力，造福于社区，促进社区长远发展与国家公园建设。

（四）提升国家公园社区居民的环保意识

环保意识是国家公园社区参与的基础，明确国家公园保护的重要性和实践价值，知晓居民参与保护的地位和积极作用，有利于激发居民参与国家公园的积极性，有利于提升居民的价值感、自豪感、自信心。首先，通过教育进行引导，向居民宣传、讲解国家公园资源的珍稀性、独特性、代表性，说明生态系统和资源破坏的严重后果，增强当地居民对国家公园环境的认识，使其全面理解开展保护和参与的作用，从而提升居民自身保护意识。其次，积极开展社区居民环保知识培训和考核，制定定期考核制度，针对考核结果进行适当奖惩，形成居民对国家公园的常态化环保思想。最后，定期组织社区居民参与国家公园实践活动，在实践中增强居民对国家公园动植物的感情，引导居民参与保护，提升环保意识。

第三节 国家公园与社区生态补偿

一、社区生态补偿概念

生态补偿（ecological compensation）即生态保护补偿（ecological protection compensation），在国外对应的名称为生态环境服务付费（pay for ecological and environmental services）。在中国，生态补偿最初是以纯粹生态学的概念提出的，是指生态自然系统的自我修复能力。如邹振扬和黄天其（1992）将生态补偿理解为一种植被或绿量还原。随着市场经济的发展，人们逐渐将生态补偿与经济相结合。著名生态学家李文华院士（2010）从广义和狭义两个方面对生态补偿的概念进行了界定，广义的生态补偿不仅包括对保护生态环境的行为给予补偿，还包括对破坏环境的行为进行收费。狭义的生态补偿仅指生态受益者向生态保护和建设者给付相应费用来进行补偿的行为，更强调对环境生态功能的补偿。史玉成（2008）认为，生态补偿仅仅指补偿那些为保护生态环境作出贡献和牺牲的主体，由政府或其他生态受益主体通过财政转移支付、市场交易等形式给予合理补偿的行为。

国家公园周边社区不仅对国家公园的生态保护作出了历史贡献，而且还将为国家公园的设立承担生态保护成本和发展机会成本。2016 年，国务院印发了《关于健全生态保护补偿机制的意见》，明确提出"将生态保护补偿作为建立国家公园体制试点的重要内容"。2017 年，中共中央办公厅、国务院办公厅印发了《建立国家公园体制总体方案》，明确提出"健全生态保护补偿制度"。

基于以上分析，本书将社区生态补偿界定为，国家公园为了保护生态环境和持续利用国家公园的资源，向为了保护生态而受到损失的社区进行补偿的行为。

二、社区生态补偿的形式

根据国家《建立国家公园体制总体方案》对"健全生态保护补偿制度"的要求，以及当前中国国家公园社区生态补偿的实践，社区生态补偿的主要形式可分为资金补偿、就业补偿、产权置换补偿、异地开发补偿、绿色生态产业补偿、项目补偿。

（1）资金补偿。资金补偿指根据社区经济损失的程度进行生态补偿的价值核算。根据核算结果对社区进行货币补偿。补偿资金来自国家财政转移支付、国家公园生态保护基金等。如三江源国家公园给社区居民发放草原奖补资金，每户年收入约 7 000 元；人兽冲突补偿资金，当地牧民给自己的每头牛投保 18 元，发现损害后，一头正常体型的牦牛可获得 1 000～2 000 元不等的赔偿。武夷山国家公园按照每年每亩 32 元的标准对区内生态公益林进行补偿（比区外每亩多 9 元）。

（2）就业补偿。就业补偿指通过给社区安排就业的方式，使社区居民获取劳动收入，补偿因失去工作造成的收入损失。如三江源国家公园为了补偿社区的损失，实施了《三江源国家公园生态管护员公益岗位管理办法（试行）》，按照"一户一岗"的原则，给予每个家庭安排一位生态管护员，每位管护员每月固定工资 1 800 元。

（3）产权置换补偿。通过产业置换，将社区在国家公园内的资源产权置换到公园外部，补偿社区居民因公园内产权受限造成的经济损失。武夷山国家公园持续实施毛竹林地役权管理 4.5 万亩，每年对纳入地役权管理的社区居民的毛竹林地给予役权管理补偿 531.9 万元。

（4）异地开发补偿。国家在异地为社区居民开发新的产业或新的居民场所，补偿社区居民在公园内损失的居住机会和就业机会。

（5）绿色生态产业补偿。在生态允许的条件下，在公园内开发绿色生态产业，替代不适宜生态保护的传统产业，补偿居民失去的就业机会。

（6）项目补偿。将一些特许经营项目、生态管护项目、生态旅游项目等特许给社区居民，社区居民通过经营项目获取收入，补偿经济损失。

三、社区生态补偿的标准

国家公园生态保护补偿标准的确定应从公平与效率两个方面进行权衡。

（一）基于"公平"的补偿标准

从公平角度讲，应该按照生态系统服务的流动与消费来进行确定，主要是通过评估国家公园内生态系统产生的水土保持、水源涵养、气候调节、生物多样性保护、景观美化等生态服务价值的流向和流量来进行综合评估与核算。

国内外对生态系统服务的价值评估已经进行了大量的研究，但生态系统服务的流动研究尚处于初级阶段。就目前的实际情况来看，在采用的指标、价值的估算等方面尚缺乏统一的标准。同时，从公平角度计算的补偿标准与现实的补偿能力有较大的差距，因此，一般按照生态系统服务流动计算出的补偿标准只能作为补偿的参考和理论上限值。

（二）基于"效率"的补偿标准

从效率角度讲，只要激励保护者"愿意"进行生态保护的投入或转变生产方式，就可以达到保护生态系统、持续提供生态系统服务的目的。那么根据不同情况，可以参照以下三个方面的价值进行初步核算。

第一，按生态保护者的直接投入和机会成本计算。生态保护者为了保护生态环境，投入的人力、物力和财力应纳入补偿标准的计算。同时，由于生态保护者要保护生态环境，牺牲了部分发展权，这一部分机会成本也应纳入补偿标准的计算。从理论上讲，直接投入与机会成本之和应该是生态补偿的最低标准。

第二，按生态受益者的获利计算。生态受益者没有为自身所享有的产品和服务付费，使得生态保护者的保护行为没有得到应有的回报。因此，可通过产品或服务的市场交易价格和交易量来计算补偿的标准。通过市场交易来确定补偿标准简单易行，同时有利于激励生态保护者采用新的技术来降低生态保护的成本，促使生态保护的不断发展。

第三，按生态破坏的恢复成本计算。国家公园的资源开发活动会造成一定范围内的植被破坏、水土流失、水资源破坏、生物多样性减少等，直接影响到区域的水源涵养、水土保持、景观美化、气候调节、生物供养等生态系统服务。因此，可以将环境治理与生态恢复的成本作为生态补偿标准的参考。

第四节　国家公园与社区生态移民

"生态移民工程"是在当代生态环境恶化问题受到社会极大关注的背景下，由国家主导、自上而下执行的政策。国家公园生态移民是保护国家公园生态系统原真性与完整性、减少人类活动对自然环境破坏的重要措施。

一、国家公园生态移民的概念

生态移民（ecomigration）与环境移民（environmental migration）概念互用，首次出现在 1899 年美国芝加哥大学的亨利·钱德勒·考尔斯（Henry Chandler Cowles）教授写的一篇学术论文中。在他看来，生态移民是出于保护环境的目的而实施的人口迁移。

从国内外的生态移民历史来看，生态移居主要有三种原因：一是由于灾害产生的移民。由于灾害是突发性的，由此产生的移民具有短暂性。二是由于环境退化产生的移民。由于环境退化是一个缓慢的过程，由此产生的移民表现为个体迁移，什么时候迁移、迁移到哪里由个体决定，迁移时间和空间都比较分散。三是由国家政府有计划地改变环境条件而产生的移民，如由于环境退化而进行的大规模迁移；或者由于修建水库、建立公园等进行的迁移。与前两类移民相比，这一类移民都是按国家计划进行的，移民时间和地点比较集中，规模比较大。

国家公园生态移民既有生态移民的共性问题，如搬迁成本高、"异地"文化耦合调适不易、收入来源被切断等，也有国家公园移民的特殊问题，如国家公园环境好于迁移地的环境、居民迁移意愿不高等。国家公园的建设、原住民的生态搬迁，是人们保护生态环境的实践。

国家公园生态移民指为了保护国家公园的生态完整性和生态原真性，由国家政府有计划有组织地将国家公园保护范围内的部分社区居民统一迁移到国家公园保护范围外的行为。

二、中国国家公园生态移民中的常见问题

中国国家公园生态移民工作中存在的主要问题如下。

第一，搬迁居民配合度不高。国家公园生态环境优美，生态价值日益增加。原住民认为国家公园的今天是他们世代保护的结果，让他们迁出对于他们是不公平的，搬迁过程中抵抗情绪较大。在组织生态迁移时表现出不积极配合、自愿搬迁率较低、搬迁要求补偿过高等问题。

第二，移民户缺乏就业保障。移民户的就业是生态移民中的一个严峻的现实问题。一方面，移民户通过搬迁离开自己工作生活的地方，他们失去了生产资料和收入来源。而新的就业岗位无法在短期内出现，造成他们普遍失业的现象。另一方面，国家公园移民搬迁工作中，如祁连山、海南热带雨林、钱江源等部分国家公园的移民地区正是当时的贫困地区。这些地区的生态搬迁工程担负着生态保护与群众脱贫的双重任务。但是一些地方进行生态搬迁后，移民户的就业和收入没有保障。同时，搬迁后的生活成本提高，较高的支出与无收入的现状使移民群众的生计问题更加尖锐。如何在保护生态环境的同时，合理发展产业、解决移民的就业问题，是国家公园生态移民中出现的重要问题。

第三，生态移民补偿不完善。由于需要补偿的居民户较多，补偿资金来源单一且政府财政有限，政府给移民户提供的补偿不充分，补偿费低于搬迁成本，迁移户由此损失的发展机会成本更没有得到补偿。国家公园生态移民工作中存在着补偿责任主体不明确、移民补偿资金来源渠道少、移民补偿标准不确定、移民补偿金额不足等问题。

第四，移民群体生活习惯难适应，缺乏归属感。生态移民使原住民离开自己生活的地方，迁入异地的移民群众出现与迁入地的生活习惯不适应、文化习俗冲突、需要重新构建新的社会关系等问题。一些移民社区缺乏社区文化建设，存在一些文化冲突。移民迁移落户到新的社区，面临陌生的社交环境，移民的社区活动参与积极性较低，缺乏归属感。

三、保障国家公园生态移民顺利进行的举措

第一，加强生态移民的制度建设。国家公园生态移民是政府主导的集体行为，规模大，是一个系统工程，需要相关制度的保障，如移民安置制度、

主体功能区规划制度、移民资金来源与使用制度、移民就业及社会保障体系、移民问题跟踪与解决制度等。通过一系列制度建设保障移民工作的顺利进行，真正实现习近平总书记提出的"搬得出、稳得住、能致富"的目标。

第二，注重后续产业的发展。虽然国家在开始通过强制手段能够让国家公园内的居民搬离出来，但能够使他们稳定在移民新址的关键是能够有稳定的就业和稳定的收入。如果后续产业发展跟不上移民发展的要求，众多移民依然依靠中央和地方政府发放的补贴维持生计，而缺少工资性收入，则生态移民将很难有持续性发展，甚至会出现返迁局面。因此，应该多渠道多形式培育生态移民后续产业，为移民拓宽就业渠道，增加移民收入。

第三，加强移民思想文化教育。传统社区居民都固守着传统的生产和生活方式，固守着传统的民族文化和风俗习惯。在实施生态移民后，社区环境发生了变化，生产和生活方式需要改变，移民很容易产生矛盾心理。因此，需要对移民进行思想和文化教育，加快移民思想观念的更新，完成角色转变，消除外来移民心态，克服传统思想，主动融入新社区。

◀ 复习与思考题 ▶

1. 国家公园建设对社区居民生产生活有何影响？
2. 什么是社区参与？社区如何参与国家公园发展？
3. 国家公园对社区进行生态补偿的形式有哪些？
4. 国家公园为什么要进行生态移民？
5. 国家公园生态移民要注意哪些问题？

◀ 知识拓展 ▶

知识拓展 9-1

国外社区参与国家公园的实践探索

欧洲在国家公园管理模式中提倡"包容性"，关注国家公园内居民的权益，社会经济发展成为仅次于自然保护的第二目标，这一思想是社区参与保护地管理思想应用于保护地实践的开端，改变了由黄石国家公园衍生的"岛屿式"管理模式。澳大利亚是最早将社区参与应用于保护地管理实践的国家，提倡共同管理（co-management）和联合管理（joint management）。社区参与也逐渐成为协调生态保护与区域经济发展的有效途径，各国在社区参与保护地管理方面作出了许多有益探索（见表9-2）。但因世界各国国家公园面临的社区背景存在差异，社区参与措施也不尽相同。在经济发达、地广人稀的北美洲和大洋洲，国家公园通过分区管理、法律保障等制度层面的设置，与社区居民建立合作共享的关系；在经济发达，但人口密度较大的欧洲，国家公园通过多种社区发展政策的供给，推动社区经济发展；而在人口密度较高、经济发展不均衡的亚洲，各国在社区参与内容方面各有侧重。综上，国外国家公园社区居民在国家公园管理中作为传统社区居民、利益获得者、特许经营者、规划决策参与者等角色存在。

表9-2　　　　　　　世界各国社区参与国家公园的实践

区域	国家	社区参与措施
北美：地广人稀、经济发达	美国	与社区居民共享信息，让其参与到公园规划的编制、环境评估、生态保护等问题的决策中；划定居住区，居民可以开展可持续生计活动，生活在居住区之外的居民，可申请维持生计使用许可证
	加拿大	成立公园咨询委员会（PAC），由当时社区内相关利益群体代表组成，社区可直接参与决策；与原住民协商，留出资源利用区；法律规定有关原住民传统的资源经济狩猎活动和土地所有权，在法律未涉及的范围，采用协约合同达成共识
大洋洲：地广人稀、经济发达	澳大利亚	在有原住民居住的国家公园采用联合管理模式，成立国家公园管理委员会，成员中原住民占一半以上，对国家公园管理计划的制订、产业发展和科研规划拥有决策权和决定权；为原住民提供一系列雇用和学习机会；支付原住民土地租金和部分商业收入
欧洲：人口密度高、经济发达	英国	通过法律规定保障社区居民的参与，国家公园的设立必须经过公众听证；吸收当地居民做志愿者，参与到巡护、监测、标本制作、宣传等活动中
	法国	以生命共同体作为管理的理念，拥有管理委员会，绝大多数是本地公社代表；发现和推动当地的传统特色经济，实行绿色发展体系（国家公园产品品牌增值体系），提供多种引导政策和扶持制度

续表

区域	国家	社区参与措施
亚洲：人口密度高、经济差异大	尼泊尔	划定"缓冲区"，供社区居民利用森林资源，发展野生动物旅游；国家公园所产生收益的30%～50%都再投资于社区发展
	印度	将社区外迁，但在国家公园的周边区域引入联合森林管理项目（政府与社区合作以共同保护森林和共享森林产品）和生态发展项目
	日本	界定利益相关者的角色与责任，参与公园的景区保护与游憩
	韩国	设立公园管理协议，听取利益相关者的意见；提供资金、技术、信息支持，帮助社区发展"自然友好型"旅游，创造就业机会，提高经济收入，改善生活条件

资料来源：杨金娜. 三江源国家公园管理中的社区参与机制研究［D］. 北京：北京林业大学，2020.

知识拓展 9-2

中国三江源国家公园社区生态补偿实践

2015年，三江源国家公园社区内共有人口6.4万，其中贫困人口2.4万，原住民以藏族为主。区域内经济发展水平落后，社会发育程度低，基础设施水平和公共服务能力不高。经济结构以传统畜牧业为主，脱贫攻坚任务繁重，经济发展和生态环境保护的矛盾非常突出。科学合理地构建生态补偿机制成为保护三江源生态以及改善民生的重要抓手。在青海省既往开展生态补偿经验的基础上，三江源国家公园进行了自身的生态补偿实践。

2010年，青海省颁布了《三江源生态补偿机制试行办法》。由于生态补偿范围大、金额少，青海省从生态环境保护与建设、改善农牧民基本生产生活条件和提升基层政府公共服务能力三个涉及民生的领域重点推进，设立了草畜平衡补偿、支持重点生态功能区日常管护、支持推进草场资源流转、牧民生产性补贴、农牧民基本生活燃料费补助、农牧民劳动技能培训及劳务输出、扶持农牧区后续产业发展、"1+9+3"教育经费保障机制、异地办学奖补制度和建立生态环境日常监测经费保障机制等项目。三江源国家公园体制试点成立后，园区开展的生态补偿继续侧重民生的改善，保持了政策的稳定性和连贯性，农牧民认可度较高。

园区对农牧民的直接生态补偿主要包括：依托国家级重大项目的常规性生态补偿，比如天然林管护补助、退耕还林（草）政策补助、退牧还草政策补助、生态移民搬迁安置补助、湿地生态效益试点补偿以及草原生态保护奖励补助等。平均来看，与生态保护相关的政策性补助占到农牧民总收入的50%以上，牧民增收显著。根据 2014 年颁布的《三江源国家生态保护综合试验区生态管护员公益岗位设置及管理意见》，农牧民可通过参与对草原、林地、湿地等的管护工作而获得岗位补偿金。在原来的草原管护员岗位（6 591 个岗）和林地管护员公益岗位基础上（天保工程管护员公益岗位8 353 个，重点公益林管护岗位46 590 个），园区新设立了 4 405 个草原管护员岗位以及963 个湿地管护员公益岗位。按照《青海省重点生态功能区草原日常管护经费补偿机制实施办法》草原与湿地管护员的报酬标准为每人每月1 800 元。政策实施后，农牧民参与生态保护的积极性普遍提高。

三江源国家公园以试点的方式开展了下列体制机制创新探索。

第一，系统性地完善了生态管护公益员岗位的管理。《三江源国家公园体制试点方案》（以下简称《试点方案》）要求实行"户均一岗"（即为园区内的牧民每户提供一个公益岗位）制度。随后《三江源国家公园体制试点生态公益岗位机制实施方案》《三江源国家公园生态管护员公益岗位管理办法（试行）》《三江源国家公园生态管护员管护绩效考核实施细则（试行）》陆续出台，推进了山水林草湖组织化管护、网格化巡护；组建了乡镇管护站、村级管护队和管护小分队，实现了从单一自然资源的管护向综合性生态管护的转变。完善了岗位考核奖惩和动态管理机制，细化了评估方案，执行"一岗一图一表一考核"并实施"管护补助与责任、报酬与绩效挂钩"的奖罚机制。

至今共有 17 211 名生态管护员持证上岗，约占牧民总数的 27%。选择了杂多县昂赛乡年都村等地开展生态保护与建设示范村镇工作试点。鼓励各地开展制度创新，如曲麻莱县探索了"五有四组两户"模式。"五有"指县有监督员、乡有指导员、村有管护大队长、社有管护中队长、组有管护小队长；"四组"指各村组建党员生态管护组、民兵生态管护组、妇女生态管护组和僧尼生态管护组；"两户"指在每个村设立两家"党员生态中心户"。

第二，设立了"人兽冲突保险基金"，探索野生动物保护长效机制。在

《青海省实施〈中华人民共和国野生动物保护法〉办法》和《青海省重点保护陆生野生动物造成人身财产损失补偿办法》的基础上,《试点方案》提出侧重在长江源(可可西里)、澜沧江源园区开展野生动物伤害补偿制度,以及在黄河源园区开展野生动物保护补偿制度。在实践层面,"人兽冲突保险基金"的形式获得了政府和牧民的认可。由社会组织山水自然保护中心和地方政府合作在玉树藏族自治州杂多县昂赛乡年都村以"人兽冲突保险基金"试点的形式对野熊、雪豹造成的侵害等给农牧民赔偿。双方同农牧民共同出资设立赔偿基金,一期总额为 20 万元。村委会设有资金管理使用委员会,下设由村民组成的审核小组并且设定了规范化的程序。

第三,结合精准扶贫,发展畜牧业合作社。《三江源国家公园生态管护员公益岗位畜牧业发展支持管理办法(试行)》提出了"消除贫困、修复生态、保护环境、产业致富、改善民生、人地和谐"的生态扶贫措施。园区结合精准扶贫政策,对已建档立卡的贫困户新设生态管护员公益岗位 7 421 个,探索"生态扶贫"的新模式。国家公园鼓励发展生态畜牧业合作社,因村因户开展扶持,发展扶贫产业工作。公园统筹财政专项、行业扶贫、地方配套、金融信贷资金、社会帮扶和各地对口支援青海的资金,形成了"六位一体"的投入保障机制;将草场承包经营逐步转向特许经营,推进生态畜牧业、高端畜牧业等绿色产业发展;尝试开展藏药产业、有机畜牧业以及生态旅游等新兴产业项目,鼓励农牧民以入股、合作等方式参与经营,拓展农畜产品销售途径,打造区域性产品品牌。

资料来源:王宇飞. 国家公园生态补偿的实践探索与改进建议——以三江源国家公园体制试点为例 [J]. 国土资源情报,2020(7):22-26.

第十章

中国国家公园建设

学习目的

    对比国内外国家公园发展现状，了解国外国家公园可借鉴经验，分析我国国家公园发展中存在的问题，提出我国国家公园管理体制、法规体系、经营管理等方面创新发展方向。

主要内容

- 国内外国家公园各方面发展情况对比
- 国外优秀经验借鉴
- 我国国家公园发展趋势分析与建议

第一节　中国国家公园管理体制建设

一、各国经验借鉴

（一）美国国家公园管理体制经验

美国国家公园依托强有力、统一的垂直管理机构，逐渐完成科学合理、网络健全、层次清晰的管理体制。美国国家公园管理体系的特点在于：

第一，有完整的理论和法律体系，有明确的指导思想；

第二，全国有一个自成系统的、统一的管理机构；

第三，各国家公园有标准地划分资源种类，包括国家历史公园、国家军事公园、国家战场、国家湖滨、国家河流、国家保护区等，并配有专业紧密结合的专家长期进行资源保护与研究；

第四，大力进行生态保护科普与教育工作。

（二）英国国家公园管理体制经验

英国国家公园土地大多数属于私有土地，管理局仅有极少一部分土地所有权。因此，国家公园管理局扮演了中间协作或交流平台的角色，并形成了综合型管理体制。由于英国国家公园具有完善的法律保护体系，这种运行方式也是行之有效的。英国国家公园管理体系的特点在于：

第一，英国国家公园的管理采取的是政府资助、地方投入、公众参加的综合型管理体系，有效调动各方力量参与到国家公园管理中。

第二，为保障国家公园内社区居民等各方土地所有者的利益，英国国家公园内旅游活动频繁，旅游收入可观。这些旅游收入不仅为居民带来了收入，为社区产业发展注入活力，也成为地方经济发展的重要动力。

第三，英国国家公园的所有经营活动和建设活动需要在规划政策的规范引导下实施。其中，具有法律效力的《国家公园管理规划》保证了英国国家公园旅游开发与资源保护的双重目标的实现。

二、中国国家公园体制建设历程

国家公园管理体系因各国国情不同而存在差异，但发展国家公园需要解决的核心关系是共通的。如生态保护与资源利用的关系；中央政府与地方政府的关系；国家公园用地和周边土地之间的关系；不同政府部门之间的关系；立法机构、行政机构与民间团体之间的关系；管理与经营之间的关系。国家公园管理体制的形成和发展与央地关系紧密相关，国家公园设立与发展全过程皆映射央地关系。

（一）国家公园体制试点，完成顶层设计

我国第一个国家公园试点——三江源国家公园于 2016 年 4 月由青海省委省政府启动，迈出生态体制改革第一步，随后建立其余九个国家公园体制试点，分别为东北虎豹、祁连山、大熊猫、海南热带雨林、神农架、武夷山、南山、普达措、钱塘江国家公园。

2020 年底全国 10 个国家公园体制试点结束，国家公园体制试点关键在于试"体制"，将创新体制和完善机制放在优先位置。2020 年底国家公园体制试点区试点结束，标志着我国第一批国家公园体制建设初步完成顶层设计。

东北虎豹、祁连山等跨省的国家公园由国家林草局成立国家公园管理局，协调因跨省而造成的管理差异，实现统一管理，国家林草局同时与相关省份成立协调工作领导小组。

三江源、海南热带雨林等国家公园由省级政府成立国家公园管理局。

（二）建立统一管理机构，理顺管理体制

《深化党和国家机构改革方案》中提出撤销林业局，整合原林业局职责与农业部的草原监督管理职责，设立国家林业和草原局。整合各行业部门（如原国土资源部、水利部等）对自然保护区、风景名胜区、自然遗产、地质公园的管理职责，归于国家林业和草原局。自此，全国自然保护地管理机构逐步打破多头管理乱象，进行区域勘界划分，建立各国家公园体制试点，逐步解决自然保护地设立空白、重叠的问题。

（三）自然保护地两级设立、分级管理

美国国家公园与州立公园等级划分与分工明确，州立公园既满足居民休闲度假需求，又缓解美国国家公园巨大的旅游压力。

美国国家公园由内政部国家公园管理局负责管理，在保护国家公园自然资源与文化遗产的基本前提下，为居民提供观光旅游服务。

州立公园，顾名思义由所在地州政府设立并管理，主要功能是为当地居民提供休闲度假场所，允许人为修建的基础设施进入。

中国借鉴这一经验，谋求建立以国家公园为主体的自然保护地体系，按自然保护地生态价值和保护强度高低强弱顺序，将其分为三类：国家公园、自然保护区、自然公园，实行分级设立、分级管理。国家公园由中央直接管理或由中央、地方共同管理，由国家批准设立；地方管理的自然保护区、自然公园由省级政府批准设立。

三、中国国家公园管理体制创新发展

中国的国家公园和国际上其他国家公园相比主要有两个突出的特点。

第一个特点是更加强调生态保护。国外很多国家公园在建设初期，因为旅游开发和基础设施建设使得自然资源受到了一定程度的破坏，对整个景观造成了很大影响。我国把生态保护第一作为国家公园建设的根本理念，就是要吸取这方面的教训。把生态保护放在第一位，这是中国国家公园建设的基本点。

第二个特点是考虑到中国的国情。我国的国家公园皆处于社区人口多、开发历史悠久的社会形态。协调开发与保护的关系、人与自然的关系是我国国家公园建设中需要解决的难题。因此，我国的国家公园建设模式不能完全照搬国外模式，需要结合我国国情，创新出一条具有中国特色的国家公园建设之路。

（一）明确制度保障

加快推进我国自然保护地和国家公园立法进程，是统筹全国各个国家公园协调发展的前提。以实践的方式证明并改进《国家公园管理暂行办法》与五项规范，对国家公园设立、建设、运行、管理、评估、监督等各环节进行梳理，实现生态保护、监测管理、社区关系等各领域制度标准的完善，形成管理全过程闭环设计。

（二）实现科技支撑

搭建合作平台，实现国家公园与各高校、科研机构、实验室等组织间的协同创新。建议各国家公园建立长期科研平台，为高素质科研技术人员提供环境、资金支持，助力成果转化，深化国家公园生态保护与人地和谐共生，以技术赋能实现国家公园高质量管理。

（三）区分收支两线

国家公园设立与建设的主要目的是保护生态环境，保障稀缺资源永续利用，其建设发展目的不在于盈利。当前，我国多数国家公园财政支出远高于收入，处于亏损状态。我国国家公园管理与经营相分离，收入与支出应与管理经营模式匹配，采用"收支两条线"。

国家公园体制改革于我国自然保护地生态文明保护与发展而言势在必行，在国家公园基础设施建设、生态修复、生物廊道、监测系统建设与科研、生态补偿、社区发展等重点领域提供大力度财政支持，"收支两条线"要求保障财政预算拨款顺利进行。

当前，我国国家公园采取国家林业和草原局与省级政府双重领导，以国家林业和草原局管理为主或委托省政府管理的模式。按照各国家公园事权分配情况采取相适应的财政预算保障措施，主要有以下两种方式：东北虎豹国家公园管理以国家林业和草原局为主，属于中央事权，应由中央进行财政拨款，中央各职能部门和直属机构不得要求地方安排配套资金；自然资源部委托省政府行使管理权的国家公园，应通过中央专项转移支付为国家公园保护管理安排经费。

通过明晰权责，减少并规范化中央与地方共同财政事权，建立趋于均衡的央地财政关系，将生态保护、环境治理等体现中央战略导向、跨省且具有地域管理信息优势的基本公共服务确定为中央与地方共同财政事权。

（四）彰显主体地位

国家公园的主体地位不仅体现在其质量和价值方面，还包括功能和作用。

作为一个拥有深远影响力的地方，国家公园致力于维护本土的自然环境，是我国自然生态系统中最重要、自然景观最独特、自然遗产最精华、生物多样性最富集的区域。而且还拥有广阔的保护空间，拥有极佳的环境效应。它们不仅仅是一个地方的名片，而且还拥有极高的社会意义，自然生态系统极具国家代表性。

国家公园作为维护国家生态安全的核心，其所处的生态区位具有极其重要的意义，它不仅可以保护最宝贵、最重要的生物多样性，其生态功能在自然保护地体系中居于主体地位。

保护管理中应更为严格地划定两个主要的保护区，即核心保护区与一般控制区，在核心保护区实行完全封闭的管理，禁止人为活动；而在一般控制区实行有效的开放式管控，限制人为活动。

国家公园的管理事权最高，我国国家公园全部由国家批准设立，国家公园设立后不在相同区域保留其他自然保护地。它们的审核和授予是经过严格的审查和授权的，无论是在中央还是在各个省份，都要受到严格的监督和审查，确保它们的完整性和有效性。

（五）回归垂直领导

当前为解决省级管理主体缺失的问题，并且为激励地方积极性，部分国家公园采取中央和省共同行使事权以及委托省政府行使职权的管理体制。但随着事权划分逐渐明晰与落实，共同行使事权易出现权责不清、管理失能等问题，应逐步调整并在最终回归垂直管理模式。由国家林业和草原局（国家公园管理局）作为中央政府的主管部门，统筹协调全国国家公园，并将管理事权授予各国家公园管理机构，由其负责具体的保护与管理工作。

正如《建立国家公园体制总体方案》中提到的："部分国家公园的全民所有自然资源资产所有权由中央政府直接行使，其他的委托省级政府代理行使。条件成熟时，逐步过渡到国家公园内全民所有自然资源资产所有权由中央政府直接行使。"

第二节　中国国家公园法规体系建设

一、各国经验借鉴

（一）美国国家公园的法律体系

美国国家公园的生态和遗产保护基于严格的法律制度，国家公园管理局的设立和相关政策均受到联邦法律的约束。除了国家层次的《国家公园法》之外，美国发布了《授权法》，每个国家公园都享有独立的立法权，确保了国家公园的财政利益，并且避免国家公园管理局与政府其他部门之间的冲突。

（二）日本国家公园的法律体系

日本作为亚洲建立国家公园最早的国家，国家公园的法律体系同样非常健全。这使得日本在国家公园建设和管理上走在亚洲的前列。除了《国家公园法》《自然公园法》外，日本还制定了《鸟兽保护及狩猎合理化法》《自然环境保护条例》《濒危物种野生动植物保存法》等一系列法律法规，确保国家公园的正常运行。

二、中国国家公园法规体系完善途径

（一）纵向确立高等级、统筹性立法

当前，我国已全面推进了以国家公园为核心的自然保护地制度的实施，但目前仍有许多地方的相关法律制度未能得到充分的落实，尤其是在高层次的综合性管理方面，缺乏高等级统筹立法。

从法律效力上看，我国自然保护地立法层次较低，没有法律层面的立法。《自然保护区条例》《风景名胜区条例》两项行政法规是目前最高立法层次，但立法层次和效力上不及法律，无法统领其他相关法规并有效协调各部门规章。

目前，《国家公园管理暂行办法》已于2022年6月2日发布，为我国国家公园在相关法律正式颁布前的过渡期开展保护、建设和管理工作提供了基本遵循；而《自然保护地法》尚未明确立法时间表。《建立国家公园体制总体方案》专门提出："在明确国家公园与其他类型自然保护地关系的基础上，研究制定有关国家公园的法律法规。"把握好国家公园与自然保护地的关系至关重要，厘清《国家公园法》与《自然保护地法》的关系，确定两部法律的基本定位、立法原则、基本制度体系，而后才能进入具体立法环节。

（二）两种立法模式的争辩

当前我国学术界对国家公园立法归纳性提出了以下两种模式。

一是系统性模式——建立以自然保护地法为基础、国家公园法和其他自然保护地法律法规为主体、相关技术标准为支撑的自然保护地立法体系，凸显自然保护地立法的整体性、系统性。

二是主体法模式——建立以国家公园法为主体，其他自然保护地类型法规为补充的立法，突出国家公园的主体地位。

统筹谋划合理的立法体系的框架与内容，满足自然保护地建设"保护优先，生态修复为主"的需求。

（三）立法框架

按照"国家公园为主体、自然保护区为基础、各类自然公园为补充"的自然保护地格局，我国的自然保护地立法应该是一个综合性的立法体系，理想模式是"基本法 + 专类保护地法 + 技术标准"。该立法体系理应以《宪法》为基础、以自然保护地基本法为主干、以国家公园等不同类型的自然保护地法规为重要组成部分、以各类标准为支撑，是一个相互协调、相互配合的完整系统。

（四）立法现状

十三届全国人大常委会积极推进国家公园法的制定，把它纳入二类立法计划，开展深入的立法研究，以期达到更好的保护和管理效果。

第一批国家公园的建立是自然保护地体系改革的核心和先行者，但缺乏有效的法律支持，《国家公园法》的设立本质上不同于其他自然保护地特别法。尽管《自然保护地法》的先行性仍有待商榷，但在建立以国家公园为主体的自然保护地体系中，其存在显得尤为重要。

三、国家公园法制度创新的探索

（一）产权制度创新

形成国家拥有自然资源所有权与使用权的管理新机制。

国家公园体制改革的核心是重新划定保护区域并明确自然资源资产的法律属性，必然涉及自然资源所有权及其相关法律制度。建立有效的适合国家公园体制改革的新型产权制度，以《民法典》物权编建立的自然资源权属制度为依据，也要以各自然资源法建立的不同类型自然资源权属制度为基础，处理好登记确权、所有权与用益权、发展权与环境权之间的关系。

（二）体制机制创新

实现从"行政管理"到"多元共治"的转变，我们正在努力推进国家公园的体制改革，以更好地适应社会发展的需求，并建立更加灵活的运行模式。体制改革涉及特许经营、特许保护等相关制度，以更好地服务于人们的出行和休闲活动。

为了更加科学地实施"职权法定",我们应该对国家公园的规划、管理、开发利用、特许经营和特殊保护进行全面的协商,并且根据国家公园法的实施细节,对其中的权利进行重新配置,并且建立一套完善的制度,解决事权配置及权利保障的原则、标准、程序、救济等问题,从而使国家公园法更加实际、更加符合实际情况。

(三) 创新利益协调机制

通过创新"共建、共享、共赢"的利益协调机制,我们可以更好地实施国家公园法,以确保所有的公园都受到有效的监督和管控。为此,我们需要在国家公园法中建立一系列的限制、禁止性制度,以确保公园的合法使用和可持续发展。要综合评估其在不同时期的社会和经济效果,统筹考虑建立国家公园可能对区域内外人民生产生活的影响,确定其所采取的有效的限制和管控措施,同时要设置一套完善的利益调节体系,包括设置补偿和赔付等,来保障本土居民的基本利益。

第三节 中国国家公园经营管理机制建设

一、中国国家公园经营管理现状

国家公园是一种极具旅游价值的自然保护地,其保护的自然景观和生态系统也是重要的旅游资源。目前全世界已有 100 多个国家和地区建立了数千个符合 IUCN 标准的国家公园,这些国家公园大多是极具知名度的旅游目的地,成为所在国家和地区发展旅游业的重要物质基础。

2019 年 6 月,《关于建立以国家公园为主体的自然保护地体系的指导意见》(以下简称《指导意见》)发布,标志着我国国家公园体制试点工作正式启动。随后,各试点地区陆续制定了符合当地实际情况的国家公园经营管理相关制度,国家公园经营管理逐步走向制度化、规范化、标准化。

从国家公园设立的背景、总体要求和经营管理目标来看,国家公园的经营管理是一项复杂的系统工程,需要政府、社会、企业和个人等各个方面的积极参与，共同努力才能完成。

（一）政策法规

我国国家公园的设立是我国自然保护地体系建设的一项重大创新，国家公园经营管理是其重要的组成部分。因此，在政策法规方面，各试点地区都制定了相关制度和措施，为国家公园的经营管理提供了制度保障。

目前，中国已有十几个试点地区出台了相关政策法规，内容涉及国家公园经营管理的多个方面。其中包括对国家公园经营管理机构的设置、管理模式、运行机制和法律责任等方面的规定；也包括对国家公园经营管理人员和从业人员的资格认证、培训、考核和奖惩等方面的规定。

（二）体制机制

从国家公园体制试点的情况来看，各试点地区积极探索国家公园经营管理的体制机制，在确保国家公园内自然资源和生态系统有效保护的前提下，建立了统一管理的制度体系。目前，试点地区在国家公园体制试点工作中形成了"一个中心、两个平台、五大体系"的建设思路和"统一规划、统一建设、统一管理、统一经营"的具体做法。"一个中心"指建立国家公园管理机构，"两个平台"指依托当地现有资源建立生态管护平台和生态体验平台，"五大体系"指健全自然资源资产产权制度、自然资源资产有偿使用制度、资源环境监测监管制度、社区协调发展制度和社区参与管理制度。

（三）运行模式

目前，国家公园经营管理运行模式主要有三种类型：一是国家公园管理局（或管理机构）统一经营管理，即国家公园由管理局负责经营管理；二是委托第三方代为经营管理，即将国家公园委托给有资质的公司或企业进行经营管理；三是实行特许经营，即在经批准后，国家公园可依法进行特许经营活动。从试点地区来看，不同类型的国家公园采取不同的经营模式，其中特许经营和委托代理两种方式得到了广泛应用。

二、国外国家公园经营管理经验借鉴

美国早在 1872 年就建立了世界上第一个国家公园——美国黄石国家公园，之后国家公园可持续发展的科学理念逐渐被世界各国所接受，并竞相以建设国家公园为标志创建自己的环境保护体系。实践证明，国家公园建制对于各国环保体系构建的贡献也是卓有成效的。

发达国家受其国情及经营体制的影响，其国家公园经营管理体制也采取了不同的模式以适应国家公园的建设和发展，美国、英国和澳大利亚分别是采取了具有不同特点的国家公园经营管理体制，其完善的体制结构和完备的法律体系值得我们学习和参考借鉴。

第一，重视生态保护。国家公园的设立以生态保护为前提，在严格保护生态的基础上开展旅游活动。以美国黄石国家公园为例，公园内禁止使用农药、化肥，游客必须自备食物和饮料。此外，国家公园还注重提高服务质量，包括游客中心、休息区、自行车道等，所有设施都是免费向公众开放的。

第二，合理利用资源。美国黄石国家公园将游憩资源与社区发展相结合，使自然保护地与社区形成良性互动。当地居民在此从事相关产业，如为游客提供向导、导游服务等。

第三，实行特许经营。国家公园允许有条件的企业或个人以特许经营的方式开展经营活动，以实现国家公园的经济价值。世界大多数国家的国家公园管理实行特许经营模式，取得了较好的管理成效。

第四，确保有效监管。美国黄石国家公园将严格监管作为国家公园管理的首要原则，要求企业和个人必须依法经营，确保有充足资金用于生态保护与修复、游憩资源开发等活动。

美国黄石国家公园允许私人企业与个人参与到国家公园的经营管理中，企业和个人不能影响或妨碍国家公园的自然保护与可持续发展，也不能使用有害于生态环境和景观的方法从事经营活动。

综上所述，国外国家公园建设发展已经有一百多年的历史，其科学完善的经营管理体制使国家公园蓬勃发展，成为新型可持续发展经济模式的坚实基础。因此，学习借鉴国外国家公园经营管理体制的经验和教训，对我国国家公园的规划发展具有重要意义。

三、中国国家公园经营管理机制建议

（一）建立国家公园经营管理机构

目前，中国国家公园的管理模式主要有三种，分别为国有独资管理模式、政府直接管理模式和委托管理模式。国有独资管理模式是指国家公园内的自然资源归国家所有，由国务院代表国家行使所有权，不涉及经营管理活动；政府直接管理模式是指国家公园内自然资源归中央政府所有，由中央政府代表国家行使所有权，具体经营活动由中央政府委托地方政府执行；委托管理模式是指自然资源归中央政府和地方政府共同所有，其中地方政府负责国家公园内的经营管理活动。鉴于国有独资管理和政府直接管理这两种模式都有其弊端，建议中国将两种方式结合，建立一套以国有独资加政府直接管理为主要模式的国家公园经营管理机构，负责国家公园的经营管理。

（二）制定国家公园特许经营制度

制定国家公园特许经营制度，就是在国家公园内由国家公园管理局授予特许经营权，允许相关企业在国家公园范围内开展特许经营活动，以实现国家公园自然资源资产的保值增值。通过制定和实施国家公园特许经营制度，既可以实现生态系统服务价值最大化，也可以实现自然资源资产保护最大化。特许经营制度的制定和实施，不仅可以解决生态环境保护与经济发展之间的矛盾，还可以解决社区居民生计问题。因此，制定和实施国家公园特许经营制度具有十分重要的意义。但在实践中，由于对国家公园内特许经营的价值认识不足，对特许经营活动的条件和程序规定不够明确，对开展特许经营活动的监督管理也缺乏法律依据，导致实施过程中出现了许多问题。为此，需要结合我国实际情况进行科学研究和论证，提出切实可行的制度办法。

（三）健全国家公园经营管理法律体系

尽管国家公园经营管理工作涉及多个部门、多个领域，但相关法律法规的不健全，使得管理实践中各部门、各领域间的职责难以界定，协调配合也面临诸多困难。从世界范围来看，美国、加拿大等国家都制定了关于国家公园经营管理的专门法律法规，并在实践中不断完善。中国国家公园体制试点工作启动以来，已初步形成了包括国家公园管理暂行办法、《自然保护区条例》在内的法律法规体系。但从实践来看，还存在法律体系不健全、不完善等问题。因此，要想完善国家公园经营管理机制，就必须在总结试点经验的基础上，尽快完善相关法律法规体系建设。

（四）健全社区协调发展机制

由于中国国家公园实行国家统一保护、属地管理和社区共管，加之国家公园自然资源属于国家所有，因此社区居民是国家公园资源保护、管理和发展的主体，是国家公园生态保护的最终受益者。因此，要通过健全社区协调发展机制来充分发挥社区居民在国家公园保护中的主体作用，促进居民积极参与到生态保护和社区发展工作中。

首先，要建立健全社区管理体制。在充分尊重社区居民意愿的基础上，加强对当地居民的培训教育和技能培训，让他们成为国家公园的义务护林员、生态巡护员、生态讲解员、生态体验师等，并建立起以保护为前提、以产业发展为依托、以社区共建共享为目标的协调发展机制。

其次，要加大对社区居民的补偿力度。要把对当地居民的补偿资金纳入政府财政预算，并通过多种途径和方式增加对当地居民的补偿力度。

（五）加强国家公园与周边地区合作机制建设

中国国家公园在建设过程中，不可避免地会与周边地区产生交叉和重叠现象，这就要求中国国家公园要不断加强与周边地区合作机制建设。首先，要以保护为前提，开展自然保护地整合优化。在整合优化过程中，要坚持统一标准、统一规划、统一监管。在此基础上，各国家公园要建立区域合作机制，在合理划分国家公园范围的基础上，探索区域共建、共享的生态保护模式，充分利用周边地区现有的管理体系和技术经验，合理开展国家公园特许经营活动。其次，要以经济发展为手段，建立共赢共享机制。中国国家公园是国家级自然保护地体系的重要组成部分，国家公园与周边地区的经济发展有密切关系。因此，在进行经济发展时，要坚持绿色发展理念，把绿色发展作为国家公园建设的重要支撑和保障；同时还要建立区域共建共享机制，探索生态资源利益分配方式。

（六）充分发挥专家在国家公园经营管理中的作用

以生态旅游和生态体验为核心，通过制度创新、管理创新，发挥专家在国家公园经营管理中的专业技术优势。

一是积极争取专家对国家公园的政策、规划和保护等方面的支持，使其成为国家公园经营管理的智囊。

二是积极争取专家对国家公园经营管理中专业技术标准、规范等方面的指导。

三是组织专家参与相关经营管理决策，为国家公园经营管理提供技术支持。

四是利用专家在生态旅游、生态体验等方面的专业知识，帮助国家公园进行专业规划、策划、设计和开发，从而为国家公园经营管理提供智力支持。

五是积极鼓励专家参与国家公园经营管理标准制定、编制和完善，并在此基础上形成有中国特色的国家公园经营管理标准体系。

（七）建立合理的利益分配机制

目前，中国国家公园在经营管理中，主要通过开展旅游活动或生态体验项目等实现收入，但这些收入来源都是以门票为主，不能让社区群众分享到经营管理的收益。因此，如何提高社区居民参与国家公园经营管理的积极性，并使其获得合理的收益分配是一个亟待解决的问题。

首先，建立合理的生态补偿机制。建立健全与国家公园相适应的生态补偿制度，通过对当地居民进行补偿使其从资源保护中获益，提高他们参与经营管理的积极性。在补偿标准上，建议参照自然保护区和风景名胜区生态补偿机制制定生态补偿标准，并根据实际情况进行调整；在补偿形式上，可以通过财政转移支付和委托经营等方式实现补偿。

其次，制定合理的收益分配制度。根据国家公园所处地理位置、生态保护程度等因素来确定国家公园经营管理成本的分担比例。国家公园作为全国生态环境保护的核心载体，在管理体制上应与地方政府保持一致；在经营管理方式上可以采取特许经营制度或租赁经营制度；在收益分配上可以考虑将国家公园所获得的收益进行二次分配，如成立国家公园基金会等。

◀ **复习与思考题** ▶

1. 结合你的理解谈谈国家公园为何需要回归垂直领导。
2. 简述两种立法模式的争辩并提出你认为更合理的立法模式。
3. 谈谈中国国家公园如何完善法律体系。
4. 谈谈你对中国国家公园体制建设的认识。

参考文献

［1］蔡洋．基于 RFID 的旅游景区管理智慧化研究［D］．西安：西安科技大学，2017．

［2］曹明德，黄锡生．环境资源法［M］．北京：中信出版社，2004．

［3］陈保禄，沈丹凤，禹莎，等．德国自然保护地立法体系述评及其对中国的启示［J］．国际城市规划，2022（37）：85－92．

［4］陈涵子，吴承照．社区参与国家公园特许经营的多重值［J］．风景园林研究，2019，41（5）：47－51．

［5］陈涵子，吴承照．社区参与国家公园特许经营的模式比较［J］．中国城市林业，2019，17（4）：53－57．

［6］陈浩浩．中国国家公园法律制度研究［D］．咸阳：西北农林科技大学，2019．

［7］陈梦迪．我国国家公园的环境教育功能及其实现路径研究［D］．南京：南京林业大学，2020：11－23．

［8］陈娜．国家公园行政管理体制研究［D］．云南：云南大学，2017．

［9］陈朋，张朝枝．国家公园的特许经营：国际比较与借鉴［J］．北京林业大学学报（社会科学版），2019，18（1）：80－87．

［10］陈朋，张朝枝．国家公园门票定价：国际比较与分析［J］．资源科学，2018，40（12）：2451－2460．

［11］陈曦．国家公园：从理念到实践［M］．北京：中国建筑工业出版社，2020．

［12］崔建霞．环境教育：由来、内容与目的［J］．山东大学学报（哲社版），2007（4）．

［13］丁振民．CVM 评价森林景区游憩价值的结构效度研究［D］．福

州：福建农林大学，2017.

[14] 杜傲，崔彤，宋天宇，等．国家公园遴选标准的国际经验及对我国的启示 [J]．生态学报，2020，40（20）：7231 – 7237.

[15] 杜辉．"设区的市"环境立法的理想类型及其实现——央地互动的视角 [J]．法学评论，2020（1）.

[16] 樊辉，赵敏娟．自然资源非市场价值评估的选择实验法：原理及应用分析 [J]．资源科学，2013，35（7）：1347 – 1354.

[17] 方思怡．国家公园生态补偿法律制度研究 [D]．上海：华东政法大学，2021.

[18] 高智艳．环境史视域下美国国家公园体系生态保护实践及其对我国的启示 [J]．理论月刊，2022（5）：99 – 107.

[19] 耿松涛，张鸿霞．国家公园建设中社区参与模式：现实困境与实践进路 [J]．东南大学学报（哲学社会科学版），2023（5）：71.

[20] 国家林业局森林公园管理办公室，中南林业科技大学旅游学院．国家公园体制比较研究 [M]．北京：中国林业出版社，2015.

[21] 国家林业局森林公园管理办公室，中南林业科技大学旅游学院．国家公园体制比较研究 [M]．北京：中国林业出版社，2015.

[22] 黄淑萍，葛鈜晔，刘芬菲，等．千岛湖国家森林公园游憩资源评价与提升策略研究 [J]．林业资源管理，2019（1）：123 – 128.

[23] 贾竞波．保护生物学 [M]．北京：高等教育出版社，2011.

[24] 蒋亚芳，唐小平．GB/T3937—2020《国家公园设立标范》解读 [J]．标准生活，2021（2）：36 – 41.

[25] 亢楠楠．国家森林公园游憩价值评价研究 [D]．大连：大连理工大学，2019.

[26] 柯山，潘辉，陈钦．武夷山国家公园的试点建立对在地社区居民的影响研究 [J]．林业建设，2020（5）：1 – 5.

[27] 孔志红，等．美国大烟雾山国家公园环境教育体系研究 [J]．教育教学论坛，2019，42（10）.

[28] 兰思仁．国家森林公园理论与实践 [M]．北京：中国林业出版社，2004.

[29] 李如生．美国国家公园管理体制 [M]．北京：中国建筑工业出版

社，2005.

[30] 李若山，贾卫国. 以国家公园为主体的自然保护地对社区经济的影响 [J]. 林业经济问题，2020，40（5）：455-463.

[31] 李晟，冯杰，李彬彬，等. 大熊猫国家公园体制试点的经验与挑战 [J]. 生物多样性，2021，29（3）：307-311.

[32] 李文华，刘某承. 关于中国生态补偿机制建设的几点思考 [J]. 资源科学，2010，32（5）：791-796.

[33] 林秀治. 武夷山国家公园游憩机会谱的构建研究 [J]. 林业经济问题，2020，40（3）：244-251.

[34] 刘爱丽. 景区智慧旅游体系构建研究 [D]. 泉州：华侨大学，2013.

[35] 刘超. 以国家公园为主体的自然保护地体系的法律表达 [J]. 吉首大学学报（社会科学版），2019（5）：12.

[36] 刘丹丹. 基于地域特征的国家公园体制形成——以肯尼亚国家公园为例 [J]. 风景园林，2014（3）：120-124.

[37] 刘丹丹. 基于地域特征的国家公园体制形成——以肯尼亚国家公园为例 [J]. 中国园林博物馆，2014（3）.

[38] 刘静佳，白弋枫. 国家公园管理案例研究 [M]. 昆明：云南大学出版社，2019.

[39] 刘某承，王佳然，刘伟玮，等. 国家公园生态保护补偿的政策框架及其关键技术 [J]. 生态学报，2019，39（4）：1330-1337.

[40] 刘楠，孔磊，石金莲. 户外游憩管理矩阵理论在国家公园管理中的应用及启示——以美国德纳里国家公园和保留区为例 [J]. 世界林业研究，2022，35（4）：88-92.

[41] 刘思源，唐晓岚，孙彦斐. 基于伦理矩阵的我国自然保护地生态保育机制探究：逻辑、困境及发展路径 [J]. 世界林业研究，2020，33（6）：86-91.

[42] 鲁晶晶. 新西兰国家公园立法研究 [J]. 林业经济，2018（4）：17-24.

[43] 吕忠梅. 关于自然保护地立法的新思考 [J]. 环境保护，2019，47（Z1）：20-23.

［44］吕忠梅. 以国家公园为主体的自然保护地体系立法思考［J］. 生物多样性，2019，27（2）：128 – 136.

［45］吕忠梅. 以国家公园为主体的自然保护地体系立法思考［J］. 生物多样性，2019，27（2）：128 – 136.

［46］马勇. 国家公园旅游发展：国际经验与中国实践［J］. 旅游科学，2017，31（3）：33 – 50.

［47］满欹琦. 国家公园旅游产品开发研究［J］. 绿色科技，2020（5）：182 – 184.

［48］茅孝军. 从双重领导到垂直领导省域税务机关管理体制的最终走向［J］. 地方财政研究，2019，181（11）：76 – 83.

［49］孟龙飞，等. 美国国家公园环境教育体系特征及启示［J］. 世界地理研究，2022（6）.

［50］欧阳志云，徐卫华. 整合我国自然保护区体系依法建设国家公园［J］. 生物多样性，2018（22）：425 – 426.

［51］彭福伟，李俊生. 建立国家公园体制总体方案研究［M］. 北京：中国环境出版集团，2019.

［52］秦天宝，刘彤彤. 央地关系视角下我国国家公园管理体制之建构［J］. 东岳论丛，2020，41（10）：162 – 171 + 192.

［53］沈满洪，陆菁. 论生态保护补偿机制［J］. 浙江学刊，2004（4）：217 – 220.

［54］史玉成. 生态补偿的理论蕴涵与制度安排［J］. 法学家，2008，（4）：94 – 101.

［55］四川省地方标准：野生动物红外相机监测技术规程（DB51/T2287—2016）［S］.

［56］宋立中，卢雨，严国荣，等. 欧美国家公园游憩利用与生态保育协调机制研究及启示［J］. 福建论坛（人文社会科学版），2017，303（8）：155 – 164.

［57］苏红巧，罗敏，苏杨. 国家公园与旅游景区的关系辨析和国家公园旅游的发展方式探讨［J］. 发展研究，2018，385（9）：86 – 90.

［58］苏红巧，苏杨. 国家公园不是旅游景区，但应该发展国家公园旅游［J］. 旅游学刊，2018，33（8）：2 – 5.

[59] 孙彦斐，唐晓岚，刘思源，等．我国国家公园环境教育体系化建设：背景、困境及展望 [J]．南京工业大学学报（社会科学版），2020，19（3）：58－65.

[60] 唐芳林．国家公园理论与实践 [M]．北京：中国林业出版社，2017.

[61] 唐芳林．国家公园体系研究 [M]．北京：中国林业出版社，2022.

[62] 唐芳林．国家公园在中国 [M]．北京：中国林业出版社，2021.

[63] 汪劲．中国国家公园统一管理体制研究 [J]．暨南学报（哲学社会科学版），2020，42（10）：10－23.

[64] 王根茂，谭益民，张双全，等．湖南南山国家公园体制试点区游憩管理研究——基于访客体验与资源保护理论 [J]．林业经济，2019，41（8）：10－19.

[65] 王屏，等．森林公园旅游解说媒介分类与评价研究 [J]．林业经济，2016（5）.

[66] 王维正．国家公园 [M]．北京：中国林业出版社，2000.

[67] 王晓敏．我国国家公园法律制度研究 [D]．蚌埠：安徽财经大学，2022.

[68] 王应临，杨锐，等．英国国家公园管理体系评述 [J]．中国园林，2013，29（9）：11－19.

[69] 王宇飞，苏红巧，赵鑫蕊，等．基于保护地役权的自然保护地适应性管理方法探讨：以钱江源国家公园体制试点区为例 [J]．生物多样性 2019，27（1）：88－96.

[70] 王宇飞．国家公园生态补偿的实践探索与改进建议——以三江源国家公园体制试点为例 [J]．国土资源情报，2020（7）：22－26.

[71] 蔚东英，王延博，李振鹏，等．国家公园法律体系的国别比较研究——以美国、加拿大、德国、澳大利亚、新西兰、南非、法国、俄罗斯、韩国、日本 10 个国家为例 [J]．环境与可持续发展，2017（2）：13－16.

[72] 沃里克·弗罗斯特，G. 迈克尔·霍尔．旅游与国家公园 [M]．北京：商务印书馆，2014.

[73] 吴凯杰．国家公园法应作为自然保护地法体系中的"标杆法"

[J]. 中南大学学报（社会科学版），2022，28（5）：19 – 28.

[74] 吴迎霞，徐鹏，张林，等. 我国国家公园特许经营管理机制比较与构建 [J]. 旅游论坛，2023，16（2）：118 – 125.

[75] 肖练练，钟林生，虞虎，等. 功能约束条件下的钱江源国家公园体制试点区游憩利用适宜性评价研究 [J]. 生态学报，2019，39（4）：1375 – 1384.

[76] 谢畅. 国家公园特许经营法律制度研究 [D]. 兰州：兰州理工大学，2022.

[77] 熊文琪. 基于游客感知的海南热带雨林国家公园游憩资源吸引力评价及提升策略研究 [D]. 北京：北京林业大学，2021.

[78] 徐辉，祝怀新·国际环境教育的理论与实践 [M]. 北京：人民教育出版社，1998.

[79] 杨丹，等. 欧洲国家公园生态保护和环境教育体系及启示 [J]. 广东园林，2020（4）.

[80] 杨金娜. 三江源国家公园管理中的社区参与机制研究 [D]. 北京：北京林业大学，2019.

[81] 杨锐，等. 国家公园与自然保护地研究 [M]. 北京：中国建筑工业出版社，2016.

[82] 杨锐. 美国国家公园体系的发展历程及其经验教训 [J]. 中国园林，2001（1）：62 – 64.

[83] 杨锐. 土地资源保护——国家公园运动的缘起与发展 [J]. 水土保持研究，2003（3）：145 – 147 + 153.

[84] 叶昌东，黄安达，刘冬妮. 国家公园的兴起与全球传播和发展 [J]. 广东园林，2020，42（4）：15 – 19.

[85] 曾以禹，王丽，郭晔，等. 澳大利亚国家公园管理现状及启示 [J]. 世界林业研究，2019，32（4）：92 – 96.

[86] 张丛林，车晓旭，郑诗豪，等. 大熊猫国家公园四川片区生态价值实现机制研究 [J]. 国土资源情报，2020（6）：15 – 19.

[87] 张海霞，汪宇明. 可持续自然旅游发展的国家公园模式及其启示 [J]. 经济地理，2010，30（1）.

[88] 张贺全，吴裕鹏. 肯尼亚、南非国家公园和保护区调研情况及启

示［J］．中国工程咨询，2019（4）：87－91．

［89］张贺全，吴裕鹏．肯尼亚、南非国家公园和保护区调研情况及启示［J］．中国工程咨询，2019（4）：87－91．

［90］张金泉．国家公园运作的经济学分析［D］．成都：四川大学，2006：12－48．

［91］张琳，等．美国国家公园环境教育成功经验及其对我国的启示［J］．世界林业研究，2021，34（5）．

［92］张凌云，黎巎，刘敏．智慧旅游的基本概念与理论体系［J］．旅游学刊，2012（5）：66－73．

［93］张少聘．自然保护地整合与国家公园管理体制构建研究［D］．北京：中央民族大学，2023．

［94］张书杰，庄优波．英国国家公园合作伙伴管理模式研究——以苏格兰凯恩戈姆斯国家公园为例［J］．风景园林，2019，26（4）：28－32．

［95］张希武，唐芳林．中国国家公园的探索与实践［M］．北京：中国林业出版社，2014．

［96］张鑫，等．美国国家公园环境教育场域研究及启示［J］．北京林业大学学报（社会科学版），2021，20（2）．

［97］张雨成．基于国家公园基本功能的标识系统设计探讨［J］．园林与景观设计，2021，18（399）：174－177．

［98］张玉钧，张海霞．国家公园的游憩利用规制［J］．旅游学刊，2019，34（3）：5－7．

［99］赵鑫蕊，何思源，苏杨．生态系统完整性在管理层面的体现方式：以跨省国家公园统一管理的体制机制为例［J］．生物多样性，2022，30（3）：178－185．

［100］赵智聪，庄优波，杨锐．中国国家公园体制建设指南研究［M］．北京：中国建筑工业出版社，2019．

［101］郑文娟，李想．日本国家公园体制发展、规划、管理及启示［J］．东北亚经济研究，2018，2（3）：100－111．

［102］中共中央办公厅、国务院办公厅印发关于建立以国家公园为主体的自然保护地体系的指导意见［EB/OL］．（2019－06－26）．https：//www.forestry. gov. cn/main/4815/20190626/190000485321135. html.

［103］周寅. 共同体视域下国家公园生态旅游社区参与的实现［D］. 浙江：浙江工商大学，2023.

［104］周莹. 中外环境影响评价法律制度比较研究［D］. 北京：中国地质大学，2008.

［105］朱旭峰，吴冠生. 中国特色的央地关系演变与特点［J］. 治理研究，2018，34（2）：50 - 57.

［106］邹振扬，黄天其. 试论城乡开发自然生态补偿的植被还原原理［J］. 生态环境科学，1992，14（1）：18 - 21.

［107］Argumente und Hintergründe mit Blick auf die aktuelle Diskussion um die Ausweisung von National parken in Deutschland Bonn，April 2013.

［108］South African National Parks. 2021—2022 the healing power of parks［EB/OL］. 31 August 2022，https：//www. psychologytoday. com.